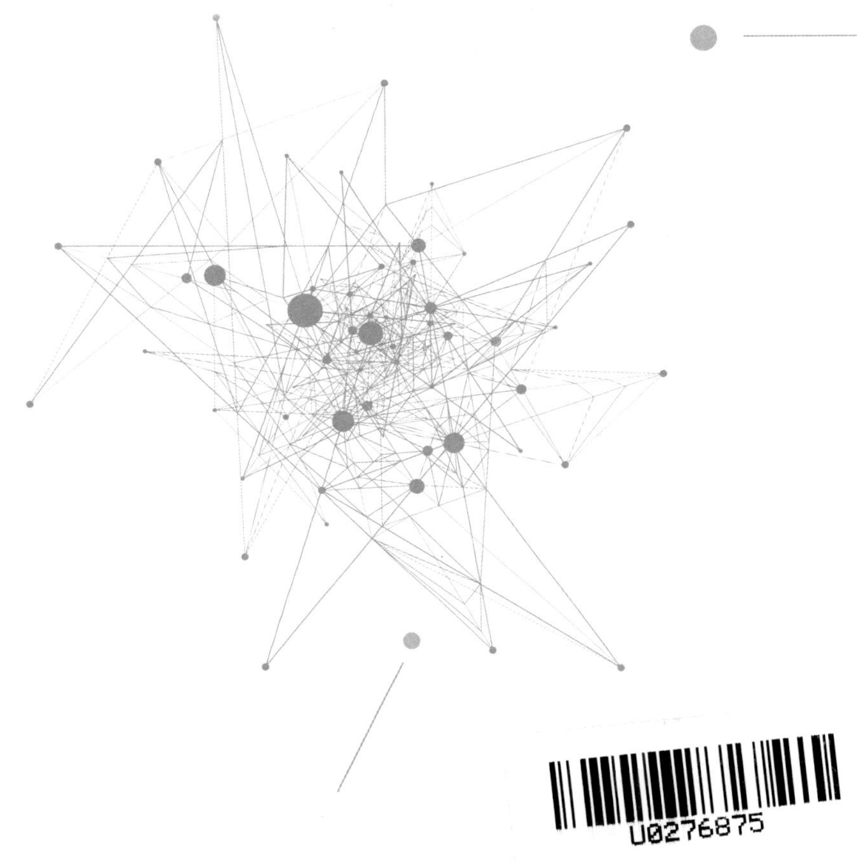

Mathematical Modelling and Experiment

数学建模与实验

宋玉坤 ● 主编

復旦大學出版社

前　言

党的二十大报告明确指出“加强基础学科建设”“深入实施人才强国战略”。数学建模与数学实验着眼于培养学生数学知识应用能力与创新意识，激发学生学习数学的兴趣，强调对数学的体验与探索。将数学建模和数学实验有机结合，注重实践能力的培养，在推动课程教学内容和课程体系的改革，合理构建和优化知识结构，提高人才培养质量方面都具有重要的意义。

本书内容编写具体分工如下：第一、三章由宋玉坤编写，第二、五章由刘磊编写，第四章由李元新编写，第六章由支路编写，第七章由吴金霞编写。本书由宋玉坤统稿，佟绍成教授主审。

本书由辽宁工业大学教材出版立项资助，在编写过程中得到了辽宁工业大学理学院领导及其他老师的大力支持和帮助，在此表示衷心的感谢。

限于编者水平，加之编写时间仓促，书中难免有不妥和疏漏之处，敬请读者批评指正。

编　者

2024 年 9 月

目　录

第一章　数学建模入门

1.1　数学模型

随着科学技术的迅速发展，数学模型这个词越来越多地出现在现代人的生产、工作和社会活动中。电气工程师必须建立所要控制的生产过程的数学模型，用这个模型对控制装置做出相应的设计和计算，才能实现有效的过程控制。气象工作者为了得到准确的天气预报，一刻也离不开根据气象站、气象卫星汇集的气压、雨量、风速等资料建立的数学模型。生理医学专家有了药物浓度在人体内随时间和空间变化的数学模型，就可以分析药物的疗效，有效地指导临床用药。城市规划工作者需要建立一个包括人口、经济、交通、环境等大系统的数学模型，为领导层对城市发展规划的决策提供科学根据。厂长、经理们要是能够根据产品的需求状况、生产条件和成本、贮存费用等信息，筹划出一个合理安排生产和销售的数学模型，一定可以获得更大的经济效益。就是在日常活动如访友、采购当中，人们也会谈论找一个数学模型，优化一下出行的路线。对于广大的科学技术人员和应用数学工作者来说，建立数学模型是沟通摆在面前的实际问题与他们掌握的数学工具之间联系的一座必不可少的桥梁。

本章是全书的导言和数学模型的概述，使读者建立数学模型的全面的、初步的了解。

1.1.1　模型与数学模型

事物的原型(prototype)指人们所研究的实际对象、系统或过程。模型(model)则是出于某种特定的目的，将原型的某一部分信息进行简缩、提炼而构成的原型替代物。模型具有以下三个特征：

(1) 它是实际事物一部分属性的抽象与模仿，而不是全部属性的复制。

(2) 它由与被分析的问题有关的要素构成。

(3) 它体现了有关要素之间的特殊关系。

模型可以分成形象模型和抽象模型两类：根据实物、设计或设想，按比例、形态或其他特征制成的看起来和客观实体相似的模型叫形象模型，例如教学用建筑模型、人体模型和航海模型等；借助字符、图表等来描述客观事物的模型叫抽象模型，例如电路图、电工图纸等。一个原型可以有多个不同的模型，它集中反映了事物的本质。

数学模型较以上两种要复杂和抽象得多，它是运用数学来描述实际问题的产物。一般可表述为：对于现实对象，出于某种目的，根据有关的信息和规律，通过抽象简化所得到的一个数学结构。它可以是反映该事物的性态和数量规律的数学公式、图形或算法等。

数学模型是对现实世界部分信息加以分析提炼加工的结果，其数学解答最终需翻译为实际解答，并应符合实际及人们的需求，从而得出对现实对象的分析、预测、决策或对结果进行控制。现实对象与数学模型具有如图 1.1 所示的关系。

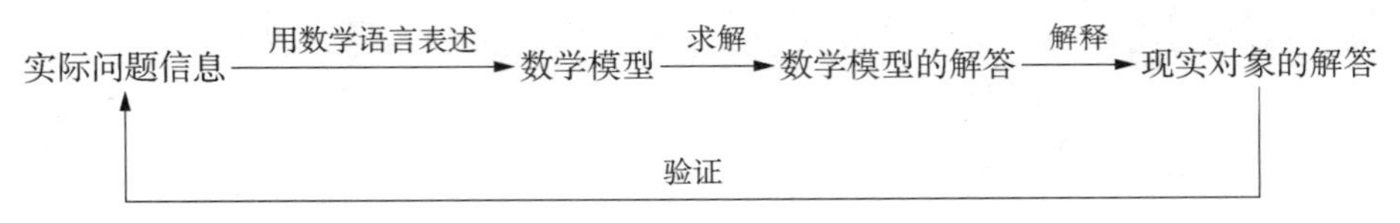

图 1.1 现实对象与数学模型的关系

1.1.2 数学模型的分类方法

根据数学模型的数学特征和应用范畴，我们可将其进行分类，常见的有以下几种：

(1) 根据其应用领域，大体可以分为生物数学模型、医药数学模型、经济数学模型等，再有如人口模型、生态模型、交通模型、环境模型等。

(2) 根据其数学方法，可将其分为初等模型、微分方程模型、图论模型、优化模型、统计模型等。

(3) 根据模型的数学特性，可将其分为离散和连续模型、确定性和随机性模型、线性和非线性模型、静态和动态模型等。

(4) 根据建模目的，可将其分为分析、预测、决策、控制、优化模型等。

在实际建立模型时，模型的数学特征和使用的数学方法应该是重点考虑的对象，同时这也是依赖的建模的目的，例如微分方程模型可用于不同领域中的实际问题，学习时应注意对不同问题建模时的数学抽象过程、数学技巧的运用，以及彼此之间的联系与差异。一般情况下，确定性的、静态的、线性模型较易处理，于是在处理复杂的事物时，常将它们作为随机性的、动态的、非线性问题的初步近似；同时，连续变量离散化、离散变量作为连续变量来近似处理也是常用的手段。特别要说明的是，对于同一事物，由于对问题的了解程度或建模目的不同，常可以构造出完全不同的模型。

1.2 数学建模

1.2.1 数学建模的概念

数学建模，简单地讲就是用数学知识和方法解决实际问题。在建模过程中，首先要把实际问题用数学语言描述为一些大家所熟悉的数学问题，然后通过对这些数学问题的求解获得相应实际问题的解决方案或对相应实际问题有更深入的了解。数学是人们掌握和使用数学模型这个工具的必要条件和重要基础，没有深厚的数学基础和严密的数学逻辑思维，是很难使用数学模型解决好实际问题的。但是，数学模型本身又具有一些不同于数学的特征，需要掌握其他方面的许多知识，这些都是在学习和掌握数学模型中特别要注意的。

例如经常见到的“航行问题”：甲、乙两地相距 750 km，船从甲地到乙地顺水航行需要 30 h，从乙地到甲地逆水航行需要 50 h，问船速、水速各为多少？

解 如果用 x，y 分别代表船速、水速，可以得到方程：

$$(x+y)\times 30=750,$$
$$(x-y)\times 50=750。$$

实际上，这组方程就是描述上述问题的数学模型。列出方程后，原问题就转化为纯粹的数学问题。方程的解 $[x=20(\text{km/h}),\ y=5(\text{km/h})]$ 最终给出航行问题的答案。

在实际生活中，真正的数学模型通常要复杂得多，但是数学模型的基本内容已经包含在解这个代数应用题的过程中，那就是：根据建立数学模型的目的和问题的背景做出必要的假设（航行中设船速和水速为常数），用字母表示待求的未知量（x，y 分别代表船速和水速），利用相应的物理或者其他规律（匀速运动的距离等于速度乘以时间）列出数学式子（二元一次方程组），求出数学上的解 $(x=20,\ y=5)$，用这个答案解释原问题（船速和水速分别为 20 km/h、5 km/h），最后还要用现实现象来验证上述结论。

1.2.2 数学建模的方法与步骤

根据上述问题，我们可以得出数学建模的大致步骤为：

(1) 根据问题的背景与建模的目的做出假设；

(2) 用字母表示要求的未知量；

(3) 根据已知的常识列出式子或图形；

(4) 求出数学式子的解答；

(5) 验证所得结果的正确性。

一般来说，数学模型是我们所研究的实际问题有关属性的模拟，它应当具有实际问题中我们关心和需要的主要特征。数学模型是运用数学的语言和工具，对部分现实世界的信息加以翻译、归纳的产物。数学模型经过演绎、求解、推断、分析，给出数学上的预报、决策或者控制，再经过翻译和解释，回到现实世界中。最后，这些推论或者解释必须接受现实问题的检验，完成实践—理论—实践的循环。

建立一个实际问题的数学模型的方法大致有两种：一种是实验归纳的方法，即根据测试或计算数据，按照一定的数学方法，归纳出问题的数学模型；另一种是理论分析的方法，即根据客观事物本身的性质，分析因果关系，在适当的假设下用数学工具来描述其数量特征。

数学模型的建立一般分为如下七个步骤。

1. 建模准备

首先要了解问题的实际背景，明确建模的目的，收集建模所必需的各种信息，如现象、数据等，弄清对象的特征，由此初步确定用哪一类模型，做好建模准备工作。

2. 模型假设

根据对象的特征和建模的目的，对问题进行必要而合理的简化，再用精确的语言给出解释，可以说是建模的关键一步。一个实际问题的不同简化假设会得到不同的模型：假设不合理或者过分简单，会导致模型失败或者部分失败，从而影响结果；假设过分详细，试图把复杂对象各个方面的因素都考虑进去，可能使工作量加大。通常，作为假设的依据，一是出于对问题内在规律的认识，二是来自对数据或现象的分析，也可以是二者的综合。

进行假设时既要运用与问题相关的物理、化学、生物、经济等方面的知识，又要充分发挥想象力、洞察力和判断力，善于辨别问题的主次，果断抓住主要因素，舍弃次要因素，尽量将问题线性化、均匀化。

3. 模型构成

根据所做的假设，利用适当的数学工具来刻画、描述各种量之间的关系，除需要一些相关学科的专门知识外，还常常需要较广泛的应用数学方面的知识，以开拓思路。同时，数学建模还有一个原则，即应尽量采用简单的数学工具，因为简单的数学模型往往更能反映事物的本质，也容易让更多的人掌握和使用。

4. 模型求解

建立数学模型的目的是解释自然现象，寻找内在规律，以便指导人们认识世界和改造世界。对假设的数学模型，利用解方程、画图形、证明定理、逻辑运算、数值分析等各种传统的和近代的数学方法，特别是计算机技术得到数量结果的过程，即模型求解的过程。

5. 模型分析

对模型的解进行数学上的分析，有时要根据问题的性质分析变量间的依赖关系或稳定状况，有时要根据所得结果给出数学上的预报，有时则可能要给出数学上的最优决策或控制。不论哪种情况，常常需要进行误差分析、稳定性分析等。

6. 模型检验

把数学模型求解的结果“翻译”回到实际问题中，与实际情况进行比较，用实际现象、数据等检验模型的合理性和适用性，看是否符合实际。如果模型结果的解释与实际情况相符合或结果与实际观察基本一致，则表明模型经检验是符合实际的。如果模型的结果很难与实际相符合或与实际观测不一致，则表明这个模型与所研究的实际问题是不相符的，不能直接应用于所研究的实际问题。这时如果数学模型的建立和求解过程没有问题，就需返回到建模前关于问题的假设过程，检查对于问题所做的假设是否恰当，对假设给出必要的修正，重复前面的建模过程，直到建立符合实际问题的模型为止。

7. 模型应用

用已建立的数学模型分析解释已有现象，并预测未来的发展趋势，以便给人们的决策提供参考。

并非所有数学模型的建立都要经过上述这些步骤，有时各个步骤之间的界限也不是很明显，因此建模过程中不要局限于形式，应以对象的特点和建模的目的为依据。

1.3 基本数学模型示例

1.3.1 示例 1

椅子能在不平的地面上放稳吗？下面用数学建模的方法解决此问题。

1. 模型准备

仔细分析本问题的实质，发现本问题与椅子脚、地面及椅子脚和地面是否接触有关。如果把椅子脚看成平面上的点，并引入椅子脚和地面距离的函数关系，就可以将问题与平面几何和连续函数联系起来，从而可以用几何知识和连续函数知识来进行数学建模。

2. 模型假设

为了讨论问题方便，对问题进行简化，先做出如下三个假设：

(1) 椅子的四只脚一样长，椅子脚与地面接触可以视为一个点，且四脚连线是正方形(对椅子的假设)。

(2) 地面高度是连续变化的，沿任何方向都不出现间断(对地面的假设)。

(3) 椅子放在地面上至少有三只脚同时着地(对椅子和地面之间关系的假设)。

3. 模型构成

根据上述假设进行本问题的模型构成。用变量表示椅子的位置，引入平面图形及坐标系，如图 1.2 所示。

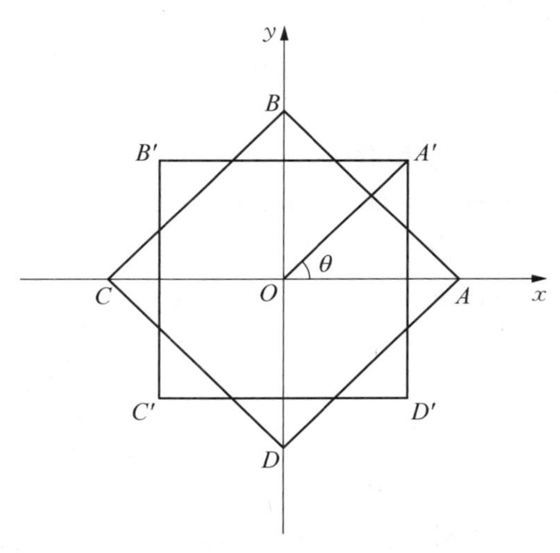

图 1.2 示例 1 坐标系

图中 A, B, C, D 为椅子的四只脚，坐标系原点选为椅子中心，坐标轴选为椅子四只脚的对角线。于是由假设(2)，椅子的移动位置可以由正方形沿坐标原点旋转的角度 θ 来唯一表示，而且椅子脚与地面的垂直距离就成为 θ 的函数。注意到正方形的中心对称性，可以用椅子的相对两只脚与地面的距离之和来表示这两只脚与地面的距离关系，这样用一个函数就可以描述椅子两只脚是否着地的情况。本题引入两个函数即可描述椅子四只脚是否着地的情况。

记函数 $f(\theta)$ 为椅子脚 A, C 与地面的垂直距离之和，函数 $g(\theta)$ 为椅子脚 B, D 与地面的垂直距离之和，则有 $f(\theta) \geqslant 0$, $g(\theta) \geqslant 0$，且它们都是 θ 的连续函数。由假设(3)，对任意的 θ, $f(\theta)$, $g(\theta)$ 至少有一个为零，不妨设当 $\theta = 0$ 时，$f(0) > 0$, $g(0) = 0$，故问题可以归为证明如下数学命题。

4. 数学命题(问题的数学模型)

已知 $f(\theta)$, $g(\theta)$ 都是 θ 的非负连续函数，对任意的 θ，有 $f(\theta)g(\theta) = 0$，且 $f(0) > 0$, $g(0) = 0$，证明存在 θ_0，使得 $f(\theta_0) = g(\theta_0) = 0$。

5. 模型求解

证明 将椅子旋转 90°，对角线 AC 与 BD 互换，故 $f(0) > 0$, $g(0) = 0$ 变为 $f\left(\frac{\pi}{2}\right) = 0$, $g\left(\frac{\pi}{2}\right) > 0$。构造函数 $h(\theta) = f(\theta) - g(\theta)$，则有 $h(0) > 0$, $h\left(\frac{\pi}{2}\right) < 0$，且 $h(\theta)$ 也是连续函数。显然 $h(\theta)$ 在闭区间 $\left[0, \frac{\pi}{2}\right]$ 上连续。由连续函数的零点定理知，必存在一个 $\theta_0 \in$

$\left(0, \frac{\pi}{2}\right)$，使得 $h(\theta_0)=0$。即存在 $\theta_0 \in \left(0, \frac{\pi}{2}\right)$ 使得 $f(\theta_0)=g(\theta_0)$。由于对任意的 θ，有 $f(\theta)g(\theta)=0$，特别有 $f(\theta_0)g(\theta_0)=0$，于是 $f(\theta_0)$，$g(\theta_0)$ 至少有一个为零，从而有 $f(\theta_0)=g(\theta_0)=0$。

6. 简评

问题初看起来似乎与数学没有什么关系，不易用数学建模来解决，但通过如上处理把问题变为一个数学定理的证明，使其可以用数学建模来解决，从中可以看到数学建模的重要作用。本题给出的启示是：一些表面上与数学没有关系的实际问题也可以用数学建模的方法来解决，此类问题建模的着眼点是寻找、分析问题中出现的主要对象及其隐含的数量关系，通过适当简化与假设将其变为数学问题。

1.3.2 示例 2

将一块积木作为基础，在它上面叠放其他积木，问上下积木之间的"向右前伸"可以达到多少？

1. 模型准备

这个问题涉及重心的概念。关于重心的结果有：设 xOy 平面上有 n 个质点，它们的坐标分别为 (x_1, y_1)，(x_2, y_2)，…，(x_n, y_n)，对应的质量分别为 m_1，m_2，…，m_n，则该质点系的重心坐标 $(\bar{x}, \bar{y})$ 满足的关系式为

$$\bar{x}=\frac{\sum_{i=1}^{n} m_i x_i}{\sum_{i=1}^{n} m_i}, \quad \bar{y}=\frac{\sum_{i=1}^{n} m_i y_i}{\sum_{i=1}^{n} m_i}。$$

此外，每个刚性的物体都有重心。重心的意义在于：当物体 A 被物体 B 支撑时，只要 A 的重心位于物体 B 的正上方，A 就会获得很好的平衡；如果 A 的重心超出了 B 的边缘，A 就会落下来。对于密度均匀的物体，其实际重心就是几何中心。

因为本问题主要与重心的水平位置（重心的 x 坐标）有关，与垂直位置（重心的 y 坐标）无关，所以只要研究重心的水平坐标即可。

2. 模型假设

(1) 所有积木的长度和重量均为一个单位。

(2) 参与叠放的积木足够多。

(3) 每块积木的密度都是均匀的，密度系数相同。

(4) 最底层的积木可以完全水平且平稳地放在地面上。

3. 模型构成

1) *考虑两块积木的叠放情况*

对只有两块积木的叠放，注意到此时叠放后的积木平衡主要取决于上面的积木，而下面的积木只起到支撑作用。假设在叠放平衡的前提下，上面积木超过下面积木右端的最大前伸距离为 x，选择下面积木的最右端为坐标原点，建立如图 1.3 所示的坐标系。

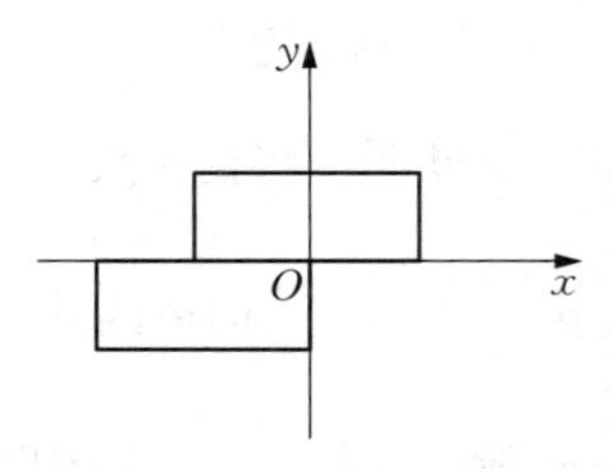

图 1.3 两块积木的坐标系

因为积木是均匀的，所以它的重心在其中心位置，且其质量可以认为是集中在重心的，于是每块积木可以认为是质量为1且其坐标在重心位置的质点。因为下面的积木总是稳定的，要想上面的积木与下面的积木离开最大的位移且不掉下来，则上面的积木重心应该恰好在底下积木的最右端位置，所以可以得到上面积木在位移最大且不掉下来的中心坐标为 $x=\frac{1}{2}$（因为积木的长度是1），于是上面的积木可以向右前伸的最大距离为 $\frac{1}{2}$。

2）考虑 $n+1$ 块积木的叠放情况

两块积木的情况解决了，如果再加一块积木，叠放情况如何呢？如果增加的积木放在原来两块积木的上边，那么此积木是不能再向右前伸了（为什么），除非再移动底下的积木，但这样会使问题复杂化。因为这里讨论的是建模问题，不是怎样搭积木的问题，为了便于问题的讨论，把前两块搭好的积木看作一个整体且不再移动它们之间的相对位置，而把增加的积木插入在最底下的积木下方，于是问题又归结为两块积木的叠放问题，不过这次是质量不同的两块积木的叠放问题。这个处理可以推广到 $n+1$ 块积木的叠放问题，即假设已经叠放好 $n(n>1)$ 块积木，再加一块积木的叠放问题。

下面就 $n+1\ (n>1)$ 块积木的叠放问题来讨论。假设增加的一块积木插入最底层，选择底层积木的最右端为坐标原点建立如图1.4所示的坐标系。

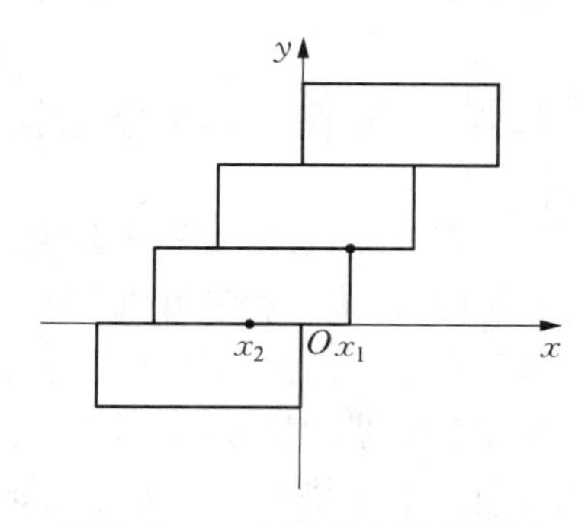

图1.4　$n+1$ 块积木的坐标系

考虑上面的 n 块积木的重心关系，把上面的 n 块积木分成两部分：从最高层开始的前 $n-1$ 块积木，记它们的水平重心为 x_1，总质量为 $n-1$；与最底层积木相连的第 n 块积木，记它的水平重心为 x_2，质量为1。

此外，把上面的 n 块积木看作一个整体，并记它的重心水平坐标为 $\bar{x}$，显然 n 块积木的质量为 n。那么，在保证平衡的前提下，上面 n 块积木的水平重心应该恰好在最底层积木的右端，即 $\bar{x}=0$。假设第 n 块积木超过最底层积木右端的最大前伸距离为 z，同样在保证平衡的前提下，从最高层开始的前 $n-1$ 块积木总重心的水平坐标为 z，即有 $x_1=z$，而第 n 块积木的水平重心在距第 n 块积木左端的 $\frac{1}{2}$ 处，于是在图1.4的坐标系下，第 n 块积木的水平重心坐标为 $x_2=z-\frac{1}{2}$。故由重心的关系，有

$$\bar{x}=\frac{x_1(n-1)+x_2\cdot 1}{n}=\frac{z(n-1)+\left(z-\frac{1}{2}\right)}{n}=0,$$

$$z(n-1)+\left(z-\frac{1}{2}\right)=0\Rightarrow z=\frac{1}{2n}。$$

于是对3块积木（即 $n=2$）的叠放，第3块积木的右端到第1块积木的右端距离最远可以前伸

$$\frac{1}{2}+\frac{1}{4}。$$

对 4 块积木(即 $n=3$) 的叠放,第 4 块积木的右端到第 1 块积木的右端距离最远可以前伸

$$\frac{1}{2}+\frac{1}{4}+\frac{1}{6}。$$

对 $n+1$ 块积木的叠放,设从第 $n+1$ 块积木的右端到第 1 块积木的右端距离为 d_{n+1},则有

$$d_{n+1}=\frac{1}{2}+\frac{1}{4}+\cdots+\frac{1}{2n}。$$

所以当 $n\to\infty$ 时,有 $d_{n+1}\to\infty$。这说明随着积木数量的无限增加,最顶层的积木可以前伸到无限远的地方。

4. 简评

本问题给出的启示:当问题涉及较多对象时,对考虑的问题进行合理的分类往往会使问题变得清晰。此外,一些看似不可能的事情其实并非不可能。

1.4 如何学习数学建模

有人说,数学建模与其说是一门技术,不如说是一门艺术。大家知道,技术一般是有章可循的,许多工程领域都有专门的技术规范,只要严格按照规范去做,事情就可以完成得八九不离十。而艺术通常无法归纳出几条一般的准则或方法,一位出色的艺术家需要大量的观摩和前辈的指教,更需要亲身的实践。从这种意义上说,数学建模更接近艺术,其含义是,目前尚不能找到若干法则或规律,用以完成不同领域各种问题的建模。

这样看来,学习数学建模与学习一般的数学课程会有较大的不同。多数建模课程和建模教材主要讲解的是数学建模过程的一头一尾,即如何将实际问题表述成数学模型和如何用模型的结果分析、解释实际现象,至于建模过程的中段,即模型的求解部分,由于所用的数学方法基本上是大家已经学过的,就不会是讲授的重点。当然,如果用到数学公共课没有涉及的内容,则会有适当的补充。

1.4.1 培养数学建模的意识和能力

在学习数学建模的过程中,与掌握一些建模方法、补充一些数学知识相比,更为重要、也许更加困难的是培养数学建模的意识和能力。

所谓数学建模的意识是指,对于我们日常生活和工作中那些需要或者可以用数学工具分析、解决的实际问题,能够敏锐地发现并从建模的角度去积极地思考、研究。这些问题可能有几种不同的情况:第一种是必须用数学方法才能解决的,需要做的大概就是如何建模了;第二种是虽然已经用工程的或经验的办法处理,但是再用上数学方法可能解决得更好,这就需要勇于和善于利用数学建模这个工具了;第三种是依靠经验和常识就能得到满意的处理,不一定要用建模解决的问题,而尝试从数学的角度去考虑,可以起到提高数学建模能力的作用。

至于数学建模的能力，内容很广泛，大体上包含以下内容：

(1) 想象力。在已有形象的基础上，根据新的信息在头脑中创造出新形象的能力，是一种形象思维活动，可以通过细心观察、善于联想、勇于突破思维定式(如运用逆向思维、发散思维)等方式来培养。

(2) 洞察力。透过现象看到本质，对复杂事物进行分析和判断的能力，需要集中注意力、刻苦工作、勤于思考，适应和创造浓厚的学术环境，培养对科学研究敏锐的“感觉”。

(3) 类比法。由一类事物具有的某种属性，推测类似事物也具有这种属性的推理方法。因为同一个数学模型可以描述不同领域的对象，所以联想、类比是建模中常用的方法。当然，类比的结果是否正确，需要由实践来检验。

(4) 较广博的数学知识。对于已经学过微积分、线性代数、概率论等基础课的大学生来说，还需要了解数值计算、数理统计、数学规划、数值模拟等学科中那些直接与应用相关的内容，如怎样用这些方法建模、怎样在计算机上用数学软件实现、怎样解释模型求解的结果等，并不需要深入了解这些学科的数学原理。

(5) 深入实际调查研究的决心和能力。与埋头撰写纯数学论文不同，做数学建模首先要有到实际中去的决心和勇气，并且善于调查研究，掌握第一手材料。

1.4.2 参加数学建模竞赛，做自己的模型

学习数学建模，如果只停留在学别人的模型上那是远远不够的，一定要亲自动手，踏踏实实地做几个实际问题。我们更提倡读者在实际生活中发现问题、提出问题，建立模型。

参加数学建模竞赛为同学们通过亲手做课题，更快地提高用数学建模方法分析、解决实际问题的能力，搭建了广阔的平台。大学数学建模竞赛是近年来我国高校蓬勃开展的一项学科竞赛活动，有全国性的、地区性的，更有院校自己组织的。各种层次建模竞赛的内容、组织方式、评判标准等大致相同。下面对竞赛的特点、参赛的过程和收获做简单介绍。

(1) 竞赛内容。赛题由工程技术、管理科学及社会热点问题简化而成，要求用数学建模方法和计算机技术完成一篇包括模型的假设、建立和求解，结果的分析和检验以及自我评价优缺点等方面的学术论文。

(2) 竞赛方式。采取通信竞赛办法，三名大学生为一队，在三天时间内完成，可以使用任何资料和软件，唯一的限制是不能与队外的同学、老师讨论赛题(包括在网上)。

(3) 评判标准。赛题没有标准答案，评判以假设的合理性、建模的创造性、结果的正确性、表述的清晰性为标准。其中结果正确指的是与做出的假设和建立的模型相符合。

许多同学表示，不管三天竞赛的成绩如何，只要认真参加了培训、自学、讨论、竞赛的全过程，都会有丰硕的收获，他们用“一次参赛、终身受益”来总结竞赛经历。

第二章　简单优化模型

在实际生活中，特别是在工程技术、经济管理和科学研究领域中存在着很多优化模型，如投资的成本最小、利润最大问题，邮递员的投递路线最短问题，货物的运输调度问题，风险证券投资中的收益最大、风险最小问题。

优化模型大致可以分成两大类：无约束优化模型和约束优化模型。无约束优化模型即求一个函数在定义域内的最大值或最小值，这类问题往往可以使用微分的方法得到最终的结论，如一元及多元函数的最值归结为求函数的驻点；约束优化模型即求函数在一些条件约束下的最优解，对于等式约束的问题，可以使用 Lagrange 乘数法求解，但是在数学建模中得到的优化模型往往不是等式约束问题，而是诸如不等式约束甚至更复杂的数学规划问题，这些问题需要使用 MATLAB 等科技计算软件才能解决。数学规划问题包括线性规划、整数规划、非线性规划、目标规划、多目标规划以及动态规划等类型的问题。

2.1　生猪的出售时机

2.1.1　问题

饲养场每天投入 4 元资金，用于饲料、人力、设备，估计可使 80 kg 重的生猪体重增加 2 kg。市场价格目前为 8 元/kg，但是预测每天会降低 0.1 元，问生猪应何时出售？如果估计和预测有误差，对结果有何影响？

2.1.2　分析

(1) 目标：选择最佳的生猪出售时机的标准是使得生猪出售的利润最大，因此目标函数应当是利润函数。利润＝收益－成本。影响收益的因素有生猪出售时的体重及生猪出售时的价格，成本完全由生猪饲养的天数决定。在影响收益的两个因素中，生猪的体重随着饲养天数的增加而增加，而价格却随着饲养天数的增加而减少，这是一对矛盾体，这样也就决定了最终存在一个最佳的出售时机。

(2) 决策变量：生猪饲养的天数 t。

(3) 约束条件：关于天数的约束，$t \geqslant 0$。

(4) 求解方法：虽然有 $t \geqslant 0$ 的约束，但是总的来说该模型最后可以看成无约束的优化问题，因此可以使用微分法解决。

2.1.3　模型记号说明

r ——生猪体重每天的增加量。

t ——生猪饲养的天数。

w_0——当前生猪的体重。

$w(t)$ —— t 天时生猪的体重。

g ——价格每天的减少量。

p_0——生猪的当前价格。

$p(t)$ —— t 天时生猪的价格。

i ——每天的投入。

$R(t)$ ——第 t 天生猪卖出的收益。

$C(t)$ ——第 t 天生猪卖出的成本。

$Q(t)$ ——第 t 天生猪卖出的利润。

2.1.4　模型建立

(1) t 天时生猪的体重：$w(t)=w_0+rt$。

(2) t 天时生猪的价格：$p(t)=p_0-gt$。

(3) 第 t 天生猪卖出时的收益：$R(t)=w(t)p(t)=-rgt^2+(rp_0-gw_0)t+w_0p_0$。

(4) 第 t 天生猪卖出时的成本：$C(t)=it$。

(5) 第 t 天生猪卖出时的利润：$Q(t)=R(t)-C(t)=-rgt^2+(rp_0-gw_0-i)t+w_0p_0$。

利润最大化归结为下面的优化问题：

$$\max Q(t)。$$

利用微分法可以求解该问题：

$$当\ t=\frac{rp_0-gw_0-i}{2rg}\ 时，利润达到最大。$$

在该问题中，$p_0=8$，$w_0=80$，$i=4$，r，g 为估计值，$r=2$，$g=0.1$。代入上式可以得到最佳出售天数为 10 天。

2.1.5　模型分析

1. 敏感性分析

敏感性分析就是分析因素的变动对结果的影响，通常使用相对改变衡量结果对参数的敏感程度。如在函数 $z=g(x,y)$ 中，z 对 x 的敏感度定义为

$$\frac{\partial(\ln z)}{\partial(\ln x)}=\frac{x}{z}\frac{\partial z}{\partial x}。$$

在本模型中 $t=\dfrac{40r-60}{r}$，$r\geqslant 1.5$，因此 t 对 r 的敏感度为

$$S(t,\ r)=\frac{r}{t}\ \frac{60}{r^2}=\frac{60}{40r-60}。$$

当 $r=2$ 时，敏感度为 3，这表明生猪每天的体重增加 1%，出售的时间将推迟 3%。

类似地，t 对 g 的敏感度为 $S(t,\ g)=\frac{g}{t}\left(-\frac{3}{g^2}\right)=-\frac{3}{3-20g}$，当 $g=0.1$ 时敏感度为 -3，这说明生猪价格每天的降低量增加 1%，出售时间将提前 3%。

2. 稳健性分析

在此模型中假设生猪体重的增加和价格的降低都是常数，这是对现实情况的简化，实际的模型应当考虑非线性函数形式和不确定性情形，此时分析不确定时的情况，将 w 和 p 记作 $w=w(t)$，$p=p(t)$，有 $Q(t)=p(t)w(t)-4t-640$，按照微分法，可以知道最优解应当满足 $p'(t)w(t)+p(t)w'(t)=4$，即出售的最佳时机是保留生猪直到利润的增值等于每天投入的资金为止。

2.2 RGV 的动态调度优化问题

2.2.1 问题

图 2.1 是一个智能加工系统的示意图，由 8 台计算机数控机床（Computer Number Controller，CNC）、1 辆轨道式自动引导车（Rail Guide Vehicle，RGV）、1 条 RGV 直线轨道、1 条上料传送带、1 条下料传送带等附属设备组成。RGV 是一种无人驾驶、能在固定轨道上自由运行的智能车。它根据指令能自动控制移动方向和距离，并自带一个机械手臂、两只机械手爪和物料清洗槽，能够完成上下料及清洗物料等作业任务。

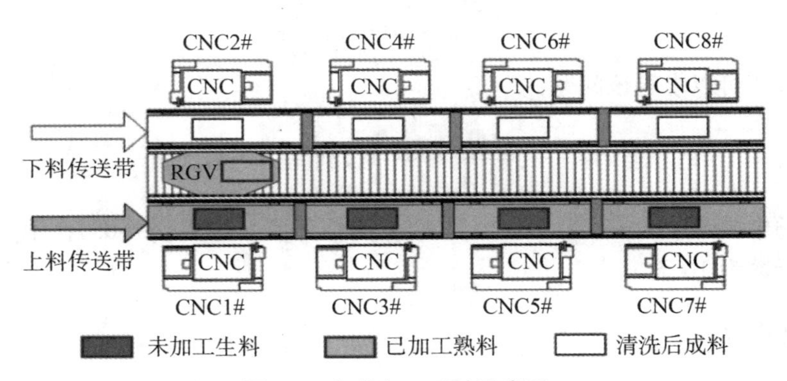

图 2.1　智能加工系统示意图

针对下面的三种具体情况：

(1) 一道工序的物料加工作业情况，每台 CNC 安装同样的刀具，物料可以在任一台 CNC 上加工完成。

(2) 两道工序的物料加工作业情况，每个物料的第一和第二道工序分别由两台不同的 CNC 依次加工完成。

(3) CNC 在加工过程中可能发生故障(据统计,故障的发生概率约为 1%)的情况,每次故障排除(人工处理、未完成的物料报废)时间为 10~20 分钟,故障排除后即刻加入作业序列。要求分别考虑一道工序和两道工序的物料加工作业情况。

请完成下列两项任务。

任务 1:对一般问题进行研究,给出 RGV 动态调度模型和相应的求解算法;

任务 2:利用表 2.1 中系统作业参数的 3 组数据分别检验模型的实用性和算法的有效性,给出 RGV 的调度策略和系统的作业效率。

表 2.1 智能加工系统作业参数的 3 组数据表 时间单位:秒

系统作业参数	第 1 组	第 2 组	第 3 组
RGV 移动 1 个单位所需时间	20	23	18
RGV 移动 2 个单位所需时间	33	41	32
RGV 移动 3 个单位所需时间	46	59	46
CNC 加工完成一个一道工序的物料所需时间	560	580	545
CNC 加工完成一个两道工序物料的第一道工序所需时间	400	280	455
CNC 加工完成一个两道工序物料的第二道工序所需时间	378	500	182
RGV 为 CNC1#,3#,5#,7#一次上下料所需时间	28	30	27
RGV 为 CNC2#,4#,6#,8#一次上下料所需时间	31	35	32
RGV 完成一个物料的清洗作业所需时间	25	30	25

注:每班次连续作业 8 小时。

2.2.2 问题背景及重述

随着信息技术、控制工程、机械工程等技术的发展与进步,智能加工系统日益无人化、自动化、智能化,显著提升了工业加工、物流服务等工作的效率。以本题为例,该智能加工系统由 8 台 CNC、1 辆 RGV、1 条 RGV 直线轨道、1 条上料传送带、1 条下料传送带及其他附属设备组成。RGV 是一种无人驾驶的、能在固定轨道上自由运行的智能车,能够根据指令完成相关的作业任务。

在该类系统中,RGV 的运行情况对整个作业系统的工作效率有着巨大影响。运行过程中,易出现因不同工作组调度不佳而导致空闲等待的情况,降低了运行效率。能否更加合理地调度穿梭车,提高 RGV 系统的运行效率,是进一步促使智能加工系统发展的一个重要因素。

2.2.3 模型假设

(1) 假设 RGV 足够智能,可在未收到需求信号时主动移动到指定 CNC 位置处;此外,RGV 可在收到指令后维持在原地停止等待状态。

(2) 假设 RGV 足够智能且可与 CNC 通信,可以获取 CNC 的加工完成剩余时间以及当前班次剩余时间信息。

(3) 假设上料带具有理想上料效率,即:RGV 为 CNC(或加工第一道工序的 CNC)上生料时,其传送带保证 CNC 前方总有所需生料。

(4) 假设下料带具有理想下料效率，不会在 RGV 下料时，出现下料带堵塞的问题。

(5) 假设除了 CNC 在加工过程中可能发生故障外，其他部件都不发生意外和磨损，且可在指定时间准时完成相应操作。

2.2.4 问题分析

任务 1 要求根据一般问题，给出 RGV 动态调度模型和相应的求解算法。针对该任务，首先需要对该系统的运行特点进行一定的抽象、概括和证明。例如，在最优的调度策略下各部分机器效率应当是均衡的。这些规则将用于构建 RGV 动态调度模型。

针对情况(1)，结合对系统分析的结果，可以将 8 个 CNC 转换为 8 个工作队列，将物料加工作业抽象为队列中的事件，则题目第一问可以转换为完成队列中带约束条件的任务最优调度。转换完成后，可从时间维度对系统基于事件进行状态划分。基于该状态划分结果，可以构建最优状态转移图(有向有权图)模型，其中带权节点代表 CNC 的处理时间，带权有向边代表 RGV 将清洗工作、停止等待以及移动所需要的时间，由此构建状态向量和状态转移矩阵。该模型以最大化有限时间内完成的熟料数目最多为目标，而约束则可引入总工时约束、物料加工用时约束、RGV 运动时间的约束等。此外，该问题还可以从建立物料数目确定、最小化时间的角度考虑建立相应最优化模型等。最优状态转移图模型的化简工作可以考虑以两无权点及该两点所确定的一条带权有向边代替原来的带权点，从而完成对模型的构建和化简。

针对情况(2)，可以建立带有工序约束的最优状态转移模型。该模型依然是基于系统状态转移的思想，可以证明工序一、二紧邻是系统高效率的指导原则。修改状态转移矩阵的约束条件，限制状态向量的转移方向，从而完成问题的求解。最优化目标依然是在有限时间内最大化生产熟料数目。

针对情况(3)，可以在最优状态转移图模型和带有工序约束的最优状态转移模型的基础上引入突发事件随机变量，通过引入该随机变量限制部分状态的转移效果，同时引入等待时间变量，从而完成问题模型的建立。对于算法的求解，可以采用引入剪枝规则、回溯法、分支限界法等。值得注意的是，在求解该模型时，分支限界法求解目标是尽快找出满足约束条件的一个解，或在满足约束条件的解中找出在某种意义下的最优解，更适合求解离散最优化问题。但是，考虑到即使引入剪枝策略等模型，求解的时间和空间复杂度可能仍较大，因此在求解算法时采用分阶段优化的策略完成模型的求解，同时采用基于事件的时间离散化处理，最后可以对结果进行分析比较，作为模型的近似解。除此之外，在该类最优化问题求解时，也可以采用混合遗传算法、禁忌搜索算法等。

针对任务 2，可以通过输入题目提供的数据检验模型的实用性和算法的有效性，并对结果和系统的基本上限进行比较，判断模型和算法的实用性和有效性，同时输出该过程中 RGV 的调度策略。对于系统的作业效率，可以定义系统工作效率为系统中 CNC 的工作时间在一个工时内的比例。此外，可从系统工作效率均衡的角度分析模型的实用性和算法的有效性。

2.2.5 模型的建立与分析

在建立模型前，首先对该系统的基本工作状态进行一定的分析，结合分析结论完成模型的构建和改进。对于该问题我们有以下分析。

定义 1(RGV 工作循环):RGV 对每个 CNC 都操作且仅操作一次并最后回到出发位置的过程称为一个循环(周期)。

定义 2(系统效率均衡):当其他条件确定时,系统中各个模块的工作效率在匹配(相等或近似相等)时,整个系统获得最大效益,该状态定义为系统均衡。

系统均衡优化原则:在 CNC 只装有一种类型刀片的情况下,RGV 与 CNC 协同工作,为了使 RGV 和 CNC 的效率达到最大化,二者对物料的处理能力应当尽量匹配。因为当 RGV 处理能力大于 CNC 的时候,RGV 会等待 CNC 直到空闲的 CNC 出现,造成 RGV 的产能浪费,反之亦然。同理,在拥有装有两种不同类型刀片的 CNC 的系统中,两种 CNC 对物料的处理能力也应该尽量均衡,因为每一个成品物料需要第一类 CNC 和第二类 CNC 各进行一次加工,在 RGV 服务能力充足的情况下,如果第一类 CNC 的处理能力大于第二类 CNC,会产生过多的半成品物料而没有足够的第二类 CNC 进行处理,造成阻塞,而如果第二类 CNC 的处理能力大于第一类 CNC,会造成没有足够的半成品物料供给第二类 CNC 加工,出现闲置。为了最大化整个系统的效率,必须尽量保持第一类 CNC 和第二类 CNC 处理能力的均衡。

定义 3(CNC 满载条件下的系统工作上限):假设所有的 CNC 全部满载,即所有的 CNC 都在“上下料-处理工件”操作的循环中,则当所有的 CNC 只有一种刀片时,在一个班次内,i 位置处的 CNC 物料加工数量的上限 U_i 为

$$U_i=\left\lfloor\frac{T_m}{t_p+t_{li}}\right\rfloor。$$

一个班次的总加工上限为 $U=\sum_{i=1}^{n}U_i$,其中 T_m 为总时间,t_p 为 CNC 加工完成一个一道工序的物料所需时间,t_{li} 为 RGV 为 CNC 一次上下料所需时间。

当 CNC 装配有两种不同类型的刀片时,一个班次内 CNC 能够加工的物料上限由装配两种类型刀片的 CNC 中加工的物料上限较低的决定,这本质上是由系统的短板原理导致的。

为了便于进一步分析该模型,将原来的站点抽象为可以并行工作的任务队列,如图 2.2 所示。

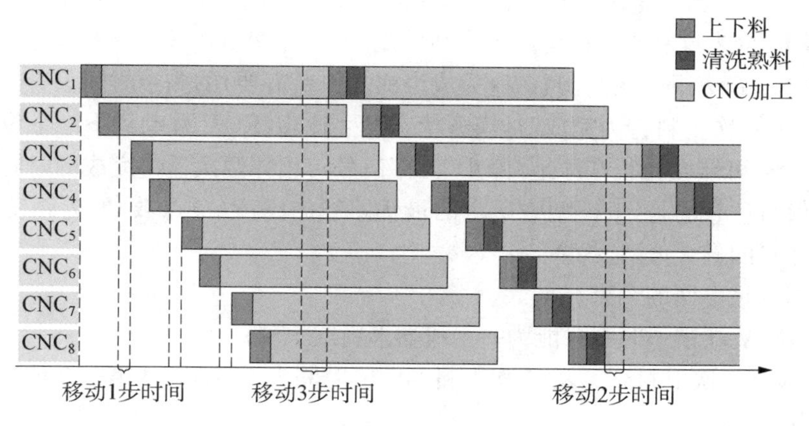

图 2.2　带约束的队列调度示意图

经过该过程，原问题被转换为带约束条件的多队列任务最优调度问题，同时为我们从时间维度对系统基于事件进行状态划分提供了视角。

从图 2.2 可知，在任意时刻，对应有各个队列(CNC)的状态：空闲、工作；同时还可以隐性地反映 RGV 的状态：移动、清洗等。从时间维度对其进行离散化处理，由此可以构建不同时刻下系统的状态转移图。但是如果选择以 1 秒为基本步长，会导致迭代状态过多，且由于步长较短，整体有较多迭代是不必要的，而过大的步长，无法精确刻画系统的状态转移过程。因此，进一步在时间划分上改进，采用基于事件的时间划分，并由此引出整个过程的状态转移图模型。

1. 最优状态转移图模型

对于情况(1)，我们建立最优状态转移图模型(如图 2.3)来描述整个 RGV - CNC 系统的调度过程。

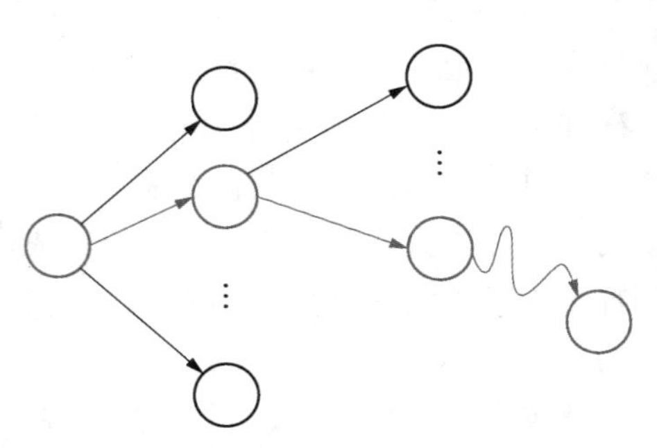
图 2.3　最优状态转移图模型示意图

首先，建立系统的状态向量，该状态向量描述了在某一时刻整个系统所处的状态。由于以秒为处理单位会出现大量的重复状态和重复计算，因此从 RGV 运动的视角作为图模型建立的基准，对模型进行离散化处理。该模型将以秒为单位的时间划分转换为基于事件的时间划分。

$$\mathbf{V}_k=\begin{bmatrix} t_k \\ p_k \\ r_{k,1} \\ r_{k,2} \\ \vdots \\ r_{k,n} \\ M_k \\ 1 \end{bmatrix},\ 0\leqslant t_k\leqslant T_m,\ p_k\in\mathbf{N}^+,\ p_k\leqslant[n/2],\ r_{k,i}\geqslant 0。$$

式中，$M_0=1$，t_k 代表系统处于第 k 个状态时的时刻，p_k 代表 RGV 在第 k 个状态时所处的位置，在向量 $\mathbf{V}_k$ 的末尾补充 1 以构建齐次转移矩阵，$r_{k,i}$ 变量代表当系统处于第 k 个状态时 i 位置处的 CNC 距离下一次空闲状态(完成当前工作所需要)的剩余时间。

当 RGV 的一次上料行为完成时，模型状态发生转移，RGV 移动到下一个位置进行上料(移动之前 RGV 可能会执行在原地“停止等待”信号)，相邻两次上料完成的时间作为状态之间的时间。值得注意的是，该模型中所求的最优路线的深度(节点数)即为系统在约束条件下所能生产熟料的最大值，记为 M。

模型应当满足下面的约束。

约束一：RGV 在某一时刻只能为一台机器上料或下料。

约束二：从第 i 次上料到第 $i+1$ 次上料的间隔时间大于 RGV 从第一个位置运动到第二个位置的时间。

上述约束在状态转移的过程中得到保持。为了便于描述，我们定义以下变量。

(1) 移动矩阵

$$\boldsymbol{C}=\begin{bmatrix} c_{1,1} & \cdots & c_{1,n} \\ \vdots & & \vdots \\ c_{n,1} & \cdots & c_{n,n} \end{bmatrix}。$$

式中，$c_{i,j}$ 为 RGV 从位置 i 移动到位置 j 需要的时间，$c_{i,j}=c_{j,i}$，易知，当 $i=j$ 时，$c_{i,j}=0$。

(2) CNC 工作负载变量

$$\boldsymbol{E}_k=\begin{bmatrix} e_{k,1} \\ \vdots \\ e_{k,n} \end{bmatrix},$$

$$e_{k,i}=\begin{cases} 0, & \text{状态 } \boldsymbol{V}_k \text{ 的 } \mathrm{CNC}_i \text{ 上工件没有工作,} \\ 1, & \text{状态 } \boldsymbol{V}_k \text{ 的 } \mathrm{CNC}_i \text{ 上面有正在处理或者处理完成的工作。} \end{cases}$$

构建状态转移方程如下：

$$\boldsymbol{V}_{k+1}=f(\boldsymbol{V}_k\boldsymbol{A}_k),$$

它表示从第 k 阶段到 $k+1$ 阶段的状态转移规律。其中，$\boldsymbol{V}_k$ 为第 k 个状态的系统状态向量，$\boldsymbol{A}_k$ 为系统处于第 k 个状态时的状态转移矩阵。

设 $\boldsymbol{X}_k$ 为系统处于第 k 个状态时可选的状态转移矩阵集。

$$\boldsymbol{X}_k=[\boldsymbol{A}_{k1},\ \boldsymbol{A}_{k2},\ \cdots,\ \boldsymbol{A}_{kn}]^{\mathrm{T}}。$$

式中，$\boldsymbol{A}_{ki}$ 为系统处于第 k 个状态时的第 i 个状态转移矩阵，其定义如下：

$$\boldsymbol{A}_{ki}=\begin{bmatrix} 1 & & & & & & \Delta t_i \\ & 0 & & & & & i \\ & & 1 & & & & -\Delta t_i \\ & & & \ddots & & & \vdots \\ & & & & 1 & & -\Delta t_i \\ & & & & & 1 & 1 \\ & & & & & & 1 \end{bmatrix}。$$

i 的含义为 RGV 选择的下一个目标 CNC，Δt_i 代表从第 k 个状态经过 $\boldsymbol{A}_{ki}$ 转移到第 $k+1$ 个状态所需要的时间，其定义如下：

$$\Delta t_i=t_c e_{k,pk}+t_s+t_{li}+c_{pk,i},$$

$$t_s=\max\{c_{pk,i},\ r_{k,i}\}。$$

式中，t_s 表示下一次上料的开始时间，为行走时间和目标 CNC 剩余工作时间的较大值；t_c 表示当前状态后工件清洗的时间，代表如果 CNC 空置则清洗，否则不清洗；$c_{pk,i}$ 表示从当前

状态 (k) 转移到下一个状态 $(k+1)$ 需要的移动时间。

函数 $f(\mathbf{V}_k)$ 定义如下：

$$f(\mathbf{V}_k)=\max\{0,\ r_{k,i}\},\ 1\leqslant i\leqslant n,\ i\in\mathbf{N}^+。$$

函数 $f(\mathbf{V}_k)$ 对状态 $\mathbf{V}_k$ 的 CNC 剩余时间 $r_{k,i}$ 取 $\max\{0,\ R_{k,i}\}$，因为剩余时间非负，并且 $r_{k+1,i}=t_p$，$e_{k+1,i}=1$。

此外，在一个班次(8 小时)的时间内，RGV 必须回到原点并且所有的工件必须全部完成，所以在状态转移的时候引入约束三、四。

约束三：RGV 一定能够回到原点。

$$t_k+t_s+t_{li}+c_{i,0}\leqslant T_m。$$

式中，$c_{i,0}$ 为 RGV 在位置 i 时的初始时间。

约束四：所有的 CNC 在 8 小时结束时处于非工作状态。

$$t_k+t_s+2t_{li}+t_p+t_c+c_{i,0}\leqslant T_m。$$

总的数学模型描述如下：

$$\max M_k,$$

$$\text{s.t.}\begin{cases}\mathbf{V}_{k+1}=f(\mathbf{V}_k\mathbf{A}_k),\\ t_k+t_s+t_{li}+c_{i,0}\leqslant T_m,\ \forall i\in\{1,\ \cdots,\ n\},\\ t_k+t_s+2t_{li}+t_p+t_c+c_{i,0}\leqslant T_m,\ \forall i\in\{1,\ \cdots,\ n\}。\end{cases}$$

2. 带工序约束的最优状态转移图模型

对于情况(2)，我们改进针对任务 1 的图模型以适应任务 2 的特殊情况。

我们设立 CNC 类型向量 $\boldsymbol{Q}$，表示 n 台 CNC 的类型，并沿用最优状态转移图模型中对 $\mathbf{V}_k$，$\boldsymbol{E}_k$ 和移动矩阵 $\boldsymbol{C}$ 的定义。

$$\boldsymbol{Q}=\begin{bmatrix}q_1\\ q_2\\ \vdots\\ q_n\end{bmatrix},\ q_i\in\{0,\ 1\},$$

$$q_i=\begin{cases}0, & \text{CNC}_i\ \text{安装第一类刀片},\\ 1, & \text{CNC}_i\ \text{安装第二类刀片}。\end{cases}$$

约束一：当 RGV 对第一类 CNC 执行上下料操作并且该 CNC 并不是处于空置状态的时候，RGV 的下一个操作目标不能是第一类 CNC。证明如下：

(1) RGV 对第一类非控制 CNC 执行上下料操作以后，若 CNC 非空，则 RGV 机械臂上一定存在一个半成品工件。

(2) 半成品工件无法放到传送带上，也无法放在第一类 CNC 中。

由(1)(2)可知，RGV 访问一个非空第一类 CNC 以后必须接着访问第二类 CNC。

在第 k 个状态到第 $k+1$ 个状态进行转移的时候，通过下式实现约束一：

$$(1-q_{pk})e_{k,\,pk}-q_{pk+1}\neq 1,$$

并且修改状态转移矩阵的约束条件如下：

$$\Delta t_i=t_e e_{k,\,pk}q_k+t_s+t_{li}+c_{pk,\,i},$$

即如果是从第一类 CNC 转移到第二类 CNC，没有清洗过程，不计清洗时间。

$$t_{li}=(i\bmod 2)t_{l0}+[(i+1)\bmod 2]t_{l1},$$

即 t_{li} 表示转移目标 CNC 的上料时间，如果是偶数，则 CNC 上料时间为 t_{l0}，否则为 t_{l1}。

总的数学模型为

$$\max M_k,$$

$$\text{s. t.}\begin{cases}\mathbf{V}_{k+1}=f(\mathbf{V}_k\boldsymbol{A}_k),\\ t_k+t_s+t_{li}+c_{i,\,0}\leqslant T_m,\ \forall i\in\{1,\,\cdots,\,n\},\\ t_k+t_s+2t_{li}+t_p+t_c+c_{i,\,0}\leqslant T_m,\ \forall i\in\{1,\,\cdots,\,n\},\\ (1-q_{pk})e_{k,\,pk}-q_{pk+1}\neq 1,\\ t_{li}=(i\bmod 2)t_{l0}+[(i+1)\bmod 2]t_{l1}。\end{cases}$$

3. 带有故障风险的最优状态转移图模型

引入故障因子 $\boldsymbol{P}=[p_1,\,p_2,\,\cdots,\,p_m]^{\mathrm{T}}$，其中 p_i 表示 i 位置的 CNC 距离修复成功剩下的时间。若 p_i 为 0，则表示 CNC 没有损坏。根据题意，在 RGV 为第 k 台 CNC 上料完成后，该 CNC 处于加工状态时有 1%概率会损坏，即 $p_{ki}=g_i$，其中 g_i 为第 i 个 CNC 距离再次正常工作所需时间，由于故障维修时间为 10～20 min，即 600～1 200 s，因此有 $600\leqslant g_i\leqslant 1\,200$，$g_i\in\mathbf{R}$，$i=1,\,\cdots,\,m$。在实际的模型中，每次状态转移都可能有至多 m、至少 0 个处于工作状态的 CNC 出现故障。

由于在最优状态转移图模型中，当 RGV 的一次上料行为完成时，模型状态才发生转移，因此可对模型进行如下修改。当 CNC 只有一种刀具时，状态转移矩阵 $\boldsymbol{A}_k$，$\boldsymbol{B}_k$ 增加以下约束：

$$\boldsymbol{A}_k=\boldsymbol{T}_{ki},\ p_i=0,$$

$$\boldsymbol{B}_k=\boldsymbol{T}_{ki},\ p_i>0,$$

$$e_{k,\,i}=0。$$

对我们效率的影响：

认为在情况(1)与情况(2)中，基本满足 RGV 供应能力与 CNC 工作能力之间的平衡。当只有一种刀片的时候，某一台或某几台 CNC 出现了故障，我们认为该平衡被打破，RGV 的供应能力大于 CNC 的工作能力，整个系统的工件处理数量减少，但是单个 CNC 的工作效率变高。当装有两种刀片时，两种刀片的平衡被打破，工作能力较弱的一方，单个 CNC 的工作效率提升，而工作能力较强的 CNC 产生或增加空闲，该 CNC 工作效率降低，整个系统的工件处理能力降低。

故障未修复时，RGV 的工作能力大于 CNC，RGV 出现等待情况，系统效率降低，故障修复以后，效率重新提高。当 CNC 安装有两种刀具时（除了满足一至三几项约束外），根据系统效率均衡原则，任一 CNC 崩溃将导致各工作部件之间的均衡性被打破。这里给出两种调度原则：

(1) 为了主动满足系统效率均衡原则，我们主动停止使用部分 CNC，以保证系统的匹配。

(2) 不主动调节系统的效率分布情况，调度原则不做改变。

2.2.6 模型的求解

使用原模型对应算法直接求解（遍历可剪枝的解空间树）虽然理论上可以得到最优解，但是由于解空间树过于庞大，未经剪枝的搜索算法复杂度高达 $O(8^n)$，效率较低、收敛速度很慢，即使经过剪枝也是无法承受的。

因此考虑近似求解算法，可以大幅提升求解算法的求解速度，而仅仅牺牲少量结果质量。这里我们将原来的最优化问题转换为多阶段决策问题，其指导原则基于该最优化模型的各种最优化目标和约束信息，并且设计算法进行求解。

设 t_{pi} 为 i 位置 CNC 在整个工时内的实际工作时间。由于系统中 RGV 本质上是为 CNC 提供服务的，即尽可能使 CNC 减少等待时间、增加工作时间从而提升系统整体的工作效率，因此建立工作效率度量指标——CNC 的工作效率为

$$W_{\text{CNC}}=\frac{\sum t_{pi}}{nT_m}。$$

1. 最优状态转移图模型求解算法

在最优状态转移图模型的求解过程中，涉及以下搜索原则：

(1) 在搜索的开始阶段，优先选择前两台 CNC 进行状态转移；

(2) 在状态转移的过程中，优先选择转移时间代价小的进行转移；

(3) 当转移代价相同时，优先选择未来可能更早结束的进行转移；

(4) 需要保证任意时刻状态满足可行性约束条件。

1) 算法框架

分阶段优化原则的目标是：RGV 在当前阶段，在所有 8 台候选 CNC 中，选择可以最快上料并进入物料加工程序的 CNC 作为下一阶段的目标 CNC。随着系统的变化，算法细节有所不同。

2) 决策过程

循环所有的 8 台候选 CNC，计算到每一台 CNC 的路程代价、该 CNC 加工时间的剩余，取其中的最大值作为评估值。选择 8 台 CNC 中评估值最小的作为目标 CNC，也就是选择可以最快上料的 CNC 作为目标 CNC。

如果评估值最小的 CNC 不唯一，选择其中上料时间较短的。如果上料时间相同，选择路径较远的。

2. 带工序约束的最优状态转移图模型求解算法

RGV 在双类型 CNC 系统中与单类型 CNC 系统中的区别在于双类型 CNC 系统在状态

转移的限定上更加严格，解空间更小，但是由于指数级复杂度的特点，一般的方法仍然无法求解，我们采取与单类型 CNC 系统的相似的分阶段优化算法进行计算，框架和策略如下。

1）算法框架

同最优状态转移图模型求解算法的基本框架，但其决策规则有所变更。

2）决策过程

与情况(1)中算法设计基本相同，选择路程代价、加工时间的剩余中的大者为评估值。选择评估值最小的 CNC 作为目标，但不能违反以下约束：

(1) RGV 在对非空的第一类 CNC 进行上下料操作之后，不执行清洗操作，且目的 CNC 一定是第二类 CNC。

(2) 如果评估值最小的 CNC 违反约束，则选择评估值次小的，如此往复，直到找到不违反约束的目标 CNC。

根据前文提到的系统均衡优化原则，我们认为在系统中拥有两种不同型号的 CNC 的情况下，当两类 CNC 处理物料的时间代价大致相同时才会达到总体效率最高的 CNC 刀片类型比例。CNC 处理物料的时间代价分为两部分：一部分是 CNC 加工物料的时间和 RGV 上料的时间，它们只与系统有关，是一个定值；另一部分来自 RGV 到达 CNC 付出的时间代价，这部分难以计量，但是远小于物料加工的时间，所以物料加工的时间占主导地位。图 2.4 的横轴是第一类、第二类 CNC 的比例，纵轴是采用分阶段优化算法计算三种情况下，第一类、第二类 CNC 比例相同的空间排布方案的成品数的平均值。正如图 2.4 中所示，两种 CNC 加工物料时间几乎相同的情况(1)，系统处理能力呈现以 4∶4 为对称轴的对称且在两种

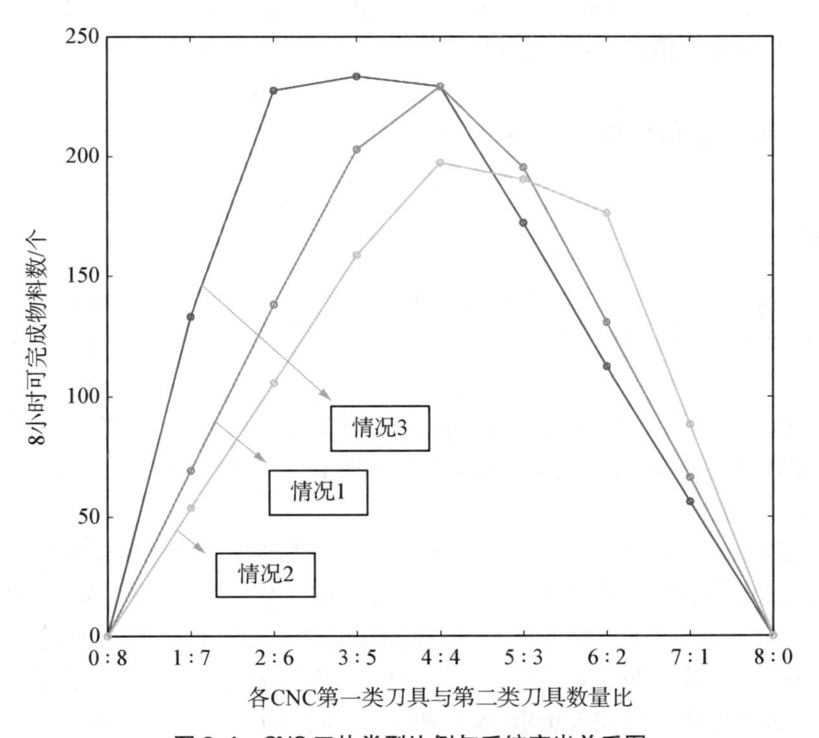

图 2.4　CNC 刀片类型比例与系统产出关系图

CNC 几乎为 1∶1 的情况下取得峰值。而当第一类 CNC 物料处理时间小于第二类 CNC 物料处理时间，即工作效率高于第二类 CNC 的时候，峰值偏向右侧，第一类 CNC 的数目小于第二类 CNC 的数目；当第一类 CNC 物料处理时间大于第二类 CNC 物料处理时间，即工作效率低于第二类 CNC 的时候，峰值偏向左侧，第一类 CNC 的数目大于第二类 CNC 的数目。这在一定程度上证明了我们的系统均衡优化原则。

3. 带有故障风险的最优状态转移图模型求解算法

该求解算法随机模拟故障的产生，故障持续时间在 10～20 min 随机生成。算法在 RGV 每次进行上料的时候以 1%的概率发生故障，如果发生故障，在物料加工的过程中随机产生故障起始时间。

1）算法框架

同最优状态转移图模型求解算法的基本框架。此外，引入故障变量。当 CNC 发生故障时，需要设置该 CNC 故障变量为 1。

2）决策过程

(1) 对于仅有一种类型刀片的 CNC：若 RGV 状态转移的最优目标为某一故障的 CNC，则选择次优 CNC，直到目标无故障为止。当故障时间结束时，CNC 重新恢复正常，故障变量恢复成 0。

(2) 对于有两种类型刀片的 CNC：设第一类刀片的物料处理时间为 t_1，第一类 CNC 的数量为 n_1，第二类刀片的物料处理时间为 t_2，第二类 CNC 的数量为 n_2。如果 $t_1n_1 > t_2n_2$ 并且 $t_1n_1 - t_2n_2 > t_2n_2 - t_1(n_1 - 1)$，则关闭一个第一类 CNC；如果 $t_1n_1 < t_2n_2$ 并且 $t_2n_2 - t_1n_1 > t_1n_1 - t_2(n_2 - 1)$，则关闭一个第二类 CNC。约束的含义是：从优势方关闭 CNC 是在优劣势方差距减小的情况下，关闭一个优势方的 CNC 以平衡产能，达到更优匹配。

2.3 机场的出租车问题

2.3.1 问题

大多数乘客下飞机后要去市区（或周边）的目的地，出租车是主要的交通工具之一。国内多数机场是将送客（出发）与接客（到达）通道分开的。送客到机场的出租车司机都将会面临两个选择：

(1) 前往到达区排队等待载客返回市区。出租车必须到指定的“蓄车池”排队等候，依“先来后到”排队进场载客，等待时间长短取决于排队出租车和乘客的数量多少，需要付出一定的时间成本。

(2) 直接放空返回市区拉客。出租车司机会付出空载费用和可能损失潜在的载客收益。

在某时间段抵达的航班数量和“蓄车池”里已有的车辆数是司机可观测到的确定信息。通常司机的决策与其个人的经验判断有关，比如在某个季节与某时间段抵达航班的多少和可能乘客数量的多寡等。如果乘客在下飞机后想“打车”，就要到指定的“乘车区”排队，按先后顺序乘车。机场出租车管理人员负责“分批定量”放行出租车进入“乘车区”，同时安排一定数量的乘客上车。在实际情境中，还有很多影响出租车司机决策的确定和不确定因素，其关联关系各异,影响效果也不尽相同。

在某些时候,会出现出租车排队载客或乘客排队乘车的情况。某机场“乘车区”现有两条并行车道,管理部门应如何设置“上车点”,并合理安排出租车和乘客,在保证车辆和乘客安全的条件下,使得总的乘车效率最高?

2.3.2　问题分析

首先对国内机场离港出租车上客系统情况进行采集分析,结合所给条件,选定二车道矩阵式上客系统。为增大系统乘车效率,考虑增设泊车位。但泊车位的增加,伴随着车流量的变大,可能导致车多缓行。于是,寻找一个泊车位数的阈值,使得乘车效率最大。

泊车位数变化造成的车流速度变化,通过出租车进出所需的时间直观地反映在了乘车效率上。可以尝试利用数学工具,给出泊车位数与车流速度的定量关系,进而给出出租车进出接客区时间关于泊车位数的表达式。另外给出乘客上车时间则可以结合泊车位数量给出乘车效率关于泊车位数的表达式。

将乘车效率作为目标函数,加上基于接客区宽度的约束条件即得优化模型。求解可得乘车效率最大值。

2.3.3　问题的模型建立与求解

1. 各上客系统分析比较

题中要求给出机场乘车区“上车点”的设置方案,并说明如何安排出租车和乘客在保证车辆和乘客安全的条件下,使得总的乘车效率最高。为衡量乘车效率,现给出“交通流理论”(traffic flow theory)。交通流理论是研究交通流随时间和空间变化规律的模型和方法体系。其中最重要的三个参数为交通量、速度和密度,交通量为速度和密度的乘积。如此给出乘车效率 η 定义式:

$$\eta=\frac{m}{t}。$$

式中,m 为时间 t 内载客离开的出租车数。

对国内各机场离港出租车上客系统进行观察分析,可以发现有单车道停靠式、矩阵(多车道)停靠式以及斜列停靠式三种方式。后两种方式如图 2.5 所示。

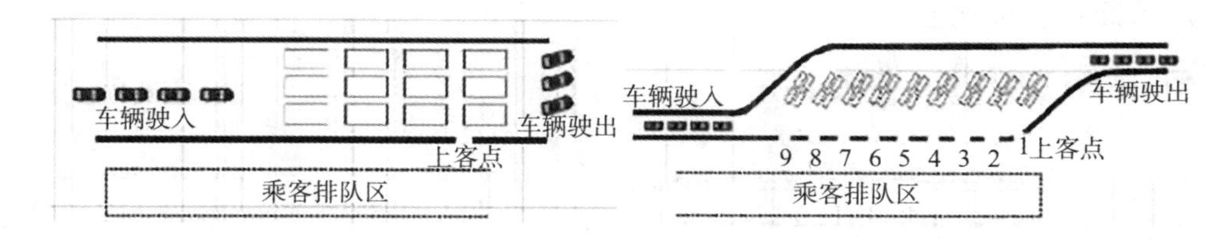

图 2.5　矩阵停靠式和斜列停靠式上客系统图示

题中已给定两条并行车道,故只能采用矩阵停靠式上客系统,如图 2.6 所示。这种上客方式运营过程按照如下循环:在通道上安排若干泊位。在某一时刻,闸机开启,对应数量的出租车进入接客区,在泊位停车。出租车停稳后,乘客依次进入接客区搭乘出租车。乘客上车后，两条车道出租车依次驶离，当最后一辆出租车驶离泊位区后，闸机再度开启，接客区接收出租车。

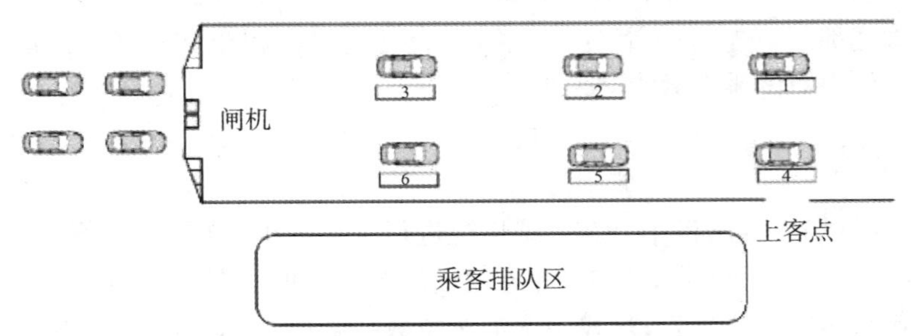

图 2.6　两车道矩阵停靠式上客系统

根据实际机场设计方案，我们不妨先只设置一个上客点，位于第一个泊车位侧面。同时，假设所有乘客的上车时间 τ 相同，两条道路中的车队同进同出。

根据交通流理论，交通系统通行能力大小与交通参与者密度有密切关系。若增加泊位(驶入出租车)数量可以增加乘车效率，但当泊位数量超过某阈值时，乘车效率不增反降。该情况下通行能力的下降主要体现在车流平均速度的减缓。具体的影响分析如图 2.7 所示。

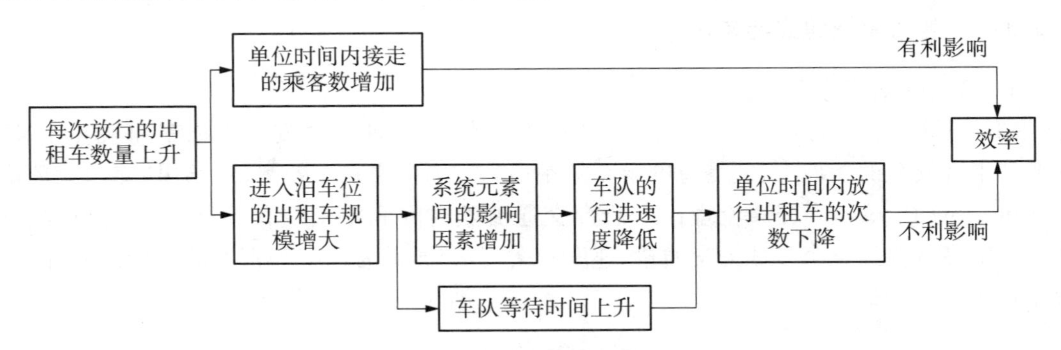

图 2.7　车队规模对效率影响分析

2. 上客系统乘车效率最大值求解

要求使上客系统乘车效率最大化，可以以效率为目标函数，建立泊车位数与效率的关系，作为约束条件，建立优化模型。

3. 目标函数的确定

目标函数已由式 $\eta=\frac{m}{t}$ 确定：

$$\max \eta=\frac{m}{t}。$$

4. 约束条件的确定

根据交通流理论，首先给出泊位数与车流速度的定性关系，如图 2.8 所示。

其次，为了给出方程中 a 的具体值，引入“影响”的概念。每辆出租车会对周围的出租车产生“影响”，造成速度变慢。当泊位数(驶入出租车)数量增加时，产生的“影响”相应增加，使得车流速度变慢。当只有 2 辆车时，“影响”有 2 条；当有 4 辆车时，“影响”变为 6 条；6 辆车时，“影响”有 11 条。如图 2.9 所示。

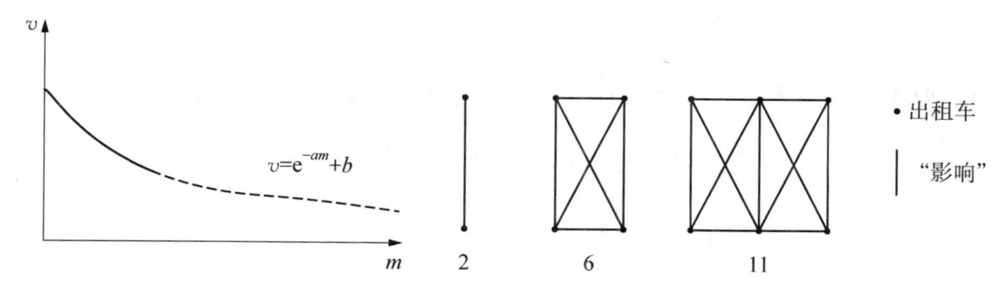

图 2.8　泊位数与车流速度的定性关系　　**图 2.9　出租车与“影响”图示**

可以归纳得到“影响” E 与出租车数 m 的关系式

$$E=2.5m-4 \quad (m \geqslant 2)。$$

将“影响” E 乘上影响系数 k_1 即为参数 a。设置基础车速 k_2 作为参数 b。如此，给出车流速度 v 关于出租车数 m 的函数关系式

$$v=\mathrm{e}^{-k_1(2.5m^2-4m)}+k_2。$$

若给定接客区长度 L，则可以计算得到出租车驶入至停稳时间 t_1：

$$t_1=\frac{L}{v}。$$

设每辆出租车长为 D，每两辆车之间保持 S 的安全距离。具体见图 2.10。

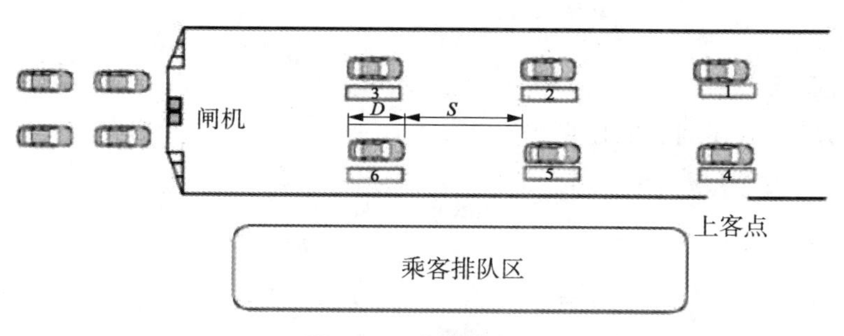

图 2.10　各参数图示

所以出租车的离开时间为

$$t_2=\frac{\left(\frac{m}{2}-1\right)S+\frac{m}{2}D}{v}。$$

对从上客点进入接客区的乘客，其最远需走过 $\frac{m}{2}-1$ 个车长与安全距离，则乘客的最大乘车时间为

$$t_3=k_3\left(\frac{m}{2}-1\right)+\tau。$$

对于一组的两列车，其完成驶入、接客、驶离一个周期所用的总时间为

$$t = t_1 + t_2 + t_3。$$

最后，要求 m 辆出租车车长和相应安全距离之和不得超过接客区长度，有

$$\frac{m}{2} \cdot D + \left(\frac{m}{2} - 1\right) \cdot S \leqslant L。$$

车速不应超过机场所规定的最大车速限制 $v_{\max}$：

$$v \leqslant v_{\max}。$$

综上所述，给出约束条件：

$$\begin{cases} v = \mathrm{e}^{-k_1(2.5m^2 - 4m)} + k_2, \\ t_1 = \dfrac{L}{v}, \\ t_2 = \dfrac{\left(\dfrac{m}{2} - 1\right) S + \dfrac{m}{2} D}{v}, \\ t_3 = k_3 \left(\dfrac{m}{2} - 1\right) + \tau, \\ t = t_1 + t_2 + t_3, \\ \dfrac{m}{2} \cdot D + \left(\dfrac{m}{2} - 1\right) \cdot S \leqslant L, \\ v \leqslant v_{\max}。\end{cases}$$

5. 模型的求解

根据以上分析，上述问题的模型为

$$\max \eta = \frac{m}{t},$$

$$\begin{cases} v = \mathrm{e}^{-k_1(2.5m^2 - 4m)} + k_2, \\ t_1 = \dfrac{L}{v}, \\ t_2 = \dfrac{\left(\dfrac{m}{2} - 1\right) S + \dfrac{m}{2} D}{v}, \\ t_3 = k_3 \left(\dfrac{m}{2} - 1\right) + \tau, \\ t = t_1 + t_2 + t_3, \\ \dfrac{m}{2} \cdot D + \left(\dfrac{m}{2} - 1\right) \cdot S \leqslant L, \\ v \leqslant v_{\max}。\end{cases}$$

将等式关系代入目标函数,则有

$$\eta=\frac{m}{\dfrac{L}{\mathrm{e}^{-k_1(2.5m^2-4m)}+k_2}+\dfrac{\left(\dfrac{m}{2}-1\right)S+\dfrac{m}{2}D}{\mathrm{e}^{-k_1(2.5m^2-4m)}+k_2}+k_3\left(\dfrac{m}{2}-1\right)+\tau},$$

$$\begin{cases}\dfrac{m}{2}\cdot D+\left(\dfrac{m}{2}-1\right)\cdot S\leqslant L,\\ v\leqslant v_{\max}。\end{cases}$$

依据上述分析,预计 η 与 m 的关系图像大致如图 2.11 所示。

当 $m=m'$ 时,乘车系统的效率最大。在上式中求对自变量 m 的偏导,令其值为零,即可求出 m' 的值,即

$$\frac{\partial\eta}{\partial m}=0。$$

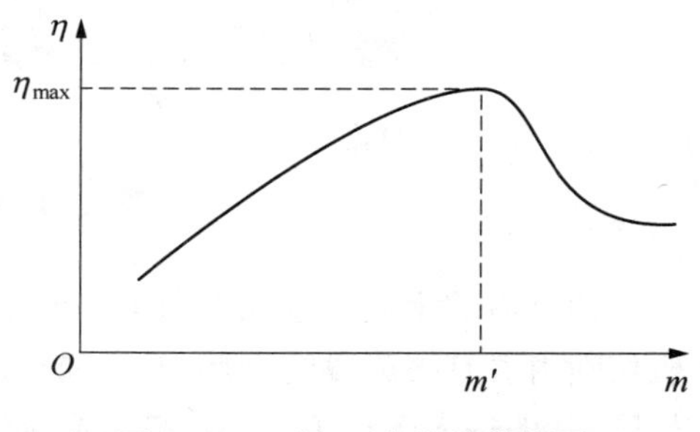

图 2.11 η 随 m 变化的趋势图

2.4 连铸切割的在线优化

连铸是将钢水变成钢坯的生产过程,具体流程如图 2.12 所示:钢水连续地从中间包浇入结晶器,并按一定的速度从结晶器向下拉出,进入二冷段。钢水经过结晶器时,与结晶器表面接触的地方形成固态的坯壳。在二冷段,坯壳逐渐增厚并最终凝固形成钢坯。然后,按照一定的尺寸要求对钢坯进行切割。

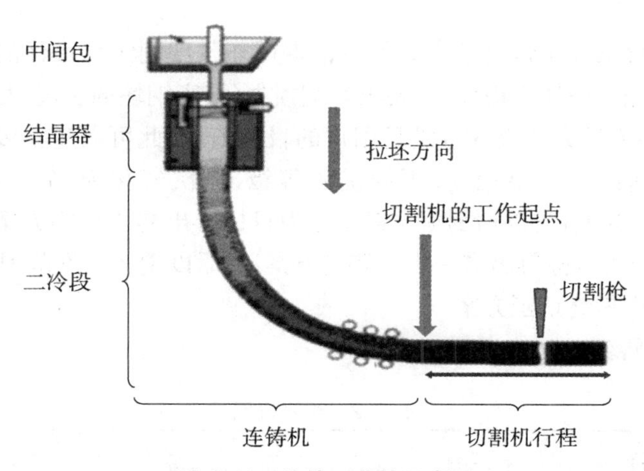

图 2.12 连铸工艺的示意图

在连铸停浇时,会产生尾坯,尾坯的长度与中间包中剩余的钢水量及其他因素有关。因此,尾坯的切割也是连铸切割的组成部分。切割机在切割钢坯时,有一个固定的工作起点,

钢坯的切割必须从工作起点开始。在切割过程中，切割机骑在钢坯上与钢坯同步移动，保证切割线与拉坯的方向垂直。在切割结束后，再返回到工作起点，等待下一次切割。

在切割方案中，优先考虑切割损失，要求切割损失尽量小，这里将切割损失定义为报废钢坯的长度；其次考虑用户要求，在相同的切割损失下，切割出的钢坯尽量满足用户的目标值。

在浇钢过程中，结晶器会出现异常。这时，位于结晶器内部的一段钢坯需要报废，称此段钢坯为报废段(图 2.13)。当结晶器出现异常时，切割工序会马上知道，以便立即调整切割方案。

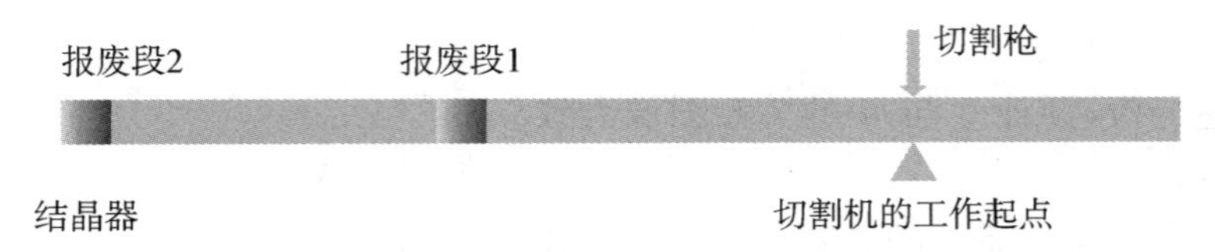

图 2.13　钢坯出现报废段的示意图

切割后的钢坯在进入下道工序时不能含有报废段。当钢坯出现报废段时，先通过切割机切断附着有报废段的钢坯，然后通过离线的二次切割，使余下的钢坯符合下道工序要求的长度；其他进入下道工序的钢坯也必须满足下道工序的长度要求。

2.4.1　问题

在满足基本要求和正常要求的条件下，依据尾坯长度制定出最优的切割方案。假定用户目标值为 9.5 m，目标范围为 9.0～10.0 m，对以下尾坯长度：109.0，93.4，80.9，72.0，62.7，52.5，44.9，42.7，31.6，22.7，14.5 和 13.7(单位：m)，按“尾坯长度、切割方案、切割损失”等内容列表，如何切割才是最优的切割方案？

2.4.2　问题分析

要在满足基本要求和正常要求的条件下依据尾坯长度制定出最优的切割方案，由于在切割方案中需要优先考虑切割损失，并要求切割损失(报废钢坯的长度)尽量小，其次考虑用户要求，在相同的切割损失下应尽量满足用户的目标值，因此可以建立多目标规划模型，通过序贯解法，将目标按其重要程度、不同优先等级，依次转化为多个线性规划模型。以 109.0 m 的尾坯长度为例，先以切割损失最小作为目标得出初步切割方案，再以钢坯长度为 9.5 m 的根数最多作为目标得出进一步的切割方案，最后以钢坯长度范围在 9.0～10.0 m 的根数最多为目标得出最终切割方案。

相关符号说明见表 2.2。

表 2.2　符号说明

符　号	含　义
a_j	第 j 种切割方案的长度
$x_{ij}(i=1, 2, \cdots, 12; j=1, 2, \cdots, n)$	第 i 种尾坯、第 j 种切割方案的根数

（续表）

符　号	含　义
$b_k(k=1, 2, \cdots, 12)$	第 k 种尾坯的长度
$y_{qj}(q=1, 2, \cdots, n; j=1, 2, \cdots, n)$	第 q 种钢坯、第 j 种切割方案的根数
$c_p(p=1, 2, \cdots, 27)$	第 p 种钢坯的长度
y	满足用户需求的钢坯根数

2.4.3　模型建立与求解

1. 模型建立

在切割尾坯的方案中，首先考虑切割损失，要求切割损失即报废尾坯的长度尽量小；其次考虑用户要求，在相同的切割损失下，切割出的尾坯尽量满足用户的目标值，而在目标范围内的长度也是可以接受的，一般目标范围为用户目标值+0.5 m 切割后的尾坯长度必须在 4.8～12.6 m，我们只考虑一位小数的切割情况，所以从 4.8～12.6 m 共有 79 种切割长度的可能。因为下道工序能够接受的尾坯长度为 8.0～11.6 m，而用户要求的尾坯长度目标范围为 9.0～10.0 m，且当尾坯长度不在目标范围时，会产生损失，所以当切割尾坯时，在尾坯满足 4.8～12.6 m 能运走的前提下，我们考虑的切割范围为 9.0～10.0 m。

由此可以建立多目标规划模型，通过序贯解法的不同优先等级，依次转化为多个线性规划模型。

首先以切割损失最小作为目标得出初步切割方案，再以钢坯长度为 9.5 m 的根数最多作为目标得出进一步的切割方案，最后以钢坯长度范围在 9.0～10.0 m 的根数最多为目标得出最终切割方案。

具体的多目标规划模型如下。

1) 尾坯的切割损失最小

目标函数为

$$\min Z_1=\sum_{j=1}^{42}a_jx_{1j}+\sum_{j=54}^{79}(a_j-10)x_{1j},$$

约束条件为

$$\sum_{j=1}^{79}a_jx_{1j}=b_k。$$

2) 尾坯切割长度为 9.5 m 的根数最多

目标函数为

$$\max Z_2=x_{1j},$$

约束条件为

$$\begin{cases}\sum_{j=1}^{79}a_jx_{1j}=b_k,\\ \sum_{j=1}^{42}a_jx_{1j}+\sum_{j=54}^{79}(a_j-10)x_{1j}=Z_1。\end{cases}$$

3）尾坯切割长度为 9.0～10.0 m 的根数最多

目标函数为

$$\max Z_3 = \sum_{j=43}^{53} x_{1j},$$

约束条件为

$$\begin{cases} \sum_{j=1}^{79} a_j x_{1j} = b_k, \\ \sum_{j=1}^{42} a_j x_{1j} + \sum_{j=54}^{79} (a_j - 10) x_{1j} = Z_1, \\ \sum_{j=43}^{53} x_{1j} = Z_2 。 \end{cases}$$

2. 模型求解

由题意得 $a_j = [4.8 : 0.1 : 12.6]$，$b_1 : b_{12} = [109, 93.4, 80.9, 72, 62.7, 52.5, 44.9, 42.7, 31.6, 22.7, 14.5, 13.7]$。利用 MATLAB 软件，对以上所建立的多目标规划模型分别进行求解。

最后求得这 12 种长度的尾坯的最优切割方案和切割损失情况如表 2.3 所示。

表 2.3　12 种长度的尾坯的最优切割方案和切割损失情况

尾坯长度/m	具体切割方案	切割损失/m	满足用户要求的数量/根
109.0	9.0 m×10 根、9.5 m×2 根	0	12
93.4	9.0 m×2 根、9.2 m×2 根、9.5 m×6 根	0	10
80.9	4.8 m×1 根、9.5 m×7 根、9.6 m×1 根	4.8	8
72.0	9.0 m×8 根	0	8
62.7	4.8 m×1 根、9.5 m×4 根、9.9 m×1 根、10.0 m×1 根	4.8	6
52.5	4.8 m×1 根、9.5 m×4 根、9.7 m×1 根	4.8	5
44.9	4.9 m×1 根、10.0 m×4 根	4.9	4
42.7	4.8 m×1 根、9.4 m×1 根、9.5 m×3 根	4.8	4
31.6	5.0 m×1 根、6.6 m×1 根、10.0 m×2 根	11.6	2
22.7	5.0 m×1 根、7.7 m×1 根、10.0 m×1 根	12.7	1
14.5	4.8 m×1 根、9.7 m×1 根	4.8	1
13.7	4.8 m×1 根、8.9 m×1 根	13.7	0

由模型求解的结果可知：①长度为 109.0 m，93.0 m，72.0 m 的尾坯可以完全切割，既无切割损失又完全满足用户要求；②长度为 80.9 m，62.7 m，52.5 m，44.9 m，42.7 m，14.5 m 的尾坯通过切割既满足用户要求又使切割损失最小化，分别为 4.8 m 和 4.9 m；③长度为 31.6 m 和 22.7 m 的尾坯在分别切完 20.0 m 和 10.0 m 的长度后分别剩下 11.6 m 和 12.7 m，以及长度为 13.7 m 的尾坯，这三段在要求切长度必须大于 4.8 m 和进入下道工序

必须在 8.0～11.6 m 的条件下，无论怎么切都无法满足用户要求，所以这三段均为切割损失；④这 12 种长度的尾坯切割损失共为 66.9 m，满足用户要求的根数共为 61 根。

在本问题中，长度为 13.7 m 的尾坯可以切割成 4.8 m 和 8.9 m，均不满足用户要求，需要报废。但在实际情况中，8 m 满足下一道工序的长度要求，可以储存下来。虽然它不满足此用户的目标范围，但它可能满足其他用户的要求，可以将它提供给满足要求的用户，以此可以减少总的成本。

本章部分问题程序代码

第三章　数学规划模型

3.1　基本内容

3.1.1　线性规划模型

线性规划是运筹学中研究较早、发展较快、应用广泛、方法较成熟的一个重要分支，是辅助人们进行科学管理的一种数学方法。它研究线性约束条件下线性目标函数的最优化问题。线性规划的基本概念包括线性约束和目标函数，以及最优解等。

下面介绍的线性规划模型，它是一种优化问题，可以通过线性约束条件和线性目标函数来描述。我们了解一个数学方法，就要先看它研究了什么问题。那么线性规划模型解决的问题都有哪些特征呢？我们先看一个例题，来了解这个模型。

1. 问题引入

例题 1　货机装载问题

一架货机有三个舱室：前舱、中舱和后舱，三个货舱所能装载货物的最大质量和体积如表 3.1 所示，为了飞机的平衡，三个货舱共装载的货物质量必须与其最大的容许量成比例。

表 3.1　货舱装载货物质量和体积限制

限制	前舱	中舱	后舱
质量限制/t	10	16	8
体积限制/m^3	6 800	8 700	5 300

现有四类货物，供货机飞行装运，货物的规格以及装运后获得的利润如表 3.2 所示。

表 3.2　货物规格和利润

货物	质量/t	空间/(m^3/t)	利润/(元/t)
货物 1	18	480	3 100
货物 2	15	650	3 800
货物 3	23	580	3 500
货物 4	12	390	2 850

问如何安排装运，使得货机本次飞行获利最大？

2. 模型假设

(1) 每一种货物可以无限细分;

(2) 每一种货物可以分布在一个或者多个货舱内;

(3) 不同的货物可以放在同一个货舱内,并且可以保证不留空隙。

3. 模型建立

(1) 决策变量。本问题需要确定各种各样的货物放在每一个货舱内的质量,于是用 x_{ij} 表示第 i 种货物放在第 j 个货舱中的质量;$i=1,2,3,4$ 分别表示货物1、货物2、货物3、货物4;$j=1,2,3$ 表示前舱、中舱、后舱,x_{ij} 作为决策变量。

(2) 目标函数。需要实现总利润的最大化,于是目标函数即为总利润函数:

$$\begin{aligned}f(\boldsymbol{X})=&3\,100(x_{11}+x_{12}+x_{13})+3\,800(x_{21}+x_{22}+x_{23})\\&+3\,500(x_{31}+x_{32}+x_{33})+2\,850(x_{41}+x_{42}+x_{43})。\end{aligned}$$

(3) 约束条件。供装载的四种货物的总质量约束:

$$\begin{cases}x_{11}+x_{12}+x_{13}\leqslant 18,\\x_{21}+x_{22}+x_{23}\leqslant 15,\\x_{31}+x_{32}+x_{33}\leqslant 23,\\x_{41}+x_{42}+x_{43}\leqslant 12。\end{cases}$$

三个货舱的空间限制约束:

$$\begin{cases}480x_{11}+650x_{21}+580x_{31}+390x_{41}\leqslant 6\,800,\\480x_{12}+650x_{22}+580x_{32}+390x_{42}\leqslant 8\,700,\\480x_{13}+650x_{23}+580x_{33}+390x_{43}\leqslant 5\,300。\end{cases}$$

三个货舱的质量限制约束:

$$\begin{cases}x_{11}+x_{21}+x_{31}+x_{41}\leqslant 10,\\x_{12}+x_{22}+x_{32}+x_{42}\leqslant 16,\\x_{13}+x_{23}+x_{33}+x_{43}\leqslant 8。\end{cases}$$

三个货舱装入质量的平衡约束:

$$\frac{x_{11}+x_{21}+x_{31}+x_{41}}{10}=\frac{x_{12}+x_{22}+x_{32}+x_{42}}{16}=\frac{x_{13}+x_{23}+x_{33}+x_{43}}{8}。$$

综上分析,货机装载问题的数学模型为如下的线性规划模型:

$$\max f(\boldsymbol{X})=3\,100\sum_{j=1}^{3}x_{1j}+3\,800\sum_{j=1}^{3}x_{2j}+3\,500\sum_{j=1}^{3}x_{3j}+2\,850\sum_{j=1}^{3}x_{4j},$$

$$
\text{s.t.}\begin{cases}
x_{11}+x_{12}+x_{13}\leqslant 18,\\
x_{21}+x_{22}+x_{23}\leqslant 15,\\
x_{31}+x_{32}+x_{33}\leqslant 23,\\
x_{41}+x_{42}+x_{43}\leqslant 12,\\
480x_{11}+650x_{21}+580x_{31}+390x_{41}\leqslant 6\,800,\\
480x_{12}+650x_{22}+580x_{32}+390x_{42}\leqslant 8\,700,\\
480x_{13}+650x_{23}+580x_{33}+390x_{43}\leqslant 5\,300,\\
x_{11}+x_{21}+x_{31}+x_{41}\leqslant 10,\\
x_{12}+x_{22}+x_{32}+x_{42}\leqslant 16,\\
x_{13}+x_{23}+x_{33}+x_{43}\leqslant 8,\\
\dfrac{x_{11}+x_{21}+x_{31}+x_{41}}{10}=\dfrac{x_{12}+x_{22}+x_{32}+x_{42}}{16}=\dfrac{x_{13}+x_{23}+x_{33}+x_{43}}{8},\\
x_{ij}\geqslant 0\quad (i=1,2,3,4;\ j=1,2,3)。
\end{cases}
$$

4. 模型求解

使用数学软件 MATLAB 中的 Linprog 命令求解，求解结果为

$$
\begin{aligned}
&(x_{11},x_{12},x_{13};x_{21},x_{22},x_{23};x_{31},x_{32},x_{33};x_{41},x_{42},x_{43})^{\mathrm{T}}\\
=&(0,0,0;10,0,5;0,12.947,3;0,3.053,0)^{\mathrm{T}}。
\end{aligned}
$$

即使得货机本次飞行获利最大的装载安排为货物 1 不装载；货物 2 在前舱装载 10 t，在后舱装载 5 t；货物 3 在中舱装载 12.947 t，在后舱装载 3 t；货物 4 在中舱装载 3.053 t。货机本次飞行获利为 121 516 元。

5. 线性规划问题的一般形式

通过前面的例题，我们大概了解到了线性规划的基本要求：总体来说是线性的，并且要规划很多的变量和约束条件。

下面就回答开头提到的问题。

线性规划模型所解决的问题都有以下的共同特征：

(1) 每一个问题都可以用一组决策变量 $\boldsymbol{X}=(x_1,x_2,\cdots,x_n)^{\mathrm{T}}$ 表示某一个方案，决策变量的一组定值就代表一个具体的方案。

(2) 存在一定的约束条件，这些约束条件可用决策变量的一组线性等式或者线性不等式表示。

(3) 有一个目标要求(目标函数)，目标函数可表示为关于决策变量的线性函数。根据问题的需要，要求目标函数实现最大化或最小化。

目标函数：$\max(\min) f(\boldsymbol{X})=c_1x_1+c_2x_2+\cdots+c_nx_n$。

$$
约束条件：\text{s.t.}\begin{cases}
a_{11}x_1+a_{12}x_2+\cdots+a_{1n}x_n\leqslant(=,\geqslant)b_1,\\
a_{21}x_1+a_{22}x_2+\cdots+a_{2n}x_n\leqslant(=,\geqslant)b_2,\\
\cdots\cdots\\
a_{m1}x_1+a_{m2}x_2+\cdots+a_{mn}x_n\leqslant(=,\geqslant)b_m,\\
x_1,x_2,\cdots,x_n\geqslant 0。
\end{cases}
$$

用矩阵向量符号,可更加简洁地表示线性规划模型的一般形式。

目标函数:$\max(\min) f(\boldsymbol{X})=\boldsymbol{CX}$。

约束条件:s. t. $\begin{cases}\boldsymbol{AX}\leqslant(=,\geqslant)\boldsymbol{B},\\ \boldsymbol{X}\geqslant\boldsymbol{0}。\end{cases}$

这里,系数矩阵 $\boldsymbol{A}$ 是 $m\times n$ 矩阵,约束向量 $\boldsymbol{B}$ 是 $m\times 1$ 列向量,价值向量 $\boldsymbol{C}$ 是 $1\times n$ 行向量,即

$$\boldsymbol{A}=\begin{bmatrix}a_{11} & a_{12} & \cdots & a_{1n}\\ a_{21} & a_{22} & \cdots & a_{2n}\\ \vdots & \vdots & & \vdots\\ a_{m1} & a_{m2} & \cdots & a_{mn}\end{bmatrix},\ \boldsymbol{B}=(b_1,\ b_2,\ \cdots,\ b_m)^{\mathrm{T}},\ \boldsymbol{C}=(c_1,\ c_2,\ \cdots,\ c_n)。$$

关于线性规划模型的求解,目前已经有相当完善的单纯形算法。在实际建模中,由于数据庞大,借助于 LINGO, MATLAB 等数学软件进行求解是完全可以实现的。

6. 线性规划建模示例

市场上有 n 种资产 $s_i(i=1,\ 2,\ \cdots,\ n)$ 可以选择,现用数额为 M 的相当大的资金做一个时期的投资。这 n 种资产这一时期购买 s_i 的平均收益率为 r_i, 风险损失率为 q_i, 投资越分散,总的风险越少,总体风险可用投资的 s_i 中最大的一个风险来度量。

购买 s_i 需要交易费,费率为 p_i, 当购买额不超过给定值 u_i 时,交易费按购买 u_i 计算,另外,假定同期银行存款利率是 r_0, 既无交易费又无风险 ($r_0=5\%$)。

投资相关数据见表 3.3。

表 3.3　投资相关数据

s_i	r_i/%	q_i/%	p_i/%	u_i/元
s_1	28	2.5	1	103
s_2	21	1.5	2	198
s_3	23	5.5	4.5	52
s_4	25	2.6	6.5	40

试给某公司设计一种投资综合方案,即给定定金 M, 有选择地购买若干种资产或存在银行生利息,使得净收益尽可能地大,总体风险尽可能地小。

1) 符号规定

(1) s_i 表示第 i 种项目, $i=0,\ 1,\ 2,\ \cdots,\ n$, 其中 s_0 指的是存入银行。

(2) r_i, q_i, p_i 分别表示 s_i 的平均收益、交易费率、风险损失率, $i=0,\ 1,\ 2,\ \cdots,\ n$, 其中 $p_0=0$, $q_0=0$。

(3) u_i 表示 s_i 的交易定额, $i=1,\ 2,\ \cdots,\ n$。

(4) x_i 表示投资项目 s_i 的资金, $i=0,\ 1,\ 2,\ \cdots,\ n$。

(5) a 表示投资风险度。

(6) Q 表示总体收益。

2）基本假设

(1) 投资数额 M 相当大，为了方便计算，假设 $M=1$。

(2) 投资越是分散，总的风险越小。

(3) 总体的风险用投资项目 s_i 中的最大的一个风险来度量。

(4) $n+1$ 种资产 s_i 之间是相互独立的。

(5) 在投资这一时期内 r_i，q_i，p_i 为定值，不受意外因素影响。

(6) 净收益和总体风险只受到 r_i，q_i，p_i 的影响，不受其他因素的干扰。

3）几类模型的分析和建立

(1) 总体的风险用所投资的 s_i 中的最大的一个风险来衡量，即

$$\max\{q_i x_i \mid i=1,2,\cdots,n\}。$$

(2) 购买 $s_i(i=1,2,\cdots,n)$ 所付的交易费是一个分段函数，即

$$\text{交易费}=\begin{cases}p_i x_i, & x_i>u_i,\\ p_i u_i, & x_i\leqslant u_i。\end{cases}$$

题目所给定的定值 u_i 相对于总投资 M 很少，$p_i u_i$ 更小，这样购买 s_i 的净收益可以简化为 $(r_i-p_i)x_i$。

(3) 要使得净收益尽可能地大，总体的风险尽可能地小，这是一个多目标规划模型。

目标函数为

$$\begin{cases}\max\sum_{i=0}^{n}(r_i-p_i)x_i,\\ \min\{\max\{q_i x_i\} \mid 1\leqslant i\leqslant n\}。\end{cases}$$

约束条件为

$$\begin{cases}\sum_{i=0}^{n}(1+p_i)x_i=M,\\ x_i\geqslant 0,\ i=0,1,\cdots,n。\end{cases}$$

(4) 模型简化。

在实际投资中，投资者承受的风险的程度是不同的，若给定一个风险的界限 a，使得最大的风险率为 a，即 $\frac{q_i x_i}{M}\leqslant a(i=1,2,\cdots,n)$，可以找到相应的投资方案。这样就把多目标的规划变成了一个目标的线性规划。

模型一

固定风险水平，优化收益。

$$\max\sum_{i=0}^{n}(r_i-p_i)x_i,$$

$$\text{s. t.}\begin{cases}\dfrac{q_i x_i}{M}\leqslant a \quad (i=1,2,\cdots,n),\\ \sum_{i=0}^{n}(1+p_i)x_i=M,\\ x_i\geqslant 0,\ i=0,1,\cdots,n。\end{cases}$$

假设投资者希望总盈利至少达到 k 以上,在风险最小的情况下寻求相应的投资组合。

模型二

固定盈利水平,极小化风险。

$$\min\left\{\max_{1\leqslant i\leqslant n}\{q_i x_i\}\right\},$$

$$\text{s. t.}\begin{cases}\sum_{i=0}^{n}(r_i-p_i)x_i\geqslant k,\\ \sum_{i=0}^{n}(1+p_i)x_i=M,\\ x_i\geqslant 0,\ i=0,1,\cdots,n。\end{cases}$$

投资者在权衡财产风险和预期收益两个方面时,希望选择一个令自己满意的投资计划,因此对于风险、收益分别赋予权重 $s(0<s\leqslant 1)$ 和 $1-s$,s 称为投资偏好系数。

模型三

$$\min s\left\{\max_{1\leqslant i\leqslant n}\{q_i x_i\}\right\}-(1-s)\sum_{i=0}^{n}(r_i-p_i)x_i,$$

$$\text{s. t.}\begin{cases}\sum_{i=0}^{n}(1+p_i)x_i=M,\\ x_i\geqslant 0,\ i=0,1,\cdots,n。\end{cases}$$

模型三更加完善。

模型一的求解

模型一可写为

$$\min f=[-0.05,-0.27,-0.19,-0.185,-0.185]\cdot[x_0,x_1,x_2,x_3,x_4]^{\mathrm{T}},$$

$$\text{s. t.}\begin{cases}x_0+1.01x_1+1.02x_2+1.045x_3+1.065x_4=1,\\ 0.025x_1\leqslant a,\\ 0.015x_2\leqslant a,\\ 0.055x_3\leqslant a,\\ 0.026x_4\leqslant a,\\ x_i\geqslant 0,\ i=0,1,\cdots,4。\end{cases}$$

由于 a 是任意给定的风险度,不同的投资者有着不同的风险度,因此下面我们从 $a=0$ 开始,以 $\Delta a=0.001$(分割)进行循环搜索。

编程如下:

```
clc,clear
a = 0;
hold on
while a<0.05
    c = [-0.05,-0.27,-0.19,-0.185,-0.185];
    A = [zeros(4,1),diag([0.025,0.015,0.055,0.026])];
    b = a * ones(4,1);
    Aeq = [1,1.01,1.02,1.045,1.065];
    beq = 1;
    LB = zeros(5,1);
    [x,Q] = linprog(c,A,b,Aeq,beq,LB);
    Q = -Q;
    plot(a,Q,'*K');
    a = a + 0.001;
end
xlabel('a'),ylabel('Q')
```

结果分析

收益 Q 与风险 a 之间的关系如图 3.1 所示。可以看出：

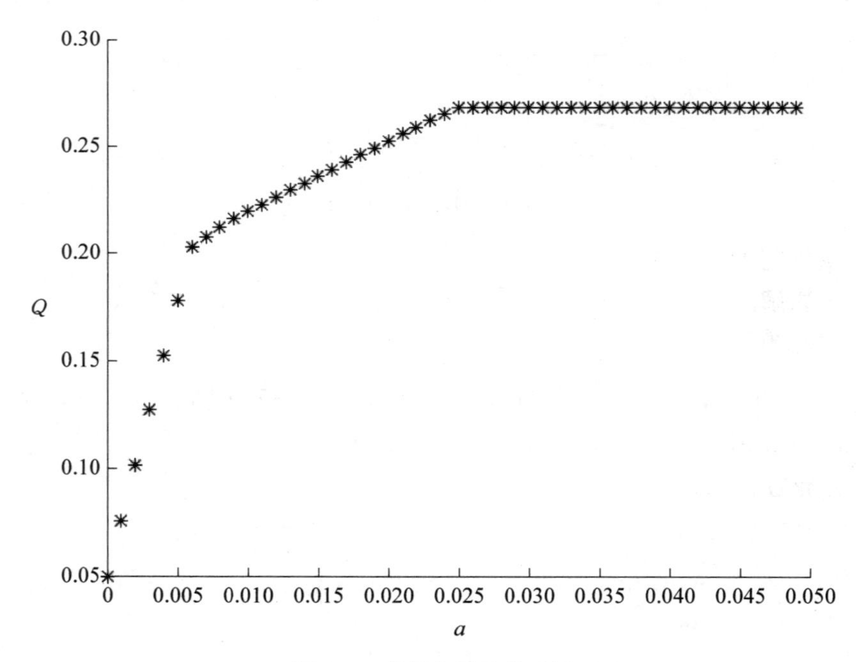

图 3.1 收益与风险关系图

(1) 风险越大,收益越大。

(2) 当投资越分散时,投资者承担的风险越小,这与题意一致。冒险的投资者会出现集中投资的情况，保守的投资者则会选择分散投资。

(3) 在 $a=0.006$ 附近有一个转折点，在这个点的左边，风险增加得很少，利润增长得很快；在这个点的右边，风险增大时，利润增长缓慢。所以对于风险和收益没有特殊偏好的投资者来说，应该选择曲线的转折点作为投资组合。大约是 $a=0.6\%$，$Q=20\%$ 所对应的投资方案为风险度 $a=0.006$，收益 $Q=0.2019$，$x_0=0$，$x_1=0.24$，$x_2=0.4$，$x_3=0.109$，$x_4=0.2212$。

拓展延伸

求解多目标线性规划问题：

$$\max Z_1=[100,\ 90,\ 80,\ 70]\cdot[x_1,\ x_2,\ x_3,\ x_4]^{\mathrm{T}},$$

$$\min Z_2=[3,\ 2]\cdot[x_2,\ x_4]^{\mathrm{T}},$$

$$\text{s. t.}\begin{cases}x_1+x_2\geqslant 30,\\ x_3+x_4\geqslant 30,\\ 3x_1+2x_3\leqslant 120,\\ 3x_2+2x_4\leqslant 48,\\ x_i\geqslant 0,\ i=0,\ 1,\ \cdots,\ 4。\end{cases}$$

解　直接使用匿名文件更加简洁，计算结果如下：

```
clc,clear
a=[-1,-1,0,0;0,0,-1,-1;3,0,2,0;0,3,0,2];
b=[-30,-30,120,48]';
c1=[-100,-90,-80,-70];
c2=[0,3,0,2];
fun=@(x)[c1,c2]*x;
[x1,g1]=linprog(c1,a,b,[],[],zeros(4,1)) %第一个目标函数
[x2,g2]=linprog(c2,a,b,[],[],zeros(4,1)) %第二个目标函数
g3=[g1,g2];目标值
[x,fval]=fgoalattain(fun,rand(4,1),g3,abs(g3),a,b,[],[],zeros(4,1))
```

求得结果是 $[19.0652,\ 10.9348,\ 31.4023,\ 0]\cdot[x_1,\ x_2,\ x_3,\ x_4]^{\mathrm{T}}$。

也可以编写 M 文件 Fun.m。

第一步：

```
function F=Fun(x);
F=[-100*x(1)-90*x(2)-80*x(3)-70*x(4)
    3*x(2)+2*x(4)];
```

第二步：

```
a=[-1,-1,0,0;0,0,-1,-1;3,0,2,0;0,3,0,2];
b=[-30,-30,120,48]';
c1=[-100,-90,-80,-70];
```

```
c2 = [0,3,0,2];
[x1,g1] = linprog(c1,a,b,[],[],zeros(4,1))
[x2,g2] = linprog(c2,a,b,[],[],zeros(4,1))
g3 = [g1,g2];
[x,fval] = fgoalattain(fun,rand(4,1),g3,abs(g3),a,b,[],[],zeros(4,1))
```

也可得到相应的结果。

注：可能每次运行的结果不同，但差距不大。

3.1.2 整数规划模型

1. 问题引入

一百匹马运一百块瓦，每匹大马运三块瓦，每匹小马运两块瓦，每两匹马驹运一块瓦，要求马和瓦都不能剩余，问这百匹马中有大马、小马、马驹各多少匹?

设 x_1, x_2, x_3 分别为大马、小马和马驹数，由题意知

$$\begin{cases} x_1 + x_2 + x_3 = 100, \\ 3x_1 + 2x_2 + \dfrac{1}{2}x_3 = 100。\end{cases}$$

如果不加其他条件，该问题有许多组解。如果使小马驹数最小，则该问题的数学模型为

$$\min x_3,$$

$$\text{s. t.} \begin{cases} x_1 + x_2 + x_3 = 100, \\ 3x_1 + 2x_2 + \dfrac{1}{2}x_3 = 100, \\ x_1,\ x_2,\ x_3 \geqslant 0 \text{ 且为整数。} \end{cases}$$

在前面讨论的线性规划问题中，变量的取值可以是分数和小数，但在实际中，常要求问题变量取整数，如马匹数、人数、列车车厢数等。

在线性规划模型中，若有变量限制为整数，则称为整数线性规划(integer linear programming)，英文缩写为 ILP，相应的线性规划的英文缩写为 LP。整数线性规划中如果所有变量都取整数，称为纯整数线性规划(pure integer linear programming)或全整数线性规划(all integer linear programming)；如果有一部分取整数，称为混合整数线性规划(mixed integer linear programming)。整数线性规划的一种特殊情形是 0－1 规划，它的变量取值仅限于 0 或 1。以下所讨论的是整数线性规划问题，简称为整数规划，其一般数学模型为

$$\max(\text{或 } \min) S = \sum_{j=1}^{n} c_j x_j,$$

$$\text{s. t.} \begin{cases} \displaystyle\sum_{j=1}^{n} a_{ij} x_j \leqslant b_i, & i = 1,\ 2,\ \cdots,\ m, \\ x_j \geqslant 0, & j = 1,\ 2,\ \cdots,\ n \text{ 且为整数(或部分为整数)。} \end{cases}$$

既然整数规划与线性规划只有变量上要求的差异，那么能否用“化整”的方法或穷举的方法进行计算呢？回答是不可行，因为“化整”之后的解可能不是可行解或不是最优解。穷举法对于大的规划问题是不可取的。以下介绍整数规划。

某厂拟用集装箱托运甲、乙两种货物，每箱的体积、质量、利润及托运限制如表3.4所示。问两种货物各托运多少箱，可使获得利润为最大？

表 3.4　体积、质量、利润及托运限制

货物	体积/(m^3/箱)	质量/(100 kg/箱)	利润/(百元/箱)
甲	5	2	20
乙	4	5	10
托运限制	24 m^3	1 300 kg	

现在我们解这个问题。设 x_1，x_2 分别为甲、乙两种货物的托运箱数(全为非负整数)。这是一个(纯)整数规划问题，用数学式可表示为

$$\max z = 20x_1 + 10x_2, \quad ①$$

$$\begin{cases} 5x_1 + 4x_2 \leqslant 24, & ② \\ 2x_1 + 5x_2 \leqslant 13, & ③ \\ x_1,\ x_2 \geqslant 0, & ④ \\ x_1,\ x_2 \text{ 为整数。} & ⑤ \end{cases}$$

它和线性规划问题的区别仅在于最后的条件⑤。现在我们暂不考虑这一条件，即解式①～④(以后我们称这样的问题为与原问题相应的线性规划问题)，很容易求得最优解为

$$x_1 = 4.8,\ x_2 = 0,\ \max z = 96。$$

但 x_1 是托运甲种货物的箱数，现在它不是整数，所以不符合条件⑤的要求。

是不是把所得的非整数的最优解经过“化整”就可以得到符合条件⑤的整数最优解呢？若将 $(x_1 = 4.8,\ x_2 = 0)$ 凑整为 $(x_1 = 5,\ x_2 = 0)$，这样就破坏了条件②(关于体积的限制)，因而它不是可行解；若将 $(x_1 = 4.8,\ x_2 = 0)$ 舍去尾数0.8，变为 $(x_1 = 4,\ x_2 = 0)$，这当然满足各个约束条件，因而是可行解，但不是最优解，因为

当 $x_1 = 4$，$x_2 = 0$ 时，$z = 80$；

但当 $x_1 = 4$，$x_2 = 1$(这也是可行解)时，$z = 90$。

由上例看出，将其对应的线性规划的最优解“化整”来解原整数规划，虽然是最容易想到的，但常常得不到整数规划的最优解，甚至根本就不是可行解。因此有必要对整数规划的解法进行专门的研究。

2. 分枝定界法

分枝定界法是一类搜索方法，用它解题的过程就是对可行解空间系统地进行搜索。分枝定界法灵活且便于用计算机求解，目前已成为解整数规划的重要方法之一，可用于解纯整数规划或混合整数规划。整数规划与和它对应的线性规划相比，多了整数限制，其可行域是相应线性规划可行域的一部分。因此，在极大化问题中，线性规划最优解的目标函数值总是

相应整数规划目标函数值的上界。

分枝的意思是将整数规划的松弛问题分别添加两个不同的约束条件分成两个线性规划问题,称其为子问题。子问题的可行域包含了原整数规划的全部可行解,舍弃了一部分非整数的可行解(其中包括松弛问题非整数的最优解)。对于每个子集解相应的线性规划,其目标函数最优值是该子集所有整数可行点的目标函数值的上界。如果这个上界比某个已知可行整数点对应的目标函数值小,那么该子集称为剪枝,属于已探明,因为最优整数解不可能在该子集中。当子集对应的线性规划没有可行解或其最优解符合整数限制时,该子集也属于已探明,这样当每个子集都属于探明时,求出的即为满足整数限制的最优解。以下介绍分枝定界法的基本思路及步骤。

考虑纯整数问题:

$$\max z = \sum_{j=1}^{n} c_j x_j,$$

$$\underset{(\text{ILP})}{\text{s.t.}} \begin{cases} \sum_{j=1}^{n} a_{ij} x_j = b_i, & i = 1, 2, \cdots, m, \\ x_j \geqslant 0, & j = 1, 2, \cdots, n \text{ 且为整数。} \end{cases}$$

整数问题的松弛问题:

$$\max z = \sum_{j=1}^{n} c_j x_j,$$

$$\underset{(\text{LP})}{\text{s.t.}} \begin{cases} \sum_{j=1}^{n} a_{ij} x_j = b_i, & i = 1, 2, \cdots, m, \\ x_j \geqslant 0, & j = 1, 2, \cdots, n。 \end{cases}$$

(1) 先不考虑整数约束,解 ILP 的松弛问题 LP,若 LP 没有可行解,则 ILP 也没有可行解,停止计算;若 LP 有最优解,并符合 ILP 的整数条件,则 LP 的最优解即 ILP 的最优解,停止计算;若 LP 有最优解,但不符合 ILP 的整数条件,则继续进行步骤(2)。

设 LP 的最优解为 $\boldsymbol{x}^{(0)} = (b_1', b_2', \cdots, b_r', \cdots, b_m', 0, \cdots, 0)^{\mathrm{T}}$,目标函数的最优值为 $\boldsymbol{z}^{(0)}$,其中 $z_i'(1, 2, \cdots, m)$ 不全为整数。

(2) 定界。记 ILP 的目标函数最优值为 $\boldsymbol{z}^*$,以 $\boldsymbol{z}^{(0)}$ 作为 $\boldsymbol{z}^*$ 的上界,记为 $\bar{z} = \boldsymbol{z}^{(0)}$。再用观察法找到一个整数可行解 $\boldsymbol{x}'$,并以其相应的目标函数值 z' 作为 z^* 的下界,记为 $\underline{z} = z'$,也可令 $\underline{z} = -\infty$,则有 $\underline{z} \leqslant z^* \leqslant \bar{z}$。

(3) 分枝。在 LP 的最优解 $\boldsymbol{x}^{(0)}$ 中,任选一个不符合整数条件的变量,例如 $x_r = b_r'$(不为整数),以 $[b_r']$ 表示不超过 b_r' 的最大整数。构造两个约束条件 $x_r \leqslant [b_r']$ 和 $x_r \geqslant [b_r'] + 1$,将这两个约束条件分别加入问题 ILP,形成两个子问题 ILP1 和 ILP2,再解这两个问题的松弛问题。

(4) 修改上下界。在各分枝问题中,找出最大的目标函数值作为新的上界,从已符合整数条件的分枝中,找出最大的目标函数值作为新的下界。

(5) 比较与剪枝。在各分枝的目标函数值中，若有小于 $\underline{z}$ 者，则剪掉此枝，表明此子问题已经探明，不必再分枝了，否则继续分枝，直到得到 $\underline{z}=z^{*}=\bar{z}$ 为止，即得到最优解。

3. 隐枚举法

0－1 规划是很重要的一类整数规划，这不仅因为许多实际问题可以用 0－1 规划来表达，而且还因为一般整数规划问题可以化成 0－1 规划问题。

因为 0－1 变量的 0－1 组合是有限的，所以可以通过对这些组合进行系统搜索来求解。隐枚举法是在搜索时力图避免穷举法，而只通过枚举部分的 0－1 组合来实现的。例如满足不等式 $3x_1-8x_2+5x_3\leqslant -6$，$x_j\in\{0, 1\}$，$j=1, 2, 3$ 的 0－1 变量有三个，组合数为 8，可用穷举法将这 8 组一一列出检查。但因为 $x_2=0$ 时不等式 $3x_1+5x_3\leqslant -6$ 显然不成立，这样 $x_2=0$ 的四种组合自动被丢掉，称这四种组合被隐枚举了，而接下去对其余四种(对应于 $x_2=1$) 进行搜索就行了。以下说明隐枚举法。

求解 0－1 规划问题：

$$\max z=3x_1-2x_2+5x_3,$$

$$\text{s. t.}\begin{cases}x_1+2x_2-x_3\leqslant 2,\\ x_1+4x_2+x_3\leqslant 4,\\ x_1+x_2\leqslant 3,\\ 4x_1+x_3\leqslant 6,\\ x_1,\ x_2,\ x_3=0\text{ 或 }1。\end{cases}$$

应用隐枚举法：易看出 $(x_1, x_2, x_3)=(1, 0, 0)$ 满足约束条件，且目标函数值 $z=3$。对于极大化问题求最优解，我们可以增加一个约束条件⊙：$3x_1-2x_2+5x_3\geqslant 3$，这样就减少了运算次数，计算过程如表 3.5 所示。

表 3.5　最优解计算过程

点	条件					满足条件? 是(√)否(×)	z 值
	⊙	(1)	(2)	(3)	(4)		
(0, 0, 0)	0					×	
(0, 0, 1)	5	−1	1	0	1	√	5
(0, 1, 0)	−2					×	
(0, 1, 1)	3	1	5			×	
(1, 0, 0)	3	1	1	1	0	√	3
(1, 0, 1)	8	0	2	1	1	√	8
(1, 1, 0)	1					×	
(1, 1, 1)	6	2	6			×	

所以得到的最优解为 $(x_1, x_2, x_3)=(1, 0, 1)$，$\max z=8$。

其实在计算过程中，若遇到 z 值已超过条件⊙右边的值，应改变该值，使其式中为计算中遇到的最大值，这样可以减少计算量。例如，在检查点 (0, 0, 1) 时，$z=5(>3)$，就可把约束条件改为 $3x_1-2x_2+5x_3\geqslant 5$。

通常重新排列目标函数中 x_i 的顺序，使其递增(不减)排列。如本题目标函数就可改为 $\max z=-2x_2+3x_1+5x_3$，然后变量 (x_2, x_1, x_3) 也可按下述顺序(1, 0, 0), (0, 0, 1), (0, 1, 0), (0, 1, 1), …取值，这样最优解容易较早发现。再结合约束条件的改进，更可使计算程序简化。

3.1.3 非线性规划模型

非线性规划模型可以更具体地表示为如下形式：

$$\min z=f(\boldsymbol{x}),$$
$$\text{s.t.}\begin{cases} h_i(\boldsymbol{x})=0, & i=1, 2, \cdots, l, \\ g_j(\boldsymbol{x})\leqslant 0, & j=1, 2, \cdots, m, \\ \boldsymbol{x}=\mathbf{R}^n。 \end{cases}$$

若只有等约束 h_i，则可以用 Lagrange 乘数法构造 Lagrange 函数

$$L(\boldsymbol{x}, \boldsymbol{\mu})=f(\boldsymbol{x})+\sum_{i=1}^{n}\mu_i h_i(x) \quad (\mu_i \text{ 为参数}),$$

然后求解非线性微分方程组

$$\begin{cases} \dfrac{\partial L}{\partial x_i}=0, \\ \dfrac{\partial L}{\partial \mu_i}=0 \end{cases}$$

即可。

对上述模型，通过讨论 $\boldsymbol{x}$ 的可行方向与下降方向，可以得到如下的 KKT(Karush-Kuhn-Tucker)条件：局部最优解 $\boldsymbol{x}$ 满足

$$\begin{cases} \nabla f(\boldsymbol{x})+\sum_{i=1}^{m}\mu_i\nabla h_i(\boldsymbol{x})+\sum_{j=1}^{l}\lambda_i\nabla g_j(\boldsymbol{x})=0, \\ \lambda_i g_j(\boldsymbol{x})=0。 \end{cases}$$

式中，∇ 为梯度记号。

对等约束模型构造 Lagrange 函数

$$L(\boldsymbol{x}, \boldsymbol{\mu}, \boldsymbol{\lambda})=f(\boldsymbol{x})+\sum_{i=1}^{m}\mu_i h_i(\boldsymbol{x})+\sum_{j=1}^{l}\lambda_i g_j(\boldsymbol{x})。$$

KKT 条件中的公式刚好就是函数 L 对 $\boldsymbol{x}$ 的导数(梯度)等于零。$(\boldsymbol{\mu}, \boldsymbol{\lambda})$ 通常称为 Lagrange 乘子。

实例(投资决策问题)

某企业有 n 个项目可供选择投资，并且至少要对其中一个项目投资。已知该企业拥有总资金 A 元，投资于第 $i(i=1, 2, \cdots, n)$ 个项目需花资金 a_i 元，并预计可收益 b_i 元。试选择最佳投资方案。

解　设投资决策变量为 $x_i=\begin{cases}1, & \text{决定投资的第 } i \text{ 个项目,}\\ 0, & \text{决定不投资的第 } i \text{ 个项目,}\end{cases}$　$i=1, 2, \cdots, n$，则投资总额为 $\sum_{i=1}^{n} a_i x_i$，投资总收益为 $\sum_{i=1}^{n} b_i x_i$。因为该公司至少要对一个项目投资，并且总的投资金额不能超过总资金 A，故有限制条件 $0<\sum_{i=1}^{n} a_i x_i \leqslant A$。

另外，由于 $x_i(i=1, 2, \cdots, n)$ 只取值 0 或 1，因此还有 $x_i(1-x_i)=0(i=1, 2, \cdots, n)$。

最佳投资方案应是投资额最小而总收益最大的方案，所以这个最佳投资决策问题归结为在总资金以及决策变量(取 0 或 1)的限制条件下，极大化总收益和总投资之比。因此，其数学模型为

$$\max Q=\frac{\sum_{i=1}^{n} b_i x_i}{\sum_{i=1}^{n} a_i x_i},$$

$$\text{s. t.}\begin{cases}0<\sum_{i=1}^{n} a_i x_i \leqslant A,\\ x_i(1-x_i)=0 \quad (i=1, 2, \cdots, n)。\end{cases}$$

上面例题是在一组等式或不等式的约束下，求一个函数的最大值(或最小值)问题，其中至少有一个非线性函数，这类问题称为非线性规划问题，可概括为如下一般形式：

$$\min f=f(x_1, x_2, \cdots, x_n)=f(\boldsymbol{x}),$$

$$\text{s. t.}\begin{cases}h_i(\boldsymbol{x})=0, & i=1, 2, \cdots, l,\\ g_j(\boldsymbol{x})\leqslant 0, & j=1, 2, \cdots, m,\\ \boldsymbol{x}=(x_1, x_2, \cdots, x_n)^{\mathrm{T}}\geqslant \boldsymbol{0}。\end{cases}$$

一般来说，求解非线性规划模型比求解线性规划模型要困难得多，既没有求解非线性规划模型的通用方法，也没有求解非线性规划模型的一般算法，各种方法和算法都有自己特定的适用范围。在本节中我们简要介绍的几种算法都有一定的局限性。

3.1.4　非线性规划的几种解法

1. 最速下降法

非线性规划 $\min\limits_{x\in E_n} f(\boldsymbol{x})$，其中 $\boldsymbol{x}=(x_1, x_2, \cdots, x_n)^{\mathrm{T}}$ 称为无约束的极值问题。

给定初始点 $\boldsymbol{x}^1\in E_n$，若 $f_x(\boldsymbol{x}^1)=0$，则当 $f(\boldsymbol{x})$ 为凸函数时，$\boldsymbol{x}^1$ 即为该问题的最优解。因为对于任意的 $\boldsymbol{x}\in E_n$，都有 $f(\boldsymbol{x})\geqslant f(\boldsymbol{x}^1)+f_x(\boldsymbol{x}^1)(\boldsymbol{x}-\boldsymbol{x}^1)=f(\boldsymbol{x}^1)$。当 $f(\boldsymbol{x}^1)\neq 0$ 时，由于 $f(\boldsymbol{x})$ 在点 $\boldsymbol{x}^1$ 的负梯度 $-f_x(\boldsymbol{x}^1)^{\mathrm{T}}$ 是 $f(\boldsymbol{x})$ 在点 $\boldsymbol{x}^1$ 处下降最快的方向，因此取方向 $\boldsymbol{Z}^1=-f_x(\boldsymbol{x}^1)^{\mathrm{T}}$。在此方向上求出使 $f(\boldsymbol{x})$ 取最小值的步长 λ_1，即 $\min\limits_{\lambda\geqslant 0} f(\boldsymbol{x}^1+\lambda \boldsymbol{Z}^1)=f(\boldsymbol{x}^1+\lambda_1 \boldsymbol{Z}^1)$。令 $\boldsymbol{x}^2=\boldsymbol{x}^1+\lambda_1 \boldsymbol{Z}^1$ 得 $f(\boldsymbol{x}^2)<f(\boldsymbol{x}^1)$。

也就是说，在 $f(\boldsymbol{x}^1)\neq 0$ 的情况下，找到一个比初始点 $\boldsymbol{x}^1$ 要好的新点 $\boldsymbol{x}^2$，如果 $f(\boldsymbol{x}^2)\neq 0$，还可以重复上述步骤，得到比 $\boldsymbol{x}^2$ 还好的点 $\boldsymbol{x}^3$…… 这就是最速下降法的基本思路。

2. 罚函数方法

非线性规划

$$\begin{cases}\min f(\boldsymbol{x}), & \boldsymbol{x}=(x_1, x_2, \cdots, x_n)^{\mathrm{T}}\in E_n,\\ g_i(\boldsymbol{x})\geqslant 0, & i=1, 2, \cdots, m\end{cases}$$

称为有约束的极值。

对于上述形式的规划问题，作函数 $T(\boldsymbol{x}, M_k)=f(\boldsymbol{x})+M_k\sum_{i=1}^{m}[\min\{0, g_i(x)\}]^2$。称该函数为罚函数，其中 M_k 是一个充分大的数，于是 $T(\boldsymbol{x}, M_k)$ 作为无约束极值问题，和原问题同解。这样我们就可以利用上述的最速下降法来解这一类问题了。

3. 线性约束条件下线性逼近的方法

线性约束条件下的非线性规划问题为

$$\begin{cases}\min f(\boldsymbol{x}), & \boldsymbol{x}=(x_1, x_2, \cdots, x_n)^{\mathrm{T}}\in E_n,\\ \boldsymbol{A}\boldsymbol{x}\geqslant \boldsymbol{b}。\end{cases}$$

式中，$f(\boldsymbol{x})$ 具有一阶连续偏导数，$\boldsymbol{A}$ 为 $m\times n$ 矩阵，$\boldsymbol{b}$ 为 $m\times 1$ 矩阵，在该规划的可行解集合内任取一个可行解 $\boldsymbol{x}^0$，在点 $\boldsymbol{x}^0$ 把目标函数线性化，即取 Taylor 展开式的前两项 $L(\boldsymbol{x})=f(\boldsymbol{x}^0)(\boldsymbol{x}-\boldsymbol{x}^0)$。我们求 $f(x)$ 在点 $\boldsymbol{x}^0$ 线性化后函数 $L(\boldsymbol{x})$ 在线性约束下的最优解，即 $\begin{cases}\min[f(\boldsymbol{x}^0)+f_x(\boldsymbol{x}^0)(\boldsymbol{x}-\boldsymbol{x}^0)],\\ \boldsymbol{A}\boldsymbol{x}\geqslant \boldsymbol{b}。\end{cases}$

因为 $L(\boldsymbol{x})=f(\boldsymbol{x}^0)+f_x(\boldsymbol{x}^0)\boldsymbol{x}-f_x(\boldsymbol{x}^0)\boldsymbol{x}^0$，所以上面的问题等价于线性规划 $\begin{cases}\min f(\boldsymbol{x}^0)\boldsymbol{x},\\ \boldsymbol{A}\boldsymbol{x}\geqslant \boldsymbol{b},\end{cases}$ 用单纯形法求解即可。

对于一个实际问题，在把它归结成非线性规划问题时，一般要注意如下四点：

(1) 确定供选方案。首先要收集同问题有关的资料和数据，在全面熟悉问题的基础上，确认问题的可供选择的方案，并用一组变量来表示它们。

(2) 提出追求目标。经过资料分析，根据实际需要和可能，提出要追求极小化或极大化的目标，并且运用各种科学和技术原理把它表示成数学关系式。

(3) 给出价值标准。在提出要追求的目标之后，要确立所考虑目标的“好”或“坏”的价值标准，并用某种数量形式来描述它。

(4) 寻求限制条件。由于所追求的目标一般要在一定的条件下取得极小化或极大化效果，因此还需要寻找出问题的所有限制条件，这些条件通常用变量之间的一些不等式或等式来表示。

注 线性规划与非线性规划的区别在于，如果线性规划的最优解存在，则其最优解只能在其可行域的边界上达到(特别是可行域的顶点上达到)，而非线性规划的最优解(如果最优解存在)则可能在其可行域的任意一点达到。

3.2 典型案例解析

3.2.1 案例1

节选自2014年“高教社杯”全国大学生数学建模竞赛题目A:嫦娥三号软着陆轨道设计与控制策略。

嫦娥三号于2013年12月2日1时30分成功发射,12月6日抵达月球轨道。嫦娥三号在着陆准备轨道上的运行质量为2.4 t,其安装在下部的主减速发动机能够产生1 500 N到7 500 N的可调节推力,其比冲(即单位质量的推进剂产生的推力)为2 940 m/s,可以满足调整速度的控制要求。在四周安装有姿态调整发动机,在给定主减速发动机的推力方向后,能够自动通过多个发动机的脉冲组合实现各种姿态的调整控制。嫦娥三号的预定着陆点为19.51°W, 44.12°N,海拔为−2 641 m。

嫦娥三号在高速飞行的情况下,要保证准确地在月球预定区域内实现软着陆,关键问题是着陆轨道与控制策略的设计。其着陆轨道设计的基本要求为:着陆准备轨道为近月点15 km、远月点100 km的椭圆形轨道;着陆轨道为从近月点至着陆点,其软着陆过程共分为6个阶段,要求满足每个阶段在关键点所处的状态——尽量减少软着陆过程的燃料消耗。

根据上述基本要求,请你们建立数学模型解决下面的问题。

……

问题2:确定嫦娥三号的着陆轨道和在6个阶段的最优控制策略。

1. 问题分析

嫦娥三号探测器从近月点到最终着陆过程分为6个阶段。

(1) 着陆准备段。着陆准备段的主要任务是在动力下降时点火,修正地面注入的点火时刻及对应轨道,计算点火目标姿态并调整到位。

(2) 主减速段。距月面高度从约15 km到约3 km,该段主要任务是软着陆制动,高度下降至约3 km。根据该任务的要求,其轨迹应是利用主发动机减速自然形成的平缓下降轨迹,航程大约430 km。

(3) 快速调整段。距月面高度从3 km到2.4 km,该段主要任务是快速衔接主减速段和接近段,快速姿态机动到接近段入口姿态,发动机推力同步减至低推力水平。根据该任务的要求,其轨道应是利用主发动机减速形成的平缓下降轨迹,高度下降大约600 m,航程大约1 km。

(4) 悬停段。距月面高度100 m左右,该段主要任务是对着陆区域的精障碍检测。由变推力发动机抵消着陆器重力,保持着陆器处于悬停状态,利用三维成像敏感器对着陆区进行观测,选择出安全着陆点。

(5) 避障段。距月面高度从约100 m到约30 m,该段主要任务是精避障和下降。根据悬停段给出的安全着陆点相对位置信息,着陆器下降到着陆点上方30 m,相对月面下降速度为预设值,水平速度接近零,轨迹为斜向下降到着陆点。避障段的精障碍检测主要是表面粗糙度和坡度,根据这两项综合确定安全着陆点。

(6) 缓速下降段。距月面高度30 m到伽马关机敏感器信号生效。该段主要任务是保证着陆器平稳缓速下降到月面，着陆月面的速度和姿态控制精度满足要求。如果伽马关机敏感器信号不生效，触地敏感器提供关机信号。

月球软着陆，是指月球着陆器经地月转移到月球附近后，在制动系统的作用下以很小的速度近乎垂直地降落到月面上，以保证探测器设备的完好。登月探测器的着陆控制包括竖直方向的运动控制、水平方向的运动控制以及姿态控制等。

理想情况下的最优控制方案流程可简单描述为开始时让探测器自由下落，当下落到某个状态时启动发动机，以最大推力对火箭减速，当速度减小到零时正好到达地面。但实际中存在各种形式的干扰，这也是实际环境中实现不了的。

尽管不能采用理想控制方案，但是在第一阶段到第四阶段的制导方向我们可以采用对着陆器在轨道坐标系下建立动力学模型，简化动力学方程，提出着陆器径向最优轨迹模型，这就是多项式显式制导律。但多项式显式制导律只对着陆器径向位置做了约束，而对其轴向没有约束。此处基于最优控制理论的显式制导律进行设计，并且能计算出该制导方法燃料的消耗。

对于第五阶段到第六阶段，首先是粗避障。嫦娥三号探测器是基于一种激光扫射雷达的障碍检测方法，该方法利用激光扫描雷达采集的高程数据拟合着陆区地形平面，能够有效地提取着陆区的障碍并实现对着陆区坡度的估计；其次是精避障，基于粗避障选定的最终着陆区，在安全着陆点选取方面，设计了一种中心螺旋式的安全区域搜索策略，以提取距离预定着陆点最近的安全着陆点。

2. 基本假设

(1) 假设月球为密度均匀的球体，忽略地球引力影响。

(2) 当嫦娥三号处于椭圆轨道时，不考虑月球扁平率、太阳光压等因素的影响。

(3) 忽略月球自转，月球重力加速度为常值。

(4) 着陆器所容忍的阈值由地面的最大粗糙度及最大坡度所决定。

(5) 着陆器为正方形，安全着陆所需的最小区间也为正方形。

月球基本参数见表 3.6。

表 3.6　月球基本参数

名　称	数　值
平均半径	1 737.013 km
质量	7.3477×10^{22} kg
远地点	406 610 km
近地点	356 330 km
平均赤道半径	1 738 000 km
月心引力常数	4 961.627 m^3/s^2
形状扁率	1/963.725 6
逃逸速度	2.38 km/s
轨道倾角	18.28°～28.58°
近地点辐角	318.15°
平均公转周期	27.32 天

3. 模型建立与求解

1）第一阶段到第四阶段最优控制制导模型

（1）月球软着陆场坐标系下动力学模型

设 $OXYZ$ 为原点在月心的惯性坐标系，OZ 轴指向动力下降段起始点，OX 轴位于 V 和 OZ 轴所确定的平面内，垂直于 OZ 轴，指向速度方向为正；OY 轴服从右手法则。设 $oxyz$ 为原点在着陆点的着陆场坐标系，oz 轴沿 Oo 方向背离月心为正；ox 轴垂直于 oz 轴指向运动方向为正；oy 轴服从右手法则。忽略月球自转，在整个制导过程中，设月球重力加速度为常值。则在着陆场坐标系中，动力学模型可近似表示为

$$\begin{cases} x = u, \\ y = v, \\ z = w, \\ u = \dfrac{F}{m}\sin\psi\cos\varphi = a_x, \\ v = \dfrac{F}{m}\sin\varphi\cos\psi = a_y, \\ w = \dfrac{F}{m}\cos\psi - g_L = a_z - g_L。 \end{cases}$$

式中，u，v，w 分别为着陆器在着陆场坐标系下的三个轴向速度，a_x，a_y，a_z 分别为着陆器在着陆场坐标系三个轴上的加速度分量（重力加速度除外），ψ，φ 分别为制动推力的两个方向角，α，β 分别为着陆器从初始点向着陆点运行过程中的实时月球经度和纬度，g_L 为月球重力加速度，视为常数。

（2）最优制导过程描述及其求解

引进状态矢量

$$\boldsymbol{X} = [x, y, z, u, v, w]^{\mathrm{T}}。 \tag{3.1}$$

为讨论状态变量反馈控制，以着陆过程任一瞬时点状态为初始值 $\boldsymbol{X}_0$，着陆目标点状态为终值 $\boldsymbol{X}_f$，定义剩余时间为 t_{go}，则在时间间隔 $[0, t_{\mathrm{go}}]$ 内，

$$\boldsymbol{X}_0 = [x_0, y_0, z_0, u_0, v_0, w_0]^{\mathrm{T}}, \tag{3.2}$$

$$\boldsymbol{X}_f = [x_f, y_f, z_f, u_f, v_f, w_f]^{\mathrm{T}}。 \tag{3.3}$$

定义控制变量：

$$\boldsymbol{U}_{(t)} = [a_x, a_y, a_z]^{\mathrm{T}}, \quad \boldsymbol{U}_{(t)} \in U \subset \mathbf{R}^m, t \in [0, t_{\mathrm{go}}]。 \tag{3.4}$$

将方程(3.1)写成状态方程的形式为

$$\boldsymbol{X} = \boldsymbol{f}[\boldsymbol{X}_{(t)}, \boldsymbol{U}_{(t)}, t], \quad t \in [0, t_{\mathrm{go}}]。 \tag{3.5}$$

定义如下能量最优指标：

$$J = \frac{1}{2}\int_0^{t_{\mathrm{go}}} (a_x^2 + a_y^2 + a_z^2)\mathrm{d}t。 \tag{3.6}$$

这样，由式(3.5)～(3.6)就组成了一个定义在时间间隔$[0, t_{go}]$上的最优控制问题，求解这个最优控制问题本质上就是寻找一组容错控制角$[\psi, \varphi]^T$，使着陆器在最短时间t_{go}内转移至期望状态，与之对应的状态方程就是最优解。

由极大值原理，引入 Hamilton 函数

$$H=-\frac{1}{2}(a_x^2+a_y^2+a_z^2)+\boldsymbol{\lambda}^T\boldsymbol{f}[\boldsymbol{X}_{(t)}, \boldsymbol{U}_{(t)}, t]。\tag{3.7}$$

式中，$\boldsymbol{\lambda}$ 为共轭变量，由共轭方程确定

$$\boldsymbol{\lambda}=-\frac{\partial H}{\partial \boldsymbol{X}}。\tag{3.8}$$

解得

$$\begin{cases}\lambda_1=\lambda_{10},\\ \lambda_2=\lambda_{20},\\ \lambda_3=\lambda_{30},\\ \lambda_4=-\lambda_{10}t_{go}+\lambda_{40},\\ \lambda_5=-\lambda_{20}t_{go}+\lambda_{50},\\ \lambda_6=-\lambda_{30}t_{go}+\lambda_{60}。\end{cases}\tag{3.9}$$

由控制方程

$$\frac{\partial H}{\partial U}=0\tag{3.10}$$

可得

$$\begin{cases}a_x=-\lambda_{10}t_{go}+\lambda_{40},\\ a_y=-\lambda_{20}t_{go}+\lambda_{50},\\ a_z=-\lambda_{30}t_{go}+\lambda_{60}。\end{cases}\tag{3.11}$$

将式(3.11)代入式(3.1)积分，求解可得

$$\lambda_{10}=\frac{-12(x_f-x_0)+6(u_f+u_0)t_{go}}{t_{go}^3},\tag{3.12}$$

$$\lambda_{20}=\frac{-12(y_f-y_0)+6(v_f+v_0)t_{go}}{t_{go}^3},\tag{3.13}$$

$$\lambda_{30}=\frac{-12(z_f-z_0)+6(w_f+w_0)t_{go}}{t_{go}^3},\tag{3.14}$$

$$\lambda_{40}=\frac{-6(x_f-x_0)+2(u_f+u_0)t_{go}}{t_{go}^2},\tag{3.15}$$

$$\lambda_{50}=\frac{-6(y_f-y_0)+2(v_f+v_0)t_{go}}{t_{go}^2},\tag{3.16}$$

$$\lambda_{60}=\frac{-6(z_f-z_0)+2(w_f+w_0)t_{go}}{t_{go}^2}+g_L。\tag{3.17}$$

于是三个轴向加速度可表示为

$$\begin{cases}a_x=\dfrac{6(x_f-x_0)-2(u_f+2u_0)t_{go}}{t_{go}^2},\\ a_y=\dfrac{6(y_f-y_0)-2(v_f+2v_0)t_{go}}{t_{go}^2},\\ a_z=\dfrac{6(z_f-z_0)-2(w_f+2w_0)t_{go}}{t_{go}^2}+g_L。\end{cases}\tag{3.18}$$

所以两个最优控制方向角为

$$\begin{cases}\psi=\arccos\dfrac{a_z}{\sqrt{a_x^2+a_y^2+a_z^2}},\\ \varphi=\arctan\dfrac{a_y}{a_x}+\pi。\end{cases}\tag{3.19}$$

这里，实际推力

$$F=m\sqrt{a_x^2+a_y^2+a_z^2}。\tag{3.20}$$

下面来求剩余时间 t_{go}。考虑到着陆器从初始位置运行到期望末端位置的时间确定，由最优控制原理有 $H|_{t=t_{go}}=0$ 成立，即

$$-\frac{1}{2}(a_x^2+a_y^2+a_z^2)+\lambda_1u+\lambda_2v+\lambda_3w+\lambda_4a_x+\lambda_5a_y+\lambda_6a_z-\lambda_6g_L|_{t=t_{go}}=0。\tag{3.21}$$

用 t_{go} 表示为

$$\frac{1}{2}g_L^2t_{go}^4-2(u_0^2+v_0^2+w_0^2)t_{go}^2-12(u_0x_0+v_0y_0+w_0z_0)t_{go}-18(x_0^2+y_0^2+z_0^2)=0。\tag{3.22}$$

令

$$a=-\frac{4(u_0^2+v_0^2+w_0^2)}{g_L^2},\tag{3.23}$$

$$b=-\frac{24(u_0x_0+v_0y_0+w_0z_0)}{g_L^2},\tag{3.24}$$

$$c=-\frac{36(x_0^2+y_0^2+z_0^2)}{g_L^2},\tag{3.25}$$

则式(3.22)可变为

$$t_{go}^4+at_{go}^2+bt_{go}+c=0。\tag{3.26}$$

这是个特殊的一元四次方程，用变量代换即可得出剩余时间的表达式：

$$t_{go1,2}=\frac{\sqrt{\eta}\pm\sqrt{\eta-4(\xi-\sqrt{\eta}\zeta)}}{2},\tag{3.27}$$

$$t_{go3,4}=\frac{-\sqrt{\eta}\pm\sqrt{\eta-4(\xi-\sqrt{\eta}\zeta)}}{2}。\tag{3.28}$$

式中，

$$\xi=\frac{a+\eta}{2},\ \zeta=-\frac{b}{2\eta},$$

η 为方程

$$\eta^3+2a\eta^2+(a^2-4c)\eta-b^2=0\tag{3.29}$$

的解。

将上述三次方程改写为

$$f^3+\alpha f+\beta=0。\tag{3.30}$$

式中，

$$f=\eta+\frac{2a}{3},\ \alpha=-\frac{1}{3}(a^2+4c),\ \beta=\frac{1}{27}[16a^3-18a(a^2-4c)-27b^2]。$$

求解方程(3.30)可得其实数解为

$$f=\sqrt[3]{-\frac{\beta}{2}+\sqrt{\Delta}}+\sqrt[3]{-\frac{\beta}{2}-\sqrt{\Delta}}。$$

式中，$\Delta=\frac{\alpha^3}{27}+\frac{\beta^2}{4}$。

这样，由式(3.18)(3.19)(3.26)便组成了一种燃料最优的显式制导律：

$$\begin{cases}\psi=\arccos\dfrac{a_z}{\sqrt{a_x^2+a_y^2+a_z^2}},\\ \varphi=\arctan\dfrac{a_y}{a_x}+\pi;\end{cases}$$

$$\begin{cases}a_x=\dfrac{6(x_f-x)-2(u_f+2u)t_{go}}{t_{go}^2},\\ a_y=\dfrac{6(y_f-y)-2(v_f+2v)t_{go}}{t_{go}^2},\\ a_z=\dfrac{6(z_f-z)-2(w_f+2w)t_{go}}{t_{go}^2}+g_L。\end{cases}$$

式中,剩余时间可由下式确定:

$$t_{go}^4 + at_{go}^2 + bt_{go} + c = 0。$$

通过边界条件,利用最小值优化求解得到径向位移曲线

$r(t) = k_0 + k_1 t + k_2 t^2 + k_3 t^3$,系数:$k_0 = 1.753 \times 10^6$, $k_1 = 0$, $k_2 = 1.65 \times 10^{-4}$, $k_3 = 1.84 \times 10^6$。

利用 MATLAB 作出径向位移曲线,如图 3.2 所示。

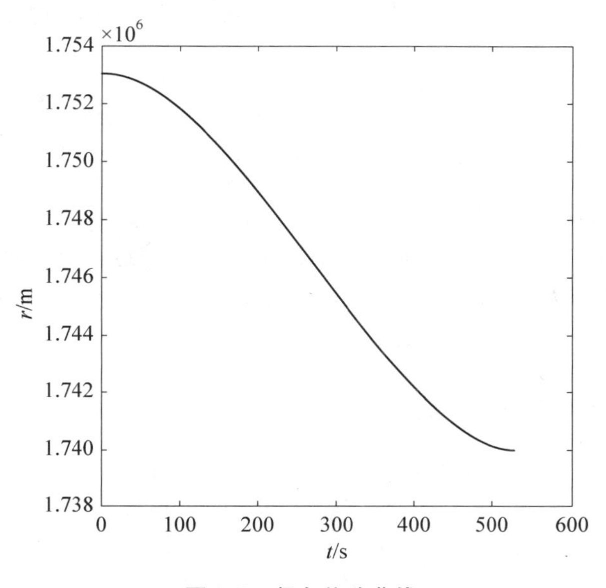

图 3.2 径向位移曲线

由图可知,当纵坐标为 1.741×10^6 m 时,得出横坐标为 547 s 左右,基本满足嫦娥三号着陆的二维平面抛物线轨迹,则此最优控制制导模型成立,同时计算探测器从 15 000 m 降落到月面水平距离为 391.626 km。

2) 第五阶段到第六阶段软着陆避障检测模型

(1) 粗避障段最优检测模型

在粗避障段,嫦娥三号与月面的距离范围为从 2.4 km 到 100 m,要求嫦娥三号在设计着陆点上方 100 m 处悬停。假设粗避障段的初始时刻为 t_2,终止时刻为 t_3,嫦娥三号在初始时刻和终止时刻竖直向上速度为零,确定约束条件。建立运动学模型如下:

$$\begin{cases} F_{23} = mg, \\ t_{23} = \dfrac{h_2 - h_3}{v}, \\ x_{23} = \dfrac{1}{2} a t_{23}^2, \end{cases}$$

$$\text{s. t.} \begin{cases} v_x(t_2) = 0, \\ v_x(t_3) = 0。 \end{cases}$$

式中，F_{23} 为嫦娥三号所受引力大小，t_{23} 为花费时间，h_2 为 t_2 时刻的高度，h_3 为 t_3 时刻的高度，x_{23} 为嫦娥三号运动的水平距离。

粗避障段的任务为避开大的陨石坑。为了实现在安全区域降落，嫦娥三号在距离月面 2.4 km 处对正下方月面 2 300 m×2 300 m 的范围内进行拍照，得到月球表面上的数字高程图。将高程图按照 1 m×1 m 进行划分，得到 p 行 q 列的方格。结合精避障段的要求，筛选出方格数 100×100 规格的区域进行遍历，再进行内部排列。设方格的位置为第 i 行第 j 列，该区域内方格的高度为 h_{pqij}，则对粗避障段的最优控制策略如下：

① 避开大的陨石坑，选取高度平整的地区，求取 100×100 规格的区域高度的标准差，即

$$\sigma = \frac{\sum (h_{pqij} - \overline{h_{pq}})^2}{n}。$$

式中，$\overline{h_{pq}}$ 为该区域内高度的均值。

② 选取的区域中心与预定着陆地区的中心位置距离较近，以减少燃料耗费。设预定着陆区域的中心位置坐标为 (p_0, q_0)，选取的区域中心为 (p, q)，建立距离方程为

$$l = \sqrt{(p - p_0)^2 + (q - q_0)^2}。$$

综上所述，粗避障段的最优模型为

$$\begin{cases} \sigma = \dfrac{\sum (h_{pqij} - \overline{h_{pq}})^2}{n}, \\ l = \sqrt{(p - p_0)^2 + (q - q_0)^2}。 \end{cases}$$

通过 MATLAB 的 imread 函数，读取粗避障段的数字高程图如图 3.3 所示。

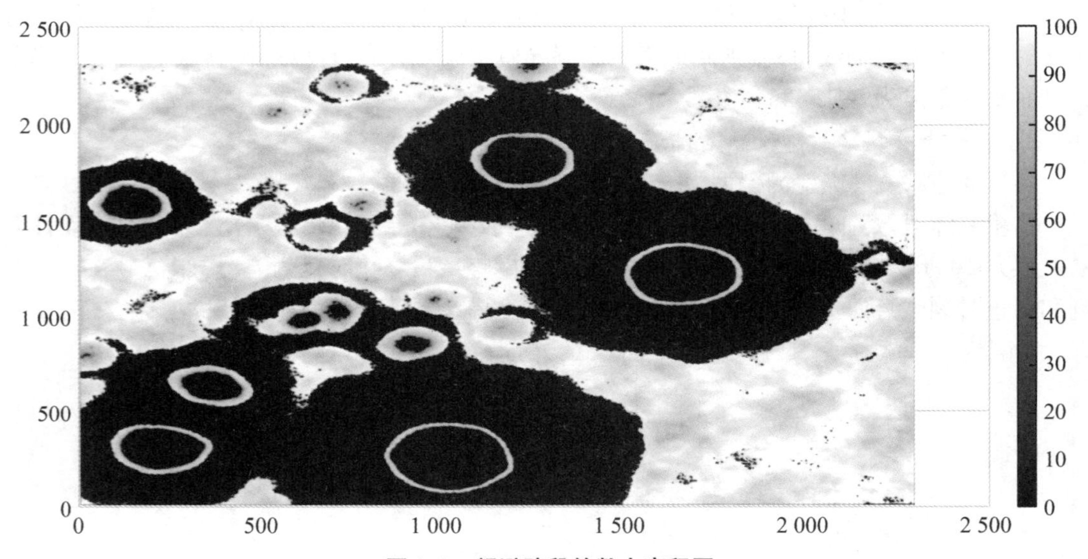

图 3.3 粗避障段的数字高程图

由图可知，黑色部分为大于100 m和小于80 m的大陨石坑，白色部分为80～100 m的平整地区。选取白色部分地区，根据建立的粗避障段最优模型，求解出最小目标值为11.0583，得到该段内合适的降落区域，如图3.4所示。

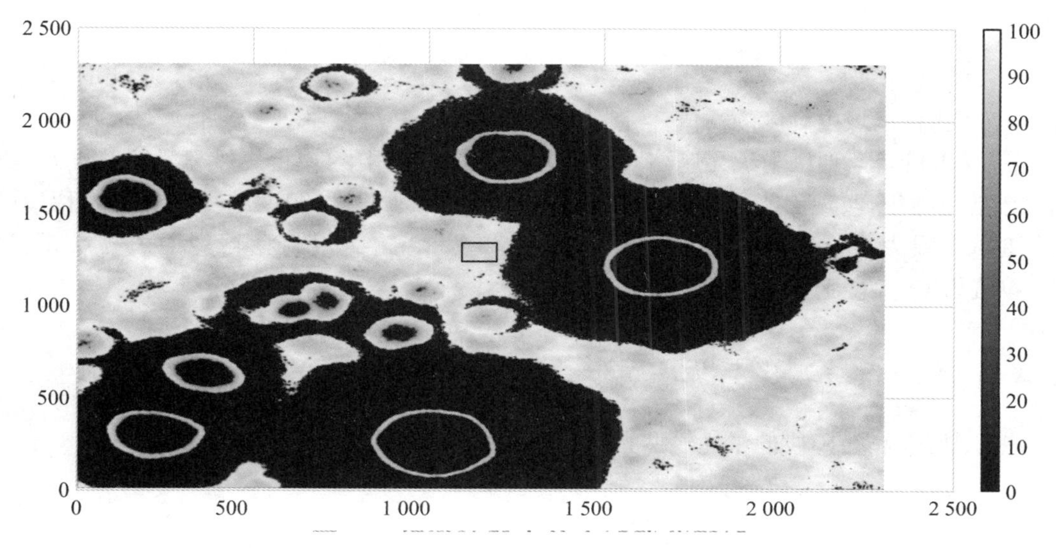

图 3.4　合适的降落区域

由图可知，适合降落的区域为矩形框区域，其 x 值的范围是1098～1198 m，y 值的范围是1238～1338 m。

（2）精避障段最优检测模型

在精避障段，嫦娥三号与月面的距离范围为从100 m到30 m，要求嫦娥三号在设计着陆点上方30 m处速度为零。假设精避障段的初始时刻为 t_3，终止时刻为 t_4，嫦娥三号在初始时刻和终止时刻竖直向上速度为零，确定约束条件。建立运动学模型如下：

$$\begin{cases} F_{34}=mg, \\ t_{34}=\dfrac{h_3-h_4}{v}, \\ x_{34}=\dfrac{1}{2}at_{34}^2, \end{cases}$$

$$\text{s.t.} \begin{cases} v_x(t_3)=0, \\ v_x(t_4)=0。 \end{cases}$$

式中，F_{34} 为嫦娥三号所受引力大小，t_{34} 为花费时间，h_3 为 t_3 时刻的高度，h_4 为 t_4 时刻的高度，x_{34} 为嫦娥三号运动的水平距离。

精避障段的任务为避开大的陨石坑，确定最佳着陆点。嫦娥三号在距离月面100 m处对正下方月面100 m×100 m的范围内进行拍照，得到月球表面上的数字高程图。将高程图按照0.1 m×0.1 m进行划分，得到 p 行 q 列的方格。筛选出方格数20×20规格的区域进行遍历，再进行内部排列。设方格的位置为第 i 行第 j 列，该区域内方格的高度为 h_{pqij}，则对精避障段的最优控制策略如下：

① 经查阅资料，选取的降落地区平均坡度不大于 8°，否则会发生着陆器侧翻等情况。将坡度转化为高度，求取 20×20 规格的区域高度的标准差，即

$$\sigma=\frac{\sum(h_{pqij}-\overline{h_{pq}})^2}{n}。$$

式中，$\overline{h_{pq}}$ 为该区域内高度的均值。

② 选取的降落地区附近无遮挡太阳的高山对其产生阴影，使得嫦娥三号能够更好地利用太阳能电池板，实现储能。计算太阳与降落区域的中心角度，角度越小，受到太阳照射的面积越大。设太阳随时间变化的高度为 h_t，位置为 (x_t, y_t)，降落区域的中心点高度为 h_z，位置为 (x_z, y_z)，计算角度为

$$\theta=\arctan\frac{h_t-h_z}{\sqrt{(x_t-x_z)^2+(y_t-y_z)^2}}。$$

综上所述，精避障段的最优模型为

$$\begin{cases}\sigma=\dfrac{\sum(h_{pqij}-\overline{h_{pq}})^2}{n},\\ \theta=\arctan\dfrac{h_t-h_z}{\sqrt{(x_t-x_z)^2+(y_t-y_z)^2}}。\end{cases}$$

通过 MATLAB 的 imread 函数，读取精避障段的数字高程图如图 3.5 所示。

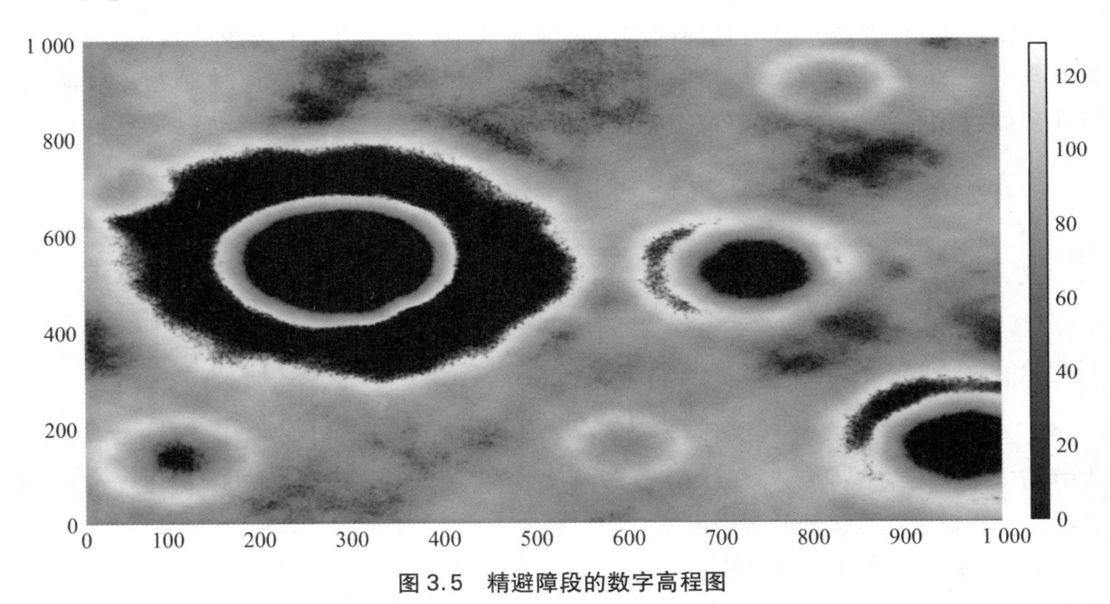

图 3.5　精避障段的数字高程图

选取降落区域的平均坡度不大于 8°，附近无遮挡太阳的高山对其产生阴影，使得太阳的照射面积达到最大。根据建立的精避障段最优模型，求解出最小目标值为 0.989 4，得到该

段内合适的降落区域，如图 3.6 所示。

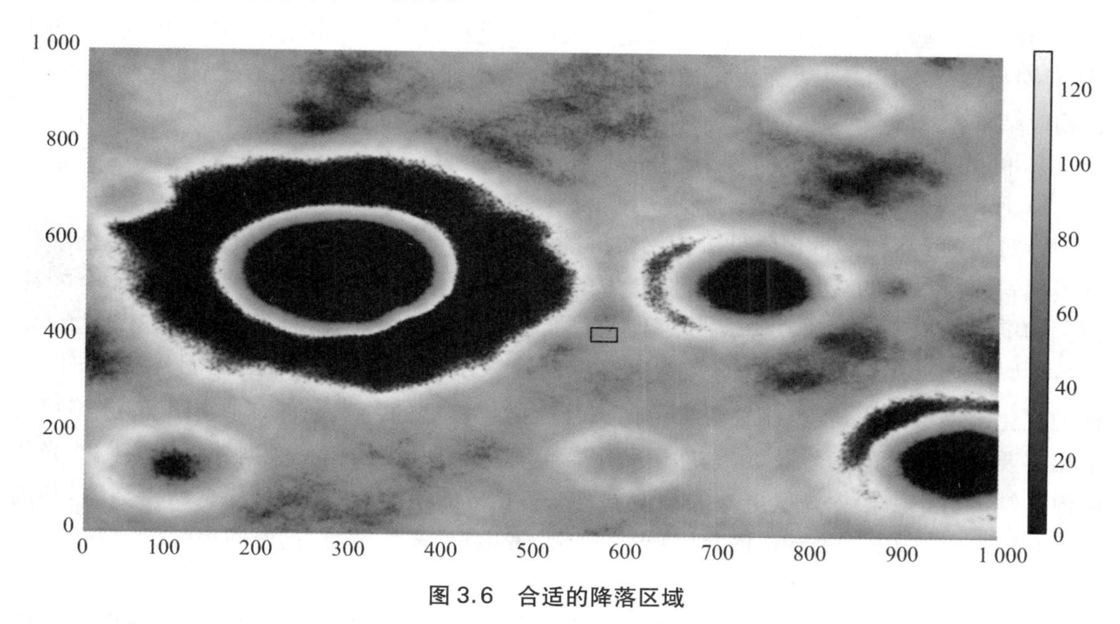

图 3.6　合适的降落区域

由图可知，适合降落的区域为矩形框区域，其 x 值的范围是 55.3～57.3 m，y 值的范围是 38.7～40.7 m。

3.2.2　案例 2

节选自 2012 年“高教社杯”全国大学生数学建模竞赛题目 B。

在设计太阳能小屋时，需在建筑物外表面（屋顶及外墙）铺设光伏电池，光伏电池组件所产生的直流电需要经过逆变器转换成 220 V 交流电才能供家庭使用，并将剩余电量输入电网。不同种类的光伏电池每峰瓦的价格差别很大，且每峰瓦的实际发电效率或发电量还受诸多因素的影响，如太阳辐射强度、光线入射角、环境、建筑物所处的地理纬度、地区的气候与气象条件、安装部位及方式（贴附或架空）等。因此，在太阳能小屋的设计中，研究光伏电池在小屋外表面的优化铺设是很重要的问题。

对下列三个问题，分别给出小屋外表面光伏电池的铺设方案，使小屋的全年太阳能光伏发电总量尽可能大，而单位发电量的费用尽可能小，并计算出小屋光伏电池 35 年寿命期内的发电总量、经济效益[当前民用电价按 0.5 元/(kW・h)计算]及投资的回收年限。

在求解每个问题时，都要求配有图示，给出小屋各外表面电池组件铺设分组阵列图形及组件连接方式（串、并联）示意图，也要给出电池组件分组阵列容量及选配逆变器规格列表。

在同一表面采用两种或两种以上类型的光伏电池组件时，同一型号的电池板可串联，而不同型号的电池板不可串联。在不同表面上，即使是相同型号的电池也不能进行串、并联连接。应注意分组连接方式及逆变器的选配。

问题 1：请根据山西省大同市的气象数据，仅考虑贴附安装方式，选定光伏电池组件，对小屋的部分外表面进行铺设，并根据电池组件分组数量和容量，选配相应的逆变器的容量和数量。

问题 2：电池板的朝向与倾角均会影响到光伏电池的工作效率，请选择架空方式安装光伏电池，重新考虑问题 1。

问题 3：根据给出的小屋建筑要求，请为大同市重新设计一个小屋，要求画出小屋的外形图，并对所设计小屋的外表面优化铺设光伏电池，给出铺设及分组连接方式，选配逆变器，计算相应结果。

1. 问题分析

1）问题 1 分析

针对问题 1，首先，根据附件 2 中给出的图像和数值可计算每一个面的面积及屋顶斜面与水平的夹角。根据附件 3 中的数据可计算出各类型光伏电池的面积和单位面积单位价格功率。考虑到题目要求（发电量尽量大，总费用尽量小），可以筛选出比较符合要求的光伏电池以及建立以总发电量尽可能大为目标的优化模型。其次，根据相关要求可得到目标优化模型的约束条件，利用 LINGO 编程可解出需要光伏电池的型号及数量，然后利用背包算法原理，根据相关数据计算出太阳能光伏电池的铺设方案。根据光伏电池的铺设方案配备相应的逆变器。最后，根据所得数据，利用 AutoCAD 软件画出二维铺设图，计算出 35 年总发电量、经济效益、投资回报等。

相关附件

2）问题 2 分析

针对问题 2，通过查阅相关资料数据以及对附件 2 中相关公式的分析，建立倾斜面所能接收的太阳辐射总量与直接辐射量、天空散射辐射量、地面反射辐射量的多层次分析模型来求解最佳倾斜角。首先，根据附件 2 中的太阳高度角以及赤纬角等相关公式依次求解出直接辐射量、天空散射辐射量、地面反射辐射量。然后，对该模型进行求导求解出最佳倾斜角。最后，根据水平面上太阳辐射总量的变化，可以确定每一个月的最佳夹角。

对于架空安装方式太阳能电池板的铺设，利用与贴附安装方式一样的思路进行铺设，并不断进行铺设的优化，除朝阳面外，其余方向的铺设在问题 1 的铺设方案基础上更改架空夹角，即为问题 2 的电池板铺设方案，具体朝阳面电池板的铺设方案见图 3.7。

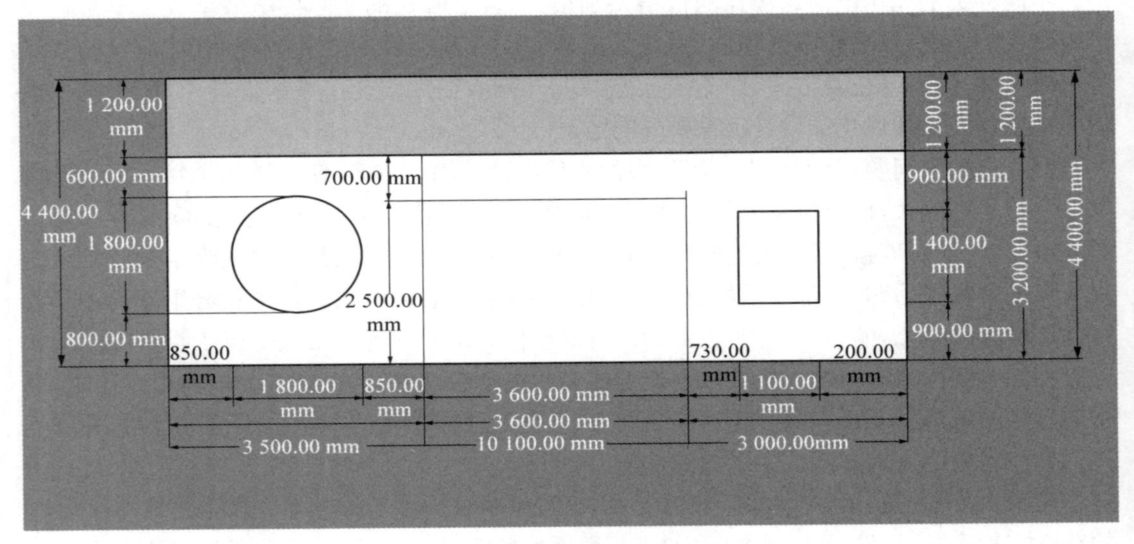

图 3.7　朝阳面电池板的铺设方案

3）问题 3 分析

针对问题 3，首先通过分析小屋的要求，得知为了能获得最大的太阳辐射量，取小屋的高度为最大值 5.4 m，建筑平面的长为 14.4 m，宽为 6 m。其次，通过计算各个面的面积，根据窗户与各个面之间的关系，得到窗户的面积。然后，在第二问求得的最佳倾斜角 37.3°的基础上，运用 CAD 作出该小屋的立体图。最后，根据单位面积单位价格功率表，为使单位发电量的费用最低，选择 B2 单晶硅电池进行铺设。

2. 模型假设

(1) π 取值 3.14；

(2) 2 月均为 28 天；

(3) 光伏电池在 35 年寿命期间内不发生损坏；

(4) 35 年内的每一年的辐射强度均为附件中所给的数据；

(5) 太阳能电池板间距忽略不计；

(6) 逆变器将直流电转化成交流电时不发生损耗；

(7) 架空方式安装光伏电池时支架费用忽略不计；

(8) 风向因素对支架的稳定性无影响。

3. 符号说明

θ：朝阳面屋顶与水平面的夹角；

β：背阳面屋顶与水平面的夹角；

z：目标函数；

q_{ij}：一块第 i 种光伏电池在第 j 面上的总电量；

x_i：第 i 种光伏电池的数量；

s_i：一块第 i 种光伏电池的面积；

S_j：第 j 个面小屋的面积；

$\frac{b_j}{c_j}$：太阳能光伏电池 B_2 和 C_5 在第 j 个面上铺设数量的比值；

Q：产生的电量；

P：电价 0.5 元/(kW · h)；

T_1：电池总成本；

T_2：逆变器总成本；

A：经济效益；

B：投资的回收年限；

H_T：太阳辐射总量；

H_{bt}：直接辐射量；

H_{dt}：天空散射辐射量；

H_{gt}：地面反射辐射量；

φ：当地纬度；

δ：赤纬角；

ω：时角。

4. 模型的建立与求解

1）模型的建立

由附件 1 中单晶硅和多晶硅电池启动发电的表面总辐射量≥80 W/m²、薄膜电池表面总辐射量≥30 W/m²，由此可利用 0－1 规划思想对山西大同太阳光辐射强度进行有效筛选。

设太阳光辐射强度为 a_i，$i=1, 2, 3, 4, 5, 6, \cdots, 8759$。$\zeta_1$ 为启动薄膜电池的太阳光辐射量：

$$\zeta_1=\begin{cases}1, & \text{太阳光总辐射量} \geqslant 30\ \mathrm{W/m^2}, \\ 0, & \text{太阳光总辐射量} \leqslant 30\ \mathrm{W/m^2};\end{cases}$$

ζ_2 为启动单晶硅和多晶硅电池的太阳光辐射量：

$$\zeta_2=\begin{cases}1, & \text{太阳光总辐射量} \geqslant 80\ \mathrm{W/m^2}, \\ 0, & \text{太阳光总辐射量} \leqslant 80\ \mathrm{W/m^2}.\end{cases}$$

利用筛选后的数据计算所选电池的发电量。

通过对数据的分析和研究可得到各种型号光伏电池的单位面积单位价格功率，见表 3.7。

表 3.7　单位面积单位价格功率表

产品型号	组件功率（W）	面积（m²）	转换效率 μ（%）	价格（元/Wp）	单位面积单位价格功率（W/m²）	组件尺寸（mm×mm×mm）
C_7	4	0.110 07	3.63	4.8	0.274 825 111	615×180×16.7
C_6	4	0.110 05	3.63	4.8	0.274 875 057	310×355×16.7
C_8	8	0.218 325	3.66	4.8	0.279 399 977	615×355×16.7
C_9	12	0.326 6	3.66	4.8	0.280 159 216	920×355×16.7
C_{10}	12	0.290 39	4.13	4.8	0.355 556 321	818×355×16.7
C_{11}	50	1.171 24	4.27	4.8	0.379 761 336	1 645×712×27
C_4	90	1.54	5.84	4.8	0.711 038 961	1 400×1 100×22
C_2	58	0.939 231	6.17	4.8	0.793 778 811	1 321×711×20
C_3	100	1.575 196	6.35	4.8	0.839 842 576	1 414×1 114×35
C_5	100	1.54	6.49	4.8	0.877 976 19	1 400×1 100×25
C_1	100	1.43	6.99	4.8	1.018 356 643	1 300×1 100×15
A_5	245	1.635 15	14.98	14.9	1.506 378 23	1 650×991×40
A_6	295	1.938 396	15.11	14.9	1.543 326 122	1 956×991×45
B_7	250	1.668	14.99	12.5	1.797 362 11	1 668×1 000×40
A_4	270	1.637 792	16.5	14.9	1.825 587 673	1 651×992×40
B_3	210	1.470 144	15.98	12.5	1.826 106 83	1 482×992×35
B_5	280	1.940 352	15.98	12.5	1.844 778 679	1 956×992×50
B_6	295	1.940 352	15.2	12.5	1.848 736 724	1 956×992×50
A_2	325	1.938 396	16.64	14.9	1.872 439 997	1 956×991×45
B_4	240	1.512 08	14.8	12.5	1.879 265 647	1 640×992×50
A_1	215	1.276 64	16.84	14.9	1.903 381 443	1 580×808×40
A_3	200	1.276 84	18.7	14.9	1.965 843 108	1 580×808×35
B_1	265	1.635 15	16.21	12.5	2.101 654 282	1 650×991×40
B_2	320	1.938 36	16.39	12.5	2.164 634 021	1 956×991×45

要求：单晶硅和多晶硅电池（A 型或 B 型）启动发电的表面总辐射量≥80 W/m²、薄膜电池（C 型）表面总辐射量≥30 W/m²。

综合表 3.7 可得到符合要求的最优光伏电池是 B_2 和 C_1。再考虑到逆变器的选择，若使用 C_1，参考所铺的电池板图，计算的电压为 $3V_{C1}=414$ V，符合要求的逆变器的价格昂贵。从表 3.7 可以看出 C_5 的单位面积单位价格功率仅次于 C_1，通过计算相关成本可知 C_5 的成本比 C_1 低。所以相比之下本文选择 B_2，C_5 这两种太阳能光伏电池，可设它们的数量分别为 x_1，x_2。建立以筛选出的光伏电池的所需数量为变量、以总发电量尽量大为目标的优化模型。

目标函数：$\max z=\sum_{i=1}^{2} x_i q_{ij}$。

约束条件：$$\text{s. t.}\begin{cases}\sum_{i=1}^{2} s_i x_i \leqslant S_j,\ j=1,2,3,4,5,6,\\ b_j x_1 - c_j x_2 = 0,\ j=1,2,3,4,5,6。\end{cases}$$

运用 LINGO 软件编程求解，将求得的结果与所给的小屋外图综合分析，利用背包算法原理，运用 CAD 软件绘制电池板铺设图。

2）模型的求解

首先对山西大同太阳光辐射强度进行有效筛选，筛选结果：符合 ζ_1 的一年中共有 3 982 小时，符合 ζ_2 的一年中共有 3 564 小时。

然后对数据的研究和分析可得 B_2 和 C_5 在各个面上每块的总电量 q_{ij}(W)，见表 3.8。

表 3.8　B_2 和 C_5 在各个面上每块的总电量 q_{ij}(W)

型　号	方　向						
	北面	西面	南面	东面	朝阳斜面	背阳斜面	电池面积
B_2	41 936.256 5	252 612.316	320 143.952	165 964.9	707 725.6	440 568.8	1.938 36
C_5	24 304.973 2	87 233.027 7	104 283.897	57 836.04	224 002.7	140 113.4	1.54
小屋各个面的面积（m²）	28.119	26.98	19.236 6	24.23	60.785 13	14.031 324	

结合已知量，可用 LINGO 编程求得模型的解如下。

北面：最大发电量 $z_1=440\,142$ W，$x_1=5$，$x_2=10$；

南面：$z_2=174\,125$ W，$x_1=8$，$x_2=2$；

东面：$z_3=247\,460$ W，$x_1=8$，$x_2=4$；

朝阳面屋顶：$z_4=200\,753$ W，$x_1=30$，$x_2=1$；

背阳面屋顶：$z_5=67\,630.7$ W，$x_1=7$，$x_2=1$。

再根据附件中的内容，在实际铺设中以上述数据为基础，不断优化，最终可确定铺设的方案。南面由于可铺设面积与预测不相符，因此不铺设太阳能光伏电池，同时考虑到其他各面各光伏电池的数量关系，所以在数量上有些差异。

5. 铺设后的计算

综上，选逆变器 SN7 四个，价值 10 200×4＝40 800(元)；选逆变器 SN11 五个，价值 4 500×5＝22 500(元)。逆变器共花费 63 300 元。

选择 B_2 电池共 42 块，价值为 12.5 元/Wp×组件功率(W)×个数，总价值为 12.5×320×42＝168 000(元)。

选择 C_5 电池共 18 块，价值为 4.8 元/Wp×组件功率(W)×个数，总价值为 4.8×100×18＝8 640(元)。以上选择电池共花费 176 640 元。

应题目要求可得 35 年总发电量为

$$Q=(c_1+c_2+c_3+c_4+c_5+c_6)\times(10+15\times 90\%+10\times 80\%)=22\,207.169(\text{kW})。$$

式中，c_j 是每一面发电量总和。

注 所有光伏组件在 0～10 年的效率按 100%折算，10～25 年按 90%折算，25 年后按 80%折算。

经济效益＝电费收入－铺设成本：

$$A=QP-T_1-T_2=349\,762.915\text{ 元。}$$

投资的回收年限＝投资成本/一年的收益：

$$B=\frac{T_1+T_2}{\text{一年的收益}}=24.01\text{ 元。}$$

3.2.3 案例 3

节选自 2014 年“高教社杯”全国大学生数学建模竞赛题目 A：嫦娥三号软着陆轨道设计与控制策略。

嫦娥三号于 2013 年 12 月 2 日 1 时 30 分成功发射，12 月 6 日抵达月球轨道。嫦娥三号在着陆准备轨道上的运行质量为 2.4 t，其安装在下部的主减速发动机能够产生 1 500 N 到 7 500 N 的可调节推力，其比冲(即单位质量的推进剂产生的推力)为 2 940 m/s，可以满足调整速度的控制要求。在四周安装有姿态调整发动机，在给定主减速发动机的推力方向后，能够自动通过多个发动机的脉冲组合实现各种姿态的调整控制。嫦娥三号的预定着陆点为 19.51°W，44.12°N，海拔为－2 641 m。

嫦娥三号在高速飞行的情况下，要保证准确地在月球预定区域内实现软着陆，关键问题是着陆轨道与控制策略的设计。其着陆轨道设计的基本要求为：着陆准备轨道为近月点 15 km、远月点 100 km 的椭圆形轨道；着陆轨道为从近月点至着陆点，其软着陆过程共分为 6 个阶段，要求满足每个阶段在关键点所处的状态——尽量减少软着陆过程的燃料消耗。

根据上述基本要求，请你们建立数学模型解决下面的问题。

问题 1：确定着陆准备轨道近月点和远月点的位置，以及嫦娥三号相应速度的大小与方向。

……

1. 问题 1 的分析

根据问题 1，要确定着陆准备轨道近月点和远月点的位置，以及嫦娥三号相应速度的大小与方向。

对嫦娥三号的着陆段的飞行情况进行分析。嫦娥三号在经过地月转移轨道后，通过实施近月制动，进入环月轨道，一条距月面近 100 km 的环月圆轨道。在合适的时机，变轨到远月点为 100 km、近月点为 15 km 的椭圆轨道，即着陆准备轨道。根据 Newton 第二定律，嫦娥三号受到月球的引力作用，在环月圆轨道上做匀速圆周运动。在变轨点处，给嫦娥三号加速，使其离心，绕椭圆轨道环行。

考虑到嫦娥三号与太阳和地球的距离远大于与月球的距离，忽略太阳和地球对嫦娥三号的引力，将模型简化为月球与嫦娥三号的二体问题。考虑到嫦娥三号的软着陆过程耗时较短，月球因自转产生的离心力对其影响较小，可忽略不计。

由题目可知，软着陆轨道包括着陆准备轨道和着陆轨道。着陆轨道为嫦娥三号从主减速阶段到落至月球的轨道。嫦娥三号在近月点处进行制动减速，从着陆准备轨道变轨为着陆轨道。若着陆轨道与着陆准备轨道不在同一平面上，需要发动机提供额外的横向推力实现控制。为尽量减少软着陆过程的燃料消耗，假设着陆轨道与着陆点处于同一平面，将问题转化为一个二维平面问题。

考虑嫦娥三号只受重力作用，绕月球做环绕运动，满足 Kepler 定律和机械能守恒定律。根据 Kepler 第二定律，在相等时间内，嫦娥三号与月球的连线扫过的面积相等，得到嫦娥三号在近月点和远月点的速度。根据 Kepler 第三定律，嫦娥三号运动的总机械能等于动能与势能之和，得到其近月点和远月点的机械能。根据机械能守恒定律，嫦娥三号的动能和势能相互转化，机械能保持不变，可以计算出嫦娥三号在近月点和远月点相应速度的大小和方向。

在嫦娥三号着陆的二维平面内，考虑对嫦娥三号着陆轨道中主减速段建立运动学方程。利用嫦娥三号的预定着陆点为 19.51°W，44.12°N，反推出嫦娥三号的近月点的大致位置。利用椭圆轨道的对称性，得到其远月点的位置。

2. 基本假设

(1) 忽略月球因自转产生的离心力。

(2) 忽略太阳和地球对嫦娥三号的引力。

(3) 假设着陆准备轨道与着陆轨道处于同一平面。

(4) 假设月球为球体。

3. 符号说明

g_i：引力加速度；G：引力常量；M：月球质量；m：嫦娥三号质量；F：发动机推力；φ：燃料消耗质量；σ：高度标准差；l：距离；α：推力与竖直方向夹角；t_i：各阶段所需时间；θ：太阳高度与降落区域中心的夹角。

4. 模型的建立与求解

根据 Kepler 第二定律和机械能守恒定律，建立嫦娥三号在近月点和远月点的速度方程，代入数值，得到其速度的大小和方向。选取主减速段进行研究，对嫦娥三号进行受力分析，建立动力学模型。根据主减速段的着陆要求，确定边界条件。假定嫦娥三号在主减速段所受推力方向与水平方向的夹角不变，选定一个值为 29°，简化嫦娥三号的着陆过程。将嫦娥三号在主减速段的轨道视为近月轨道，嫦娥三号沿极线方向着陆，利用四阶 Runge-Kutta

法,求解出嫦娥三号在一定时间内的速度,两者相乘求得其路程。将路程累加,得到嫦娥三号在主减速段的总路程。利用弧长公式,总路程为弧长,嫦娥三号与月心的距离为半径,求得圆心角,即嫦娥三号在主减速段所跨纬度。根据已知的嫦娥三号预定着陆点,逆推出嫦娥三号在近月点的位置。利用椭圆轨道的对称性,得到远月点的位置。

嫦娥三号环绕月球运动,与太阳和地球的距离甚远,忽略太阳和地球对嫦娥三号的引力,将模型简化为月球与嫦娥三号的二体问题。

嫦娥三号的软着陆过程耗时较短,月球自转产生的离心力对其影响较小,对其忽略不计。

为减少软着陆过程的燃料消耗,着陆准备轨道和着陆轨道视为在同一平面内,将嫦娥三号的着陆过程转化为二维平面问题。

在完成着陆轨道的主减速段后,嫦娥三号基本位于预定着陆点上方。探求嫦娥三号在主减速段的运动情况,根据嫦娥三号的预定着陆点,反推出嫦娥三号在近月点的大致位置,利用椭圆的对称性,得到其远月点的位置。

1) 模型建立的准备

(1) Kepler 第二定律

在相同时间内,中心天体与环绕天体的连线扫过相等的面积。计算公式为

$$S=\frac{1}{2}rv。\tag{3.31}$$

式中, r 为中心天体与环绕天体的矢径, v 为环绕天体的速度。

(2) 万有引力定律

任意两个质点由通过连心线方向上的力相互吸引,引力的大小与两物体的质量的乘积成正比,与两物体间距离的平方成反比。计算公式为

$$F=G\frac{m_1m_2}{r^2}。\tag{3.32}$$

式中, G 为万有引力常量, m_1, m_2 分别为两个物体的质量, r 为两个物体之间的距离。

(3) 动能

物体由于做机械运动而具有的能。计算公式为

$$E_k=\frac{1}{2}mv^2。\tag{3.33}$$

式中, m 为物体质量, v 为速度。

(4) Newton 第二定律

质量为 m 的质点,在外力 F 的作用下,其动量随时间的变化率与该质点所受的外力成正比,并与外力的方向相同。计算公式为

$$F=\frac{\mathrm{d}m}{\mathrm{d}t}v+m\frac{\mathrm{d}v}{\mathrm{d}t}=\frac{\mathrm{d}m}{\mathrm{d}t}v+ma=\frac{\mathrm{d}m}{\mathrm{d}t}v+m\frac{\mathrm{d}^2r}{\mathrm{d}t^2}。\tag{3.34}$$

(5) 嫦娥三号的受力假设分析

已知地球的质量为 $M_1=5.98\times10^{24}$ kg, 月球的质量为 $M_2=7.350\times10^{22}$ kg, 太阳的质量为 $M_3=1.989\times10^{30}$ kg。嫦娥三号的质量和体积与这三者相比微乎其微,求解嫦娥三号

与这三者的距离，相当于这三者间的距离。故嫦娥三号与地球的距离约为 $r_1 = 3.844 \times 10^8$ m（地月平均距离），与太阳的距离约为 $r_2 = 1.496 \times 10^{11}$ m（太阳与月球的平均距离），与月心的距离约为 $r_3 = 1.750 \times 10^6$ m。得到地球对嫦娥三号的引力加速度为

$$g_1 = \frac{GM_1}{r_1^2} \approx 0.0027\,\text{kg/s}^2。\tag{3.35}$$

月球对嫦娥三号的引力加速度为

$$g_2 = \frac{GM_2}{r_2^2} \approx 1.6008\,\text{kg/s}^2。\tag{3.36}$$

太阳对嫦娥三号的引力加速度为

$$g_3 = \frac{GM_3}{r_3^2} \approx 0.0059\,\text{kg/s}^2。\tag{3.37}$$

由此可以得出嫦娥三号主要受到月球引力的影响。同时，注意到整个着陆过程只花费几分钟的时间，着陆精度要求在几十千米的范围内，所以地球和太阳等对嫦娥三号的影响可以忽略不计，只考虑嫦娥三号与月球的作用力，将问题简化为一个二体问题。

（6）月心坐标系分析

由于月球自转速度为 $\omega = 2.6617 \times 10^{-6}$ rad/s，嫦娥三号受到的最大离心加速度为

$$a = \omega^2 r \approx 1.2396 \times 10^{-5}\ \text{kg/s}^2,\tag{3.38}$$

可知离心加速度远小于月球引力作用所产生的加速度，且嫦娥三号着陆过程时间短，月球的离心力对嫦娥三号的影响很小，因此，在软着陆过程中不考虑非惯性坐标系的影响。

2）模型建立的过程

（1）建立着陆准备轨道的动力学方程

嫦娥三号在着陆准备轨道上绕月球运动，受到月球的引力作用，满足 Kepler 定律和机械能守恒定律。设嫦娥三号着陆准备轨道的近月点为点 A，远月点为点 B，近月点与月面的距离为 L_A，远月点与月面的距离为 L_B，月球半径为 r。由 Kepler 第二定律，在相等时间内，嫦娥三号与月球的连线扫过的面积相等，得到近月点处面积为

$$S_A = \frac{1}{2} r_A v_A。\tag{3.39}$$

式中，$r_A = r + L_A$ 为近月点与月心距离。

远月点处面积为

$$S_B = \frac{1}{2} r_B v_B。\tag{3.40}$$

式中，$r_B = r + L_B$ 为远月点与月心距离。

由于 $S_A = S_B$，联立式(3.39)和(3.40)，得到嫦娥三号在近月点与远月点速度的关系为

$$v_A = \frac{r_B}{r_A} v_B。\tag{3.41}$$

嫦娥三号在近月点和远月点的机械能表达式为

$$\begin{cases} E_A = \dfrac{1}{2} m v_A^2 - G \dfrac{Mm}{r_A^2}, \\ E_B = \dfrac{1}{2} m v_B^2 - G \dfrac{Mm}{r_B^2}。 \end{cases} \tag{3.42}$$

式中，$G = 6.67259 \times 10^{-11}\ \mathrm{N \cdot m^2/kg}$，为万有引力常量，$M$ 为月球质量，m 为嫦娥三号在着陆准备轨道上的质量。

嫦娥三号只受到重力作用，满足机械能守恒定律，即 $E_A = E_B$，进行转化，得到远月点的速度为

$$v_B = 2GM \frac{r_A}{r_B(r_A + r_B)}。\tag{3.43}$$

将 v_B 代入式(3.41)，可得近月点速度 v_A。

(2) 建立嫦娥三号基于主减速阶段的动力学模型

嫦娥三号在软着陆过程中，其与月球的距离远大于自身的形状和大小，可忽略不计，且在运动过程中，它任何一点的运动都可代表整体的运动，因此将嫦娥三号视作质点。不考虑太阳和地球的引力以及月球自转的影响，仅考虑嫦娥三号所受月球的引力，以及主减速发动机产生的推力作用。

经查阅资料，嫦娥三号沿月球的极线进行软着陆。在嫦娥三号着陆过程的二维平面内，选取嫦娥三号着陆的主减速阶段进行运动学研究，对嫦娥三号做受力分析，将嫦娥三号的运动分解为 x 和 y 方向，如图 3.8 所示。

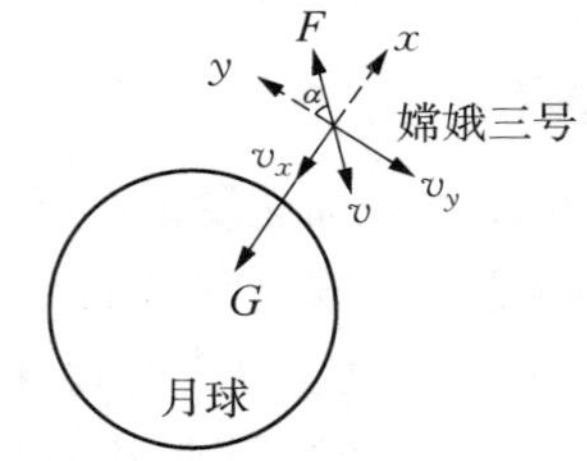

图 3.8 嫦娥三号受力分析示意图

(3) 建立运动学方程

根据 Newton 第二定律，建立嫦娥三号随时间变化的运动学方程：

$$\begin{cases} \dfrac{\mathrm{d}v_x}{\mathrm{d}t} = \dfrac{\mathrm{d}^2 x}{\mathrm{d}t^2} = -\dfrac{F_{\max} \sin\alpha(t)}{m_0 - m(t)}, \\ \dfrac{\mathrm{d}v_y}{\mathrm{d}t} = \dfrac{\mathrm{d}^2 y}{\mathrm{d}t^2} = \dfrac{GM}{r^2} - \dfrac{F_{\max} \cos\alpha(t)}{m_0 - m(t)}。 \end{cases} \tag{3.44}$$

式中，$r^2 = x^2 + y^2$，$F_{\max}$ 为最大推力，m_0 为燃料初始值。

对 $m(t)$ 的求解：

根据比冲定义(发动机消耗单位质量的推进剂产生的冲量)，得到嫦娥三号主减速发动机推力的计算公式为

$$F_{\mathrm{th}} = v_e \dot{m}。\tag{3.45}$$

式中，v_e 为比冲，$\dot{m}$ 为单位时间燃料消耗的千克数。

将其进行转化，得到燃料随时间消耗的公式为

$$\dot{m}=\frac{\mathrm{d}m}{\mathrm{d}t}=\frac{F_{\mathrm{th}}}{v_e}=\frac{\sqrt{u_x^2(t)+u_y^2(t)}}{v_e}。\tag{3.46}$$

式中，$\sqrt{u_x^2(t)+u_y^2(t)}=7\,500$，为嫦娥三号主减速发动机产生的最大推力。

(4) 初值条件的确定

A. 已知嫦娥三号在着陆准备轨道上的运行质量为 2.4 t，即 2 400 kg，运行过程不消耗燃料。嫦娥三号在主减速阶段的初始质量为

$$m(t_0)=2\,400。\tag{3.47}$$

B. 在主减速阶段初始时间下，嫦娥三号水平方向上的距离为零，即

$$x(t_0)=0。\tag{3.48}$$

在竖直方向上，嫦娥三号距离月面 15 km，月球平均半径为 1 737.013 km，故嫦娥三号与月心的距离约为 1 752.013 km，即

$$y(t_0)=1\,752\,013。\tag{3.49}$$

求解得到的椭圆轨道上的近月点速度即为初始时间下主减速阶段的速度。将其分解为水平方向和竖直方向，即

$$\begin{cases}\dfrac{\mathrm{d}x(t_0)}{\mathrm{d}t}=v_A,\\[2mm]\dfrac{\mathrm{d}y(t_0)}{\mathrm{d}t}=0。\end{cases}\tag{3.50}$$

(5) 终值条件的确定

主减速阶段完成花费时间 t_f，此时，嫦娥三号基本位于着陆点上方，速度为 57 m/s，距离月面 3 km，着陆点的海拔为 −2 640 m，已知月球的平均半径，得到嫦娥三号距月心的距离为 1 737 373 m，即

$$\begin{cases}\sqrt{x^2(t_f)+y^2(t_f)}=1\,737\,373,\\[2mm]\sqrt{\left(\dfrac{\mathrm{d}x(t_f)}{\mathrm{d}t}\right)^2+\left(\dfrac{\mathrm{d}y(t_f)}{\mathrm{d}t}\right)^2}=57。\end{cases}\tag{3.51}$$

(6) 模型的结果

综上所述，得到嫦娥三号基于主减速阶段的动力学模型为

$$\begin{cases}\dfrac{\mathrm{d}v_x}{\mathrm{d}t}=\dfrac{\mathrm{d}^2x}{\mathrm{d}t^2}=-\dfrac{F_{\max}\sin\alpha(t)}{m_0-m(t)},\\[2mm]\dfrac{\mathrm{d}v_y}{\mathrm{d}t}=\dfrac{\mathrm{d}^2y}{\mathrm{d}t^2}=\dfrac{GM}{r^2}-\dfrac{F_{\max}\cos\alpha(t)}{m_0-m(t)},\end{cases}$$

$$\text{s. t.}\begin{cases} m(t_0)=2\,400, \\ x(t_0)=0, \\ y(t_0)=1\,752\,013, \\ \dfrac{\mathrm{d}x(t_0)}{\mathrm{d}t}=v_A, \\ \dfrac{\mathrm{d}y(t_0)}{\mathrm{d}t}=0, \\ \sqrt{x^2(t_f)+y^2(t_f)}=1\,737\,373, \\ \sqrt{\left(\dfrac{\mathrm{d}x(t_f)}{\mathrm{d}t}\right)^2+\left(\dfrac{\mathrm{d}y(t_f)}{\mathrm{d}t}\right)^2}=57。 \end{cases} \tag{3.52}$$

5. 模型的求解

对数据预处理单位进行统一化和标准化处理：长度选取国际单位 m，质量选取国际单位 kg。

1）四阶 Runge-Kutta 法

选取四阶 Runge-Kutta 法求解运动学方程。方法如下：

按照微分中值定理，即

$$\frac{y(x_{n+1})-y(x_n)}{h}=y'(x_n+\theta h),\quad 0<\theta<1, \tag{3.53}$$

根据 $y'=f(x, y)$，将其进行转化，得到

$$y(x_{n+1})=y(x_n)+hf[x_n+\theta h, y(x_n+\theta h)]。 \tag{3.54}$$

记 $\bar{K}=f[x_n+\theta h, y(x_n+\theta h)]$，称为区间 $[x_n, x_{n+1}]$ 的平均斜率。

在区间 $[x_n, x_{n+1}]$ 内取 4 个点，按照式(3.54)列出如下形式的公式：

$$\begin{cases} y_{n+1}=y_n+h(\lambda_1 k_1+\lambda_2 k_2+\lambda_3 k_3+\lambda_4 k_4), \\ k_1=f(x_n, y_n), \\ k_2=f(x_n+\alpha_1 h, y_n+\beta_1 hk_1), \\ k_3=f(x_n+\alpha_2 h, y_n+\beta_2 hk_1+\beta_3 hk_2), \\ k_4=f(x_n+\alpha_3 h, y_n+\beta_4 hk_1+\beta_5 hk_2+\beta_6 hk_3)。 \end{cases} \tag{3.55}$$

式中，待定系数 λ_i，α_i，β_i 共 13 个。

根据局部截断误差

$$y(x_{n+1})-y_{n+1}=O(h^5), \tag{3.56}$$

将式(3.55)转化为如下公式：

$$
\begin{cases}
y_{n+1}=\dfrac{h}{6}(k_1+2k_2+2k_3+k_4),\\
k_1=f(x_n,\ y_n),\\
k_2=f\left(x_n+\dfrac{h}{2},\ y_n+\dfrac{hk_1}{2}\right),\\
k_3=f\left(x_n+\dfrac{h}{2},\ y_n+\dfrac{hk_2}{2}\right),\\
k_4=f(x_n+h,\ y_n+hk_3),
\end{cases}
\tag{3.57}
$$

解出 x_i 和 y_i 的值。

2) *计算近月点和远月点的位置及相应的速度*

首先,根据建立的远月点速度方程式(3.43),代入 $G=6.67259\times10^{-11}\ \mathrm{N\cdot m^2/kg^2}$, $M=7.3477\times10^{22}\ \mathrm{kg}$, $r_A=15000\ \mathrm{m}$, $r_B=100000\ \mathrm{m}$,得到远月点速度为 $v=1614.2\ \mathrm{m/s}$。将其代入式(3.41),得到 $r_A=1692.5\ \mathrm{m/s}$。方向均与沿嫦娥三号与月心的连线方向垂直。

其次,根据建立的基于主减速阶段的动力学模型,求解近月点和远月点位置。假定嫦娥三号在主减速段中,主减速发动机产生的推力方向与水平方向的夹角不发生改变,简化嫦娥三号着陆情况的计算。

经查阅资料可知,嫦娥三号沿月球极线由南向北着陆,完成主减速过程所花费时间为 415 s。选取夹角为 29°,代入建立的动力学模型,利用四阶 Runge-Kutta 法,得到该模型下嫦娥三号完成主减速阶段的时间为 398.73 s,与查阅的资料相差不大,说明选取的角度在一定程度下具有合理性。据此,利用 MATLAB,作出主减速段中嫦娥三号运动轨迹示意图,如图 3.9 所示。

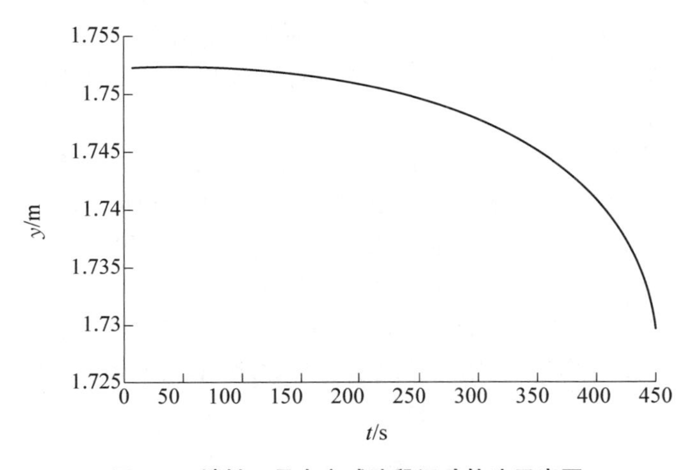

图 3.9　嫦娥三号在主减速段运动轨迹示意图

考虑到嫦娥三号与月球的近月点距离和月球的半径相比很小,将嫦娥三号在主减速段的轨道近似为近月轨道。根据动力学模型,利用四阶 Runge-Kutta 法,得到嫦娥三号在 Δt_i 内的速度为 $v_i=\sqrt{\left(\dfrac{\mathrm{d}x}{\mathrm{d}t}\right)_i^2+\left(\dfrac{\mathrm{d}y}{\mathrm{d}t}\right)_i^2}$。将速度与时间相乘,得到这一段时间内嫦娥三号行驶

的路程。对路程进行累加，即

$$s=\sum v_i \Delta t_i, \tag{3.58}$$

得到嫦娥三号在主减速段的总路程。将总路程视为弧长，嫦娥三号与月心的距离为半径，利用弧长计算公式

$$\theta=\frac{s}{R}\cdot\frac{180}{\pi}, \tag{3.59}$$

得到圆心角的度数，即主减速段内嫦娥三号跨越的纬度，为 14.24°。

嫦娥三号沿极线方向由南向北着陆，其经度位置不变，纬度由小变大。根据嫦娥三号的预定着陆点 19.51°W，44.12°N，逆推出嫦娥三号在近月点的大致位置纬度为 29.88°N，经度为 19.51°W。利用椭圆的对称性，得到其远月点的位置经度为 160.49°E，纬度为 29.88°S。

3）小结

（1）忽略太阳和地球对嫦娥三号的引力，将模型简化为月球与嫦娥三号的二体问题。忽略月球自转产生的离心力对嫦娥三号的影响。将着陆准备轨道和着陆轨道视为在同一平面内，以减少软着陆过程的燃料消耗，嫦娥三号的着陆过程转化为二维平面问题。

（2）在着陆准备轨道上，嫦娥三号只受月球引力作用。根据 Kepler 第二定律和机械能守恒定律，建立速度方程，求解着陆准备轨道近月点和远月点处嫦娥三号的速度大小和方向。得到嫦娥三号在近月点的速度为 1 692.5 m/s，在远月点的速度为 1 614.2 m/s，方向均与沿嫦娥三号与月心的连线方向垂直。

（3）选取嫦娥三号的主减速段进行研究，对嫦娥三号进行受力分析，建立动力学模型，确定边界条件。假定嫦娥三号在主减速段内所受推力方向与水平方向的夹角不变，简化嫦娥三号的运动情况。选取夹角为 29°，根据动力学模型，利用四阶 Runge-Kutta 法，求解出嫦娥三号在主减速阶段所需时间，与查阅资料得到的数据进行比较，发现两者相近，选取的角度在一定范围内具有合理性。

（4）嫦娥三号沿月球极线着陆，将嫦娥三号在主减速段内的运行轨道近似为近月轨道，利用四阶 Runge-Kutta 法，求解得到嫦娥三号在 Δt 时间内的速度 v，两者相乘求出其路程。将路程累加得到主减速段的总路程。利用弧长公式，总路程为弧长，嫦娥三号距离月心的距离为半径，得到圆心角角度，即嫦娥三号在主减速段所跨纬度大小。

（5）利用逆推方法，根据预定着陆点逆推出嫦娥三号在近月点的位置，其中经度不变，为 19.51°W，纬度为 29.88°N。利用椭圆轨道的对称性，得到远月点位置经度为 160.49°E，纬度为 29.88°S。

第四章　常微分方程模型

4.1　基本内容

众所周知，自然界中一切物质都按照自身的规律在运动和演变，不同物质总是在时间和空间中运动着的。虽然物质的运动形式千差万别，但我们总可以找到它们共性的一面，即具有共同的量的变化规律。为了能够定性和定量地研究一些特定的运动和演变过程，就必须将物质运动和演变过程中相关的因素进行数学化。这种数学化的过程就是数学建模的过程，即根据运动和演变规律找出不同变量之间互相制约、互相影响的关系式。在大量的实际问题中，稍微复杂一些的运动过程往往不能直接写出它们的函数，却容易建立变量及其导数或微分间的关系式，即微分方程。微分方程描述的是物质运动的瞬时规律。将常微分方程应用于数学建模是因为常微分方程理论是用数学方法解决实际问题的强有力的工具，是一门有着重要背景应用的学科，具有悠久的历史，系统理论日渐完善，而且继续保持着进一步发展的活力，其主要原因是它的根源深扎在各种实际问题中。

一般而言，对某个事件或者现象的描述往往需要基于多个变量及其导数，通过多个数学方程将其联系起来。这种含有自变量、因变量及其导数的方程称为微分方程。当自变量的数量为 1，即有且仅有一个自变量时，该方程为常微分方程；当自变量的数量超过 1 时，该方程为偏微分方程。常微分方程的形成与发展和很多学科有着密切的联系，例如力学、天文学、物理学等。数学的其他分支的快速发展，产生出很多新兴学科，这些新兴学科的产生都对常微分方程的发展有着深刻的影响，而且当前计算机的快速发展更是为常微分方程的应用及理论研究提供了非常有力的工具。

本章以几个实例介绍了常微分在数学建模中的应用。在常微分方程中介绍了高压油管的压强模型和同心鼓运动团队最佳协作水平拉绳模型；在常微分方程组中介绍了几种常见的传染病模型、小行星拦截轨道的问题研究和群体竞技体育活动模型。

4.2　常微分方程模型

4.2.1　高压油管的压强模型

国家的发展和综合国力的提升，使我国对能源的需求持续增长。在世界各国大力开采石油，导致此类不可再生能源日益匮乏的大环境下，提高燃油的利用效率不仅可以节约能源,减少燃烧产生的能量损失,也是降低二氧化碳排放,保护环境的有效措施。燃油进入和喷出高压油管是许多燃油发动机工作的基础。研究高压油管的压强控制系统是提高燃油发动机节能减排的关键。

燃油进入和喷出高压油管是许多燃油发动机工作的基础,图 4.1 给出了某高压燃油系统的工作原理。

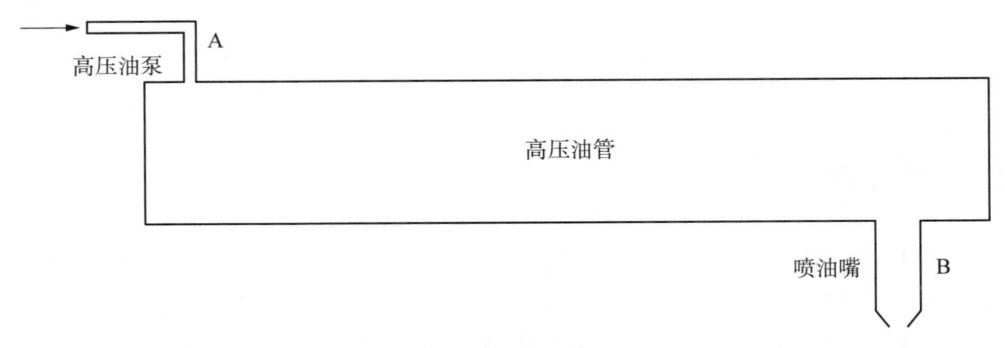

图 4.1　高压油管示意图

由图不难看出,燃油经过高压油泵从 A 处进入高压油管,再由喷口 B 喷出。燃油进入和喷出的间歇性工作过程会导致高压油管内压强的变化,使得所喷出的燃油量出现偏差,从而影响发动机的工作效率。

现假设某型号高压油管的内腔长度为 500 mm,内直径为 10 mm,供油入口 A 处小孔的直径为 1.4 mm,通过单向阀开关控制供油时间的长短,单向阀每打开一次后就要关闭 10 ms。喷油器每秒工作 10 次,每次工作时喷油时间为 2.4 ms,喷油器工作时从喷油嘴 B 处向外喷油的速率如图 4.2 所示。

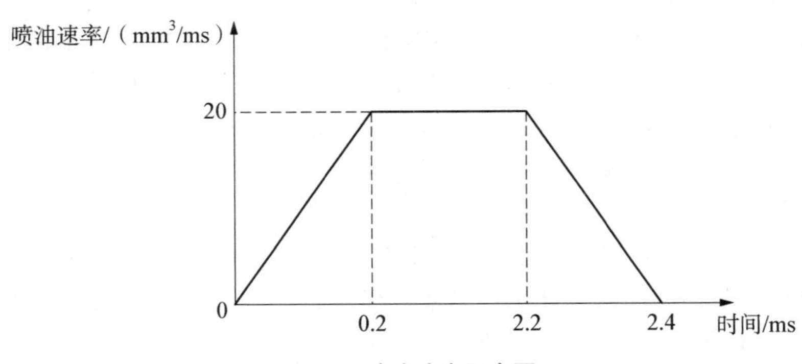

图 4.2　喷油速率示意图

在高压油管体积不变的情况下,高压油管内密度会发生变化(燃油是气体,会充满整个高压油管)。假设 A 端口压强恒定在 160 MPa,管内初始压力为 100 MPa。考虑两个极端情况:如果单向阀开启时间是无穷大,就意味着 A 端口一直有燃油流入,加之 B 端口放油规律是给定的,最终高压油管内的稳态压力就是输入压力 160 MPa(甚至超过 160 MPa,后续通过流量公式计算出复数值),这个结论通过编程可以验证;其次,如果单向阀开启时间是零,那燃油就是只出不进,最后油管内压强就会减为零。这就意味着,合理调节单向阀的开启时间,可以使高压油管内的压强在一定范围内变化。

根据流量公式可以计算出A端口流入燃油体积为

$$Q_A=\begin{cases} CA\sqrt{\dfrac{2\Delta P}{\rho}}, & t\in[n(T+10),\ n(T+10)+T],\ n=0,\ 1,\ 2,\ \cdots, \\ 0, & \text{其他。} \end{cases} \tag{4.1}$$

下面给出MATLAB计算A口流入燃油公式的程序:

```
function Q = Q_in(rho,P0,P,t,T)
    C = 0.85;d = 1.4;A = pi * (d/2)^2;
    c = mod(t,T + 10); % 取余函数,余数判断是否在[0,T]内
    if(0< = c&&c< = T)
        Q = C * A * (2 * (P0 - P)/rho)^0.5;
    else
        Q = 0;
    end
end
```

同样地,根据流量公式可以计算出B端口流出燃油体积为

$$Q_B(t)=\begin{cases} 100\ \mathrm{mod}(t,\ 100),\ 0\leqslant \mathrm{mod}(t,\ 100)\leqslant 0.2, \\ 20,\ 0.2<\mathrm{mod}(t,\ 100)\leqslant 2.2, \\ 240-100\ \mathrm{mod}(t,\ 100),\ 2.2<\mathrm{mod}(t,\ 100)\leqslant 2.4, \\ 0,\ 2.4<\mathrm{mod}(t,\ 100)<100。 \end{cases} \tag{4.2}$$

下面给出MATLAB计算B口流出燃油公式的程序:

```
function Q = Q_out(t)
    c = mod(t,100); % 每次工作 100ms,前 2.4ms 是喷油
    if(0< = c&&c<0.2)
        Q = 100 * c;
    elseif(0.2< = c&&c<2.2)
        Q = 20;
    elseif(2.2< = c&&c< = 2.4)
        Q = 20 - 100 * (c - 2.2);
    else
        Q = 0;
    end
end
```

1. 高压油管的微元法建模

$$Q_{\text{in}}(t)=\begin{cases}CA\sqrt{\dfrac{2[P_0-P(t)]}{\rho_0}}, & t\in[n(T+10),\ n(T+10)+T],n=0,\ 1,\ 2,\ \cdots,\\ 0, & \text{其他。}\end{cases}\tag{4.3}$$

在时间区间 $[t,\ t+\Delta t]$ 内，高压油管内燃油质量变化如下：

$$m(t+\Delta t)=m(t)+\Delta t[\rho_0 Q_{\text{in}}(t)-\rho(t)Q_{\text{out}}(t)]。\tag{4.4}$$

式中，ρ_0 为 A 端口 160 MPa 压强对应的密度，ρ 为高压油管内密度：

$$\rho(t+\Delta t)=\frac{m(t+\Delta t)}{V}。\tag{4.5}$$

根据压强-密度关系 $P(t+\Delta t)=F[\rho(t+\Delta t)]$，综合各式得到压强计算模型如下：

$$\begin{cases}Q_{\text{out}}(t)=\begin{cases}100\ \mathrm{mod}(t,\ 100),\ 0\leqslant \mathrm{mod}(t,\ 100)\leqslant 0.2,\\ 20,\ 0.2<\mathrm{mod}(t,\ 100)\leqslant 2.2,\\ 240-100\ \mathrm{mod}(t,\ 100),\ 2.2<\mathrm{mod}(t,\ 100)\leqslant 2.4,\\ 0,\ 2.4<\mathrm{mod}(t,\ 100)<100,\end{cases}\\ Q_{\text{in}}(t)=\begin{cases}CA\sqrt{\dfrac{2[P_0-P(t)]}{\rho_0}}, & t\in[n(T+10),\ n(T+10)+T],n=0,\ 1,\ 2,\ \cdots,\\ 0, & \text{其他,}\end{cases}\\ m(t+\Delta t)=m(t)+\Delta t[\rho_0 Q_{\text{in}}(t)-\rho(t)Q_{\text{out}}(t)],\\ \rho(t+\Delta t)=\dfrac{m(t+\Delta t)}{V},\\ P(t+\Delta t)=F[\rho(t+\Delta t)],\\ P_0=160,\ P(0)=100,\ \rho_0=F^{-1}(160),\ m(0)=F^{-1}(100)V。\end{cases}\tag{4.6}$$

下面给出 MATLAB 计算高压油管压强的程序：

```
function [rho,P,M] = P_ca(rho0,P0,P,rho,Qout,M,V,t,dt,T)
    Qin = Q_in(rho0,P0,P,t,T);
    M = M + dt * (rho0 * Qin - rho * Qout);
    rho = M/V;
    P = f(rho);
end
```

由于 B 口喷油规律仅和时间有关，因此 B 口流出的量无须写在 function[rho, P, M]中，而 A 口的流入流量与高压油管的压强有关，所以需要在 function[rho, P, M]内部计算。

下面给出 MATLAB 高压油管压强模型的程序：

```
function [t,P] = problem1(T,tend)
D = 10;L = 500;V = pi * (D/2)^2 * L; % 油管基本参数
dt = 0.01;t = 0:dt:tend; % 模拟时间
t = t';n = length(t);
Qout = zeros(size(t));
P0 = 160 * ones(size(t)); % 高压油泵入口压强 160MPa
P = zeros(size(t)); % 高压油管内压强
rho0 = invf(P0(1)); % 高压油泵入口密度
rho0 = rho0 * ones(size(t));
rho = zeros(size(t)); % 高压油管内的密度
P(1) = 100; % 高压油管内初始压强
rho(1) = invf(P(1)); % 高压油管内初始密度
M = zeros(size(t)); % 管内油的质量
M(1) = rho(1) * V; % 管内初始质量
for i = 1:n
    Qout(i) = Q_out(t(i));
end
for i = 1:n - 1
[rho(i + 1),P(i + 1),M(i + 1)] = P_ca(rho0(i),P0(i),P(i),rho(i),Qout(i),M(i),V,
t(i),dt,T);
end
end
```

通过 function[t, P]输入单向阀开启时间和数值模拟时间，可以计算出高压油管内压强变化规律。模拟了 10 000 ms 的时长，高压油管最后的稳定压强计算取最后 2 000 ms 压强的平均值。

下面给出 MATLAB 高压油管稳态压强计算的程序：

```
function Pend = Pend_ca(t, P)
    Pend = mean(P(t>8000));
end
```

要搜索单向阀开启时长，使得最终稳态压强稳定在目标值，即求下式误差函数的最小值：

$$e(T) = \lim_{t \to \infty} \mid P(t;\ T) - P_{\text{target}} \mid 。 \tag{4.7}$$

下面给出 MATLAB 随机搜索法求最优单向阀开启时间的程序：

```
function [T,mine] = T_find_problem1(P_tar,tend)
    s = 0;N = 100;i = 1;
    while(s<N)
        T0 = rand;
        [t,P] = problem1(T0,tend);
        e(i) = abs(Pend_ca(t,P) - P_tar);
        mine(i) = min(e);
        if(i = = 1)
            T = T0;
        else
            if(mine(i)<mine(i - 1))
                T = T0;s = 0;
            else
                s = s + 1;
            end
        end
        i = i + 1;
    end
end
```

下面给出 MATLAB 高压油管恒定在 100 MPa 的程序：

```
clear;close all;clc;
P_tar = 100;Ts = 0;tend = 10000;
[T,mine] = T_find_problem1(P_tar,tend);
figure
plot(mine)
xlabel('迭代次数')
ylabel('误差最小值')
[t,P] = problem1(T,tend);
figure
plot(t,P,'k')
xlabel('时间/ms')
ylabel('压强/MPa')
axis([0 tend 0 200])
```

程序运行结果如图 4.3 和图 4.4 所示。

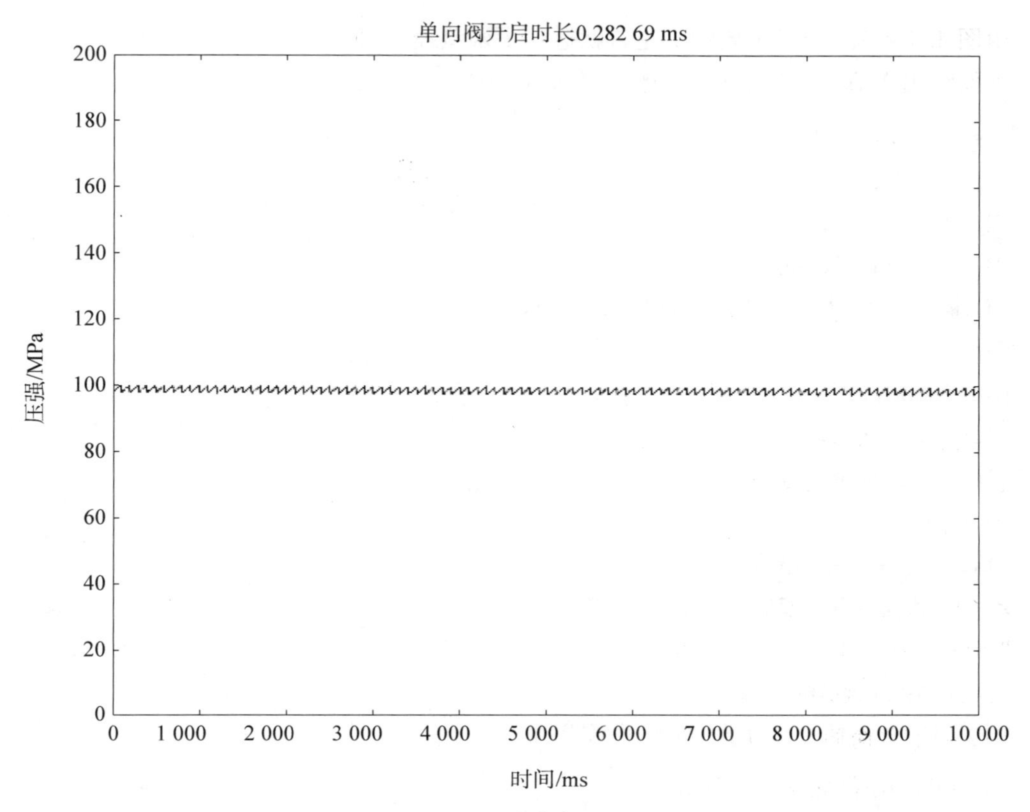

图 4.3　压强稳定在 100 MPa

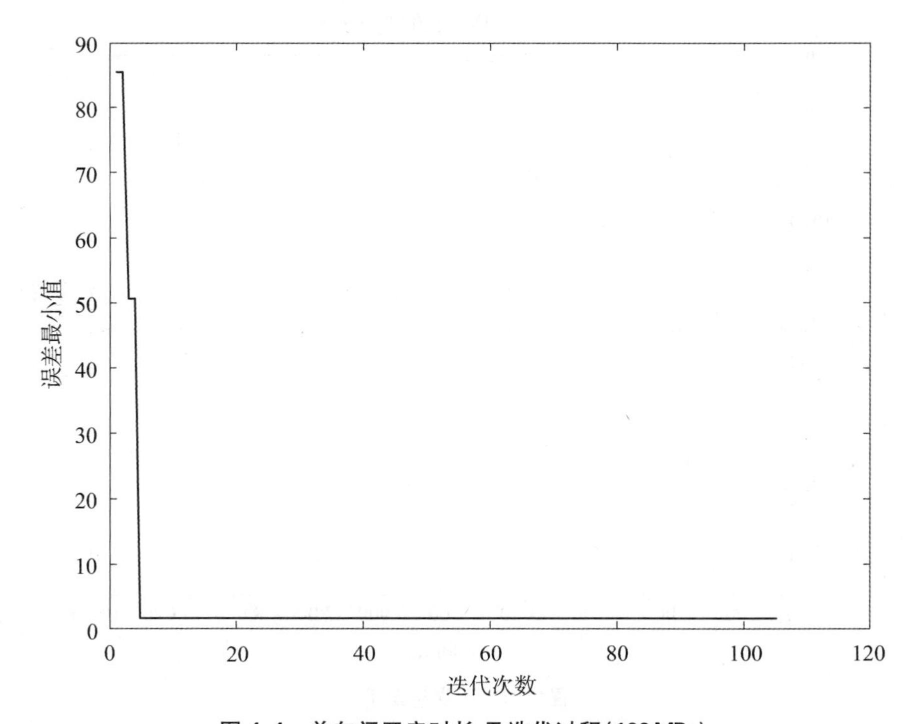

图 4.4　单向阀开启时长 T 迭代过程(100 MPa)

由图 4.4 可知，迭代次数为 4 左右就达到了误差最小值。

下面给出 MATLAB 油管压强恒定在 150 MPa 的程序：

```
clear;close all;clc;
P_tar = 150;
%   for i = 1:3
Ts = 0;tend = 10000;
[T,mine] = T_find_problem1(P_tar,tend);
figure
plot(mine,'k')
xlabel('迭代次数')
ylabel('误差最小值')
figure
[t,P] = problem1(T,tend);
k = find(abs(P - 150)<1);
Ts0 = t(k(1));
t_P_plot(t,P,Ts0);
title(['单向阀开启时长',num2str(T),'ms'])
```

程序运行结果如图 4.5 所示。

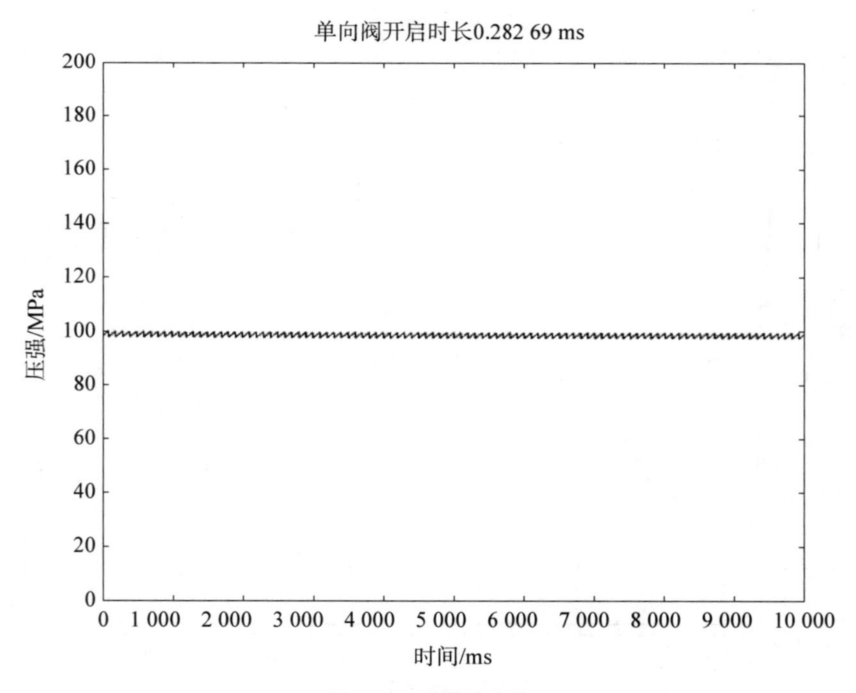

图 4.5　压强稳定值

通过图 4.5，不难看出油管的压强稳定在 150 MPa。

2. 单向阀开启时长与高压油管稳态压强的关系

利用 MATLAB 可以求解此问题，主要程序代码如下：

```
clear;close all;clc;
T = 0:0.1:3;T = T';
n = length(T);Pend = zeros(size(T));
tend = 10000;
for i = 1:n
    [t,P] = problem1(T(i),tend);
    Pend(i) = Pend_ca(t,P);
end
figure
plot(T,Pend,'r')
xlabel('单向阀开启时间/ms')
ylabel('稳态压强/MPa')
```

程序运行结果如图 4.6～图 4.9 所示。

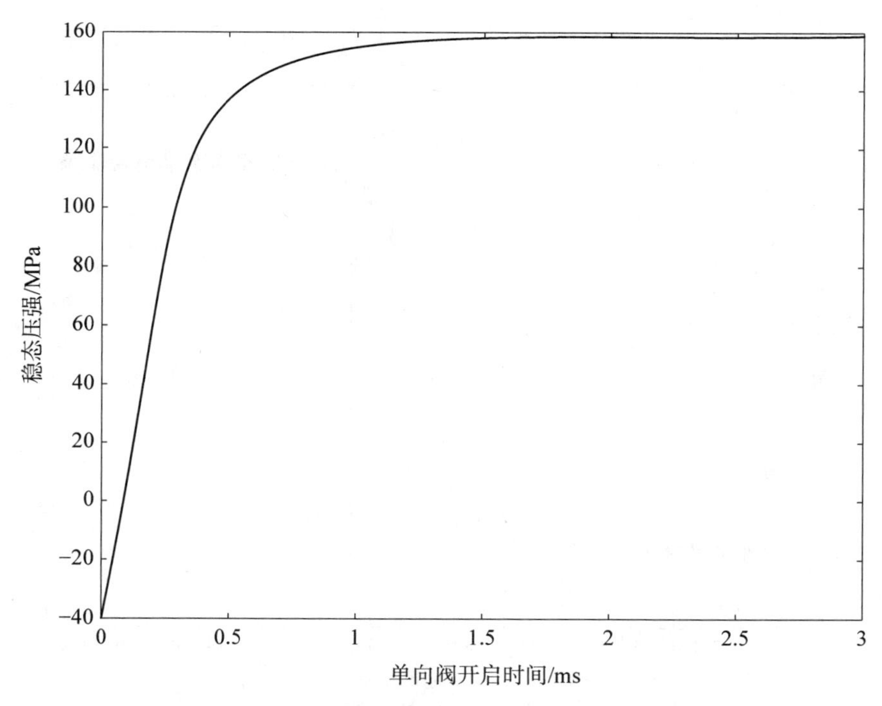

图 4.6　单向阀开启时长与高压油管稳定压强的关系

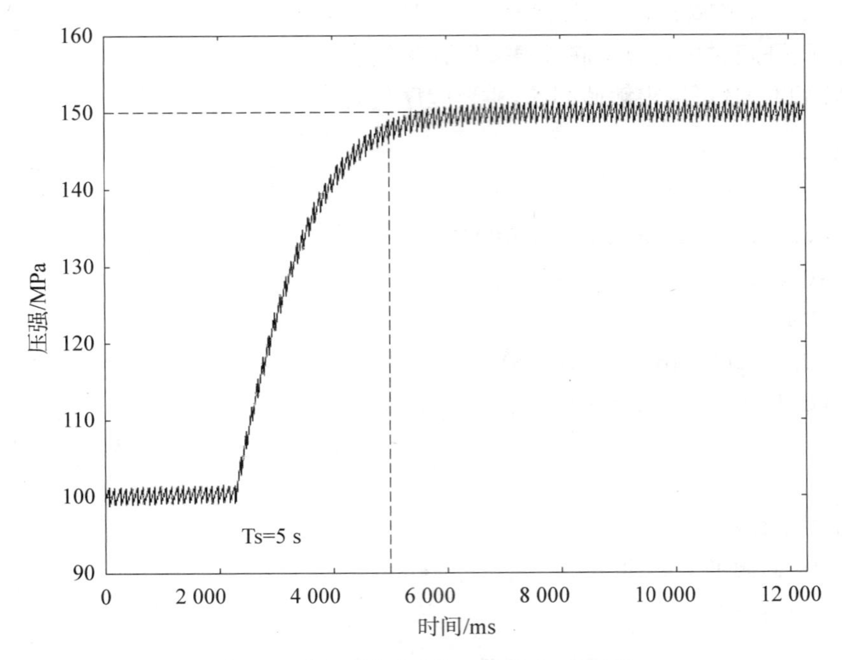

图 4.7　高压油管经过 5 s 稳定在 150 MPa

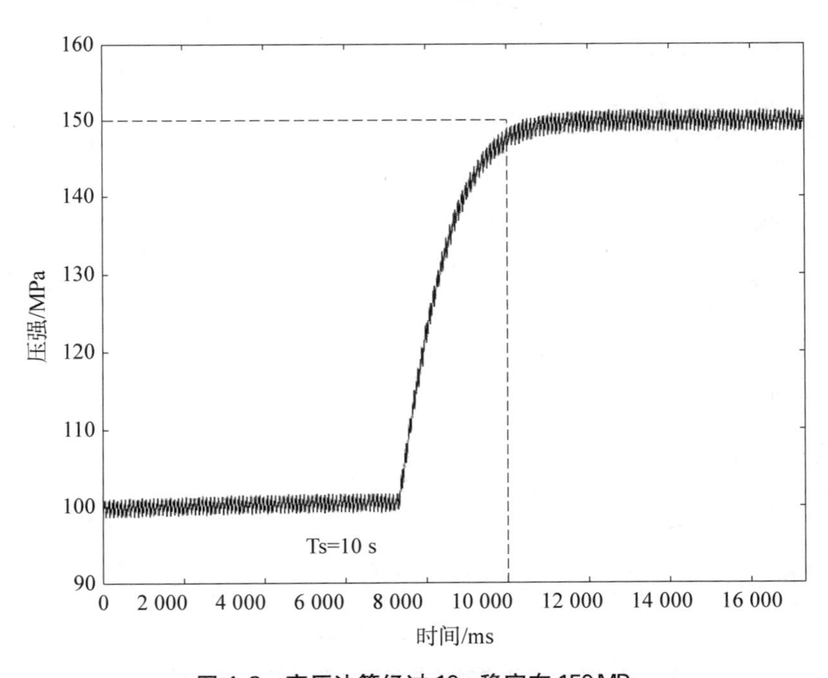

图 4.8　高压油管经过 10 s 稳定在 150 MPa

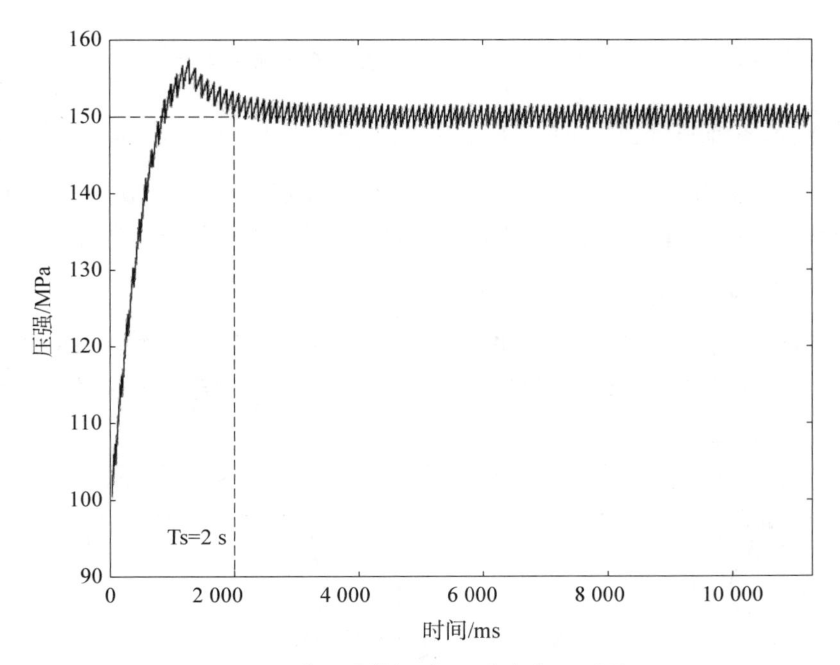

图 4.9　高压油管经过 2 s 稳定在 150 MPa

根据图 4.6，单向阀开启时间和高压油管稳态压强呈现单调递增趋于 160 MPa。要使经过 5 s 和 10 s 达到 150 MPa，开启策略是前 3 000 ms 和 8 000 ms 保持单向阀开启时长 0.28 ms，使高压油管内稳定压强为 100 MPa，后 2000 ms 保持单向阀开启时长 0.75 ms，最终经过 2 000 ms 达到 1 50 MPa。

由图 4.7 可知，单向阀开启时间为 0.5 ms，先达到 100 MPa，再调整开启时间为 0.75 ms，使得压强达到 150 MPa。

由图 4.8 可知，单向阀开启时间为 0.5 ms，先达到 100 MPa，再调整开启时间为 0.75 ms，使得压强达到 150 MPa。

由图 4.9 可知，单向阀开启时间为 1.48 ms，先达到 157 MPa，再调整开启时间为 0.75 ms，使得压强达到 150 MPa。

如果图 4.6 中仅仅是把单向阀调整到 0.75 ms，通过计算，发现最终稳定到 150 MPa 要 2.7 s 左右，超过了 2 s。通过不断尝试，发现最终稳态压强只和单向阀的开启时间有关，和初始压强无关，且如果稳态压强越大，达到稳态的时间就越快。所以在高压油管要求 2 s 达到 150 MPa 稳态这个问题上，采用单向阀开启时间 1.48 ms，先达到 157 MPa，然后再调整开启时间 0.75 ms，使得压强达到 150 MPa。

下面在高压油管微分建模 1 的基础上，考虑到喷油嘴针阀在移动的过程中，喷油量是按微分方式变化的，由此建立了喷油量与时间和针阀的关系，得到了喷油嘴的喷油流量模型。对于高压油泵系统凸轮旋转带动柱塞上升或下降做一个往复运动，通过不断的往复运动改变供油的压强，从而调整单向阀开启的时长，建立高压油泵的微分方程模型。

假设针阀直径为 2.5 mm，密封座是半角为 9°的圆锥，最下端喷孔的直径为 1.4 mm。针阀升程为零时，针阀关闭；针阀升程大于零时，针阀开启，燃油向喷孔流动。

由最下端喷孔的直径 1.4 mm，得到最下端喷孔的截面积，即 $S_1=\frac{1}{2}d_1^2\pi$，其中，d_1 是最下端喷口的直径。针阀升程最大时，这时的 $r=\left(\frac{1.25}{\tan\alpha}+h\right)\tan\alpha$，其中，$\alpha$ 为角度，h 为针阀升程。那么对于针阀升程过程中的实际通过的流量截面积应为 $S_y=\pi r^2-S_1$，其中，S_y 为针阀升程过程的实际通过的流量截面积，S_1 为最下端喷口的截面积。在针阀上升的过程中流量应为 $Q=\int S_y \mathrm{d}h$，这样就得到了喷油嘴在一个周期内的喷油量。

下面讨论高压油泵的工作原理，如图 4.10 所示，高压油管 A 处的燃油来自高压油泵的柱塞腔出口，喷油由喷油嘴的针阀控制，高压油泵柱塞的压油凸轮驱动柱塞上下运动。

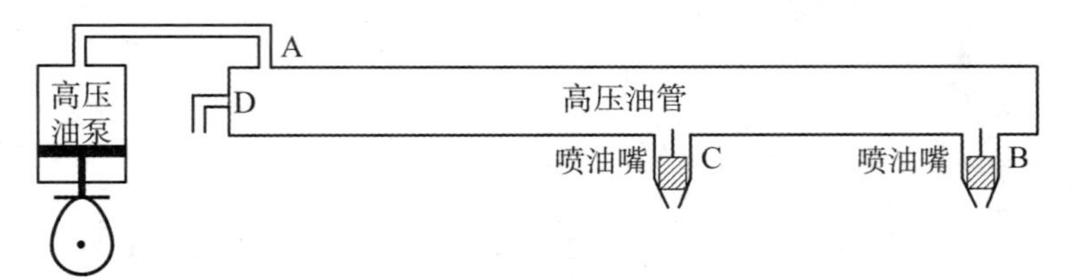

图 4.10　高压油泵工作原理

将角度微分可以得到 $\mathrm{d}l=R\mathrm{d}\theta$，式中，$\mathrm{d}l$ 为弧长微分，R 为极径，θ 为极角。可得到凸轮的周长，即 $C=\int \mathrm{d}l$，那么就得到了高压油泵上止点与下止点之间的距离，即 $H=\frac{C}{2}$。于是可以得到总的高度为 $H_1=H+H_2$，式中，H_2 为柱塞腔残余容积高度。燃油的压强变化量与密度变化量成正比，即比例系数为 $\frac{\mathrm{d}P}{\mathrm{d}\rho}=\frac{E}{\rho}$，式中，$\rho$ 为燃油的密度，P 为压强，E 为弹性模量。

单向阀每次开启的时间为 t，在一个周期的开启次数为 m，每一次打开后要关闭 10 ms，即可得到 $(t+10)m=T$，式中，T 是喷油周期时间。那么在一个周期内单向阀开启持续的时间为 $t_1=\sum_{i=1}^{m}t$。

在一个周期内因为给油和喷油所造成的压强变化应该为零，即 $Q_P=Q_\varepsilon t_1$，式中，Q_P 为一个周期内的喷油量，Q_ε 为单位时间流过小孔的燃油量。

综上所述，可以得到该问题的模型如下所示：

$$
\begin{cases}
\theta=\frac{\mathrm{d}\omega}{\mathrm{d}t}, \\
\mathrm{d}l=R\,\mathrm{d}\theta, \\
C=\int \mathrm{d}l, \\
H=\frac{C}{2}, \\
H_1=H+H_2, \\
(t+10)m=T, \\
t_1=\sum_{i=1}^{m}t_{\circ}
\end{cases}
\tag{4.8}
$$

式中，ω 为凸轮角速度。

对上述模型求解得到如图 4.11 所示的结果。

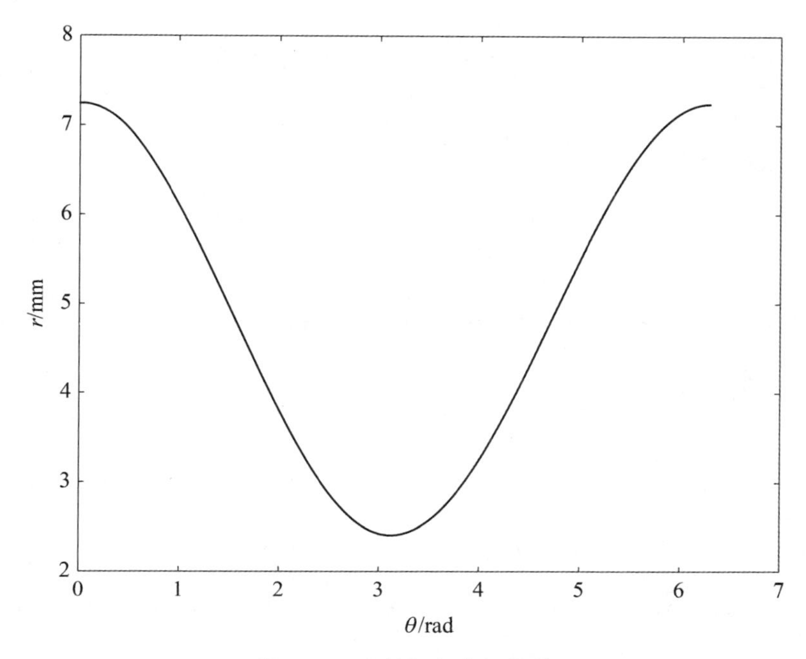

图 4.11　凸轮极角半径关系

高压油管的压强变化曲线如图 4.12 所示。

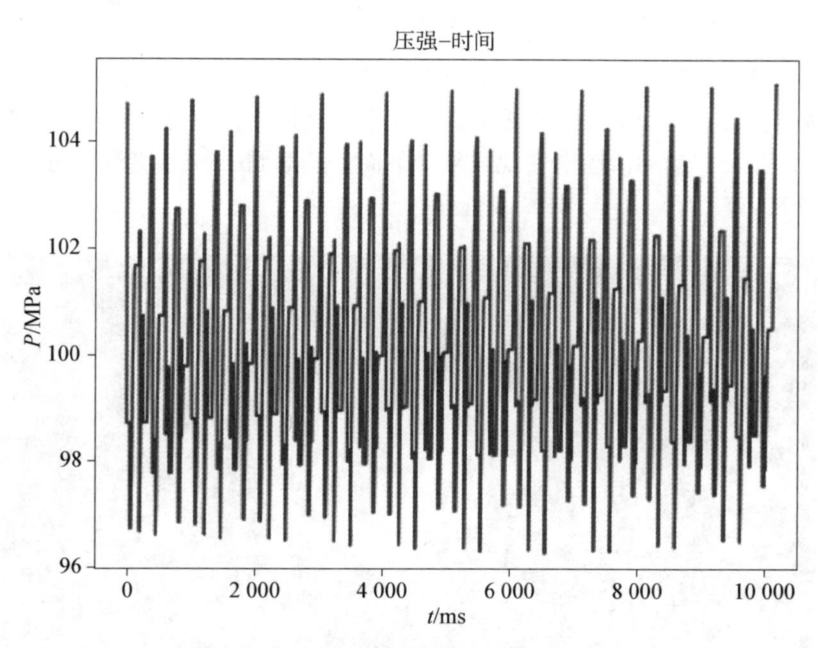

图 4.12　油管压强随时间变化曲线

根据图 4.13 可知，当凸轮的角速度为 29.929 4 rad/s 时，高压油管内的压强可稳定在 100 MPa 左右。

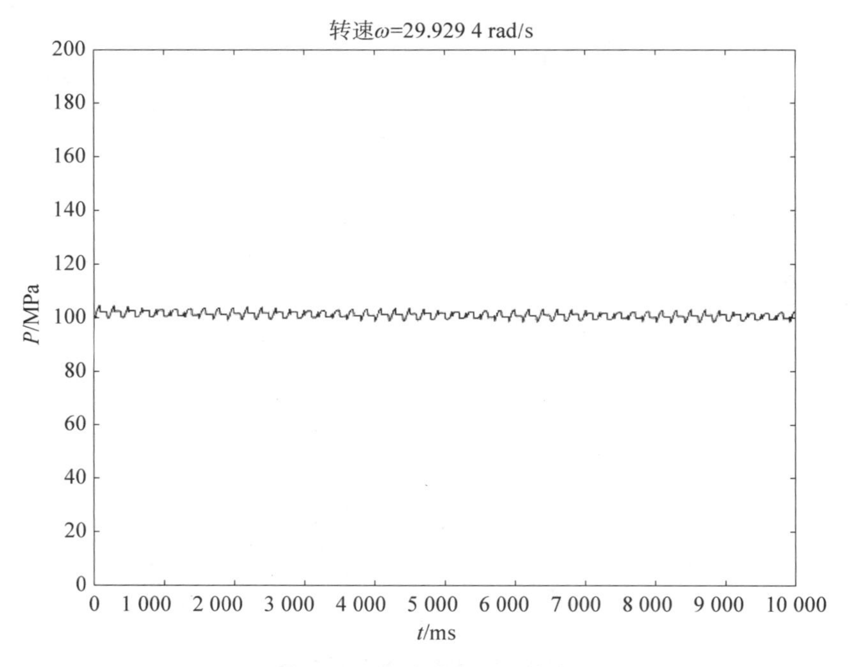

图 4.13 角速度和压强关系

4.2.2 同心鼓运动团队最佳协作水平拉绳模型

在提倡全民健身运动的背景之下，同心鼓运动是一项团队协作能力拓展项目(图 4.14)，能够凝聚团队合作精神，加强团队合作能力。在强身健体的作用之下，队员们可以通过该项运动凝神聚力，在大型运动活动中展现风采。下面通过对同心鼓运动模型的研究，探讨队员之间最佳协作的方法。

图 4.14 团队协作的同心鼓运动

同心鼓运动模型要求在精确控制用力方向、时机和力度的理想状态下，给出颠球的最优协作策略及在该策略下的颠球高度。重点是将球撞击同心鼓并弹起这一过程进行物理模型的简化。该碰撞过程为接近弹性碰撞的非弹性碰撞模型，每次都会将体系中小部分能量通过碰撞给耗散掉，而通过协作拉鼓为整个系统补充消耗的能量。

为了简化复杂的同心鼓上升运动的过程，将其运动轨迹理想化为水平方向的运动，且队员手高度位于同一水平面。为更好地利用能量，需假设在鼓速度最大时与小球发生碰撞，且碰撞后小球仅发生速度方向的改变，速度大小不变。这时，小球弹起的高度与队员所施加的力以及力持续的时间可以建立起物理关系，从而得到最佳协作策略。

为了更好地控制绳子的方向，假设每名队员的手仅在水平方向上移动，而无竖直方向的运动。每名队员手的高度位于同一水平面上。此时以队员手所在的平面为基准面，向下方向作为坐标的正方向，建立同心鼓位置坐标系，如图 4.15 所示。假设每次参赛的队员人数为 n，每根绳子的长度为 L。初始静止状态时，n 名队员对绳施加恒力 F_0 用以平衡同心鼓的重力 $G = Mg$，则有初始平衡方程：

$$n \cdot F_0 \sin\theta_0 = Mg。 \tag{4.9}$$

式中，初始位置绳与水平方向的夹角满足 $\sin\theta_0 = \frac{H_0}{L}$，代入上式可得 $H_0 = \frac{MgL}{nF_0}$。此外，同心鼓在拉力的作用下，离开初始位置向上运动，绳子与水平方向的夹角 θ 随着同心鼓的位置坐标的改变而改变，即 $\theta = \arcsin\frac{x}{L}$。

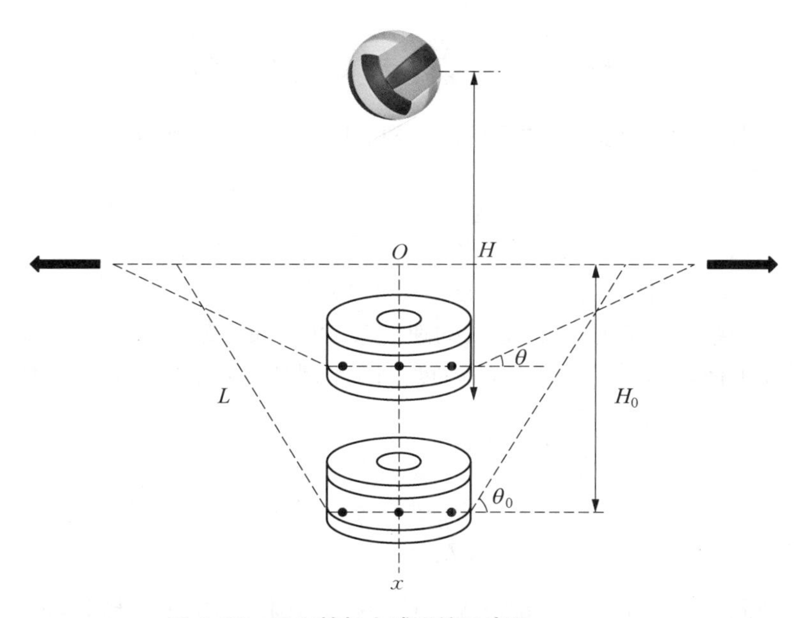

图 4.15　同心鼓与小球碰撞示意图

为了更加合理地简化碰撞模型，假设队员从拉绳到同心鼓与小球发生碰撞前，施加在绳子上的力大小是恒定的，不考虑绳子的重力，则由 Newton 第二定律 $\sum \boldsymbol{F} = M\boldsymbol{a}$ 可得

$$-n \cdot F_0 \sin\theta + Mg = Ma, \tag{4.10}$$

即

$$\frac{\mathrm{d}^2 x}{\mathrm{d}t^2} = a = \frac{-nF\sin\theta + Mg}{M} = g - \frac{nF\sin\theta}{M}。 \tag{4.11}$$

由此，可以建立同心鼓的坐标 x 关于时间 t 的二阶微分方程。易知初始时刻同心鼓坐标为 H_0，速度为 $v_0 = 0$，即

$$\begin{cases} \dfrac{\mathrm{d}^2 x}{\mathrm{d}t^2} = g - \dfrac{nF}{ML}x, \\ x(0) = H_0 = \dfrac{MgL}{nF_0}, \\ x'(0) = v_0 = 0。 \end{cases} \tag{4.12}$$

可以利用 MATLAB 来求解同心鼓的位置随时间变化的关系函数，代码如下：

```
eqn = diff(x, t, 2) = = g - (n * F/(M * L)) * x;
x0 = M * g * L/(n * F0);
cond1 = x(0) = = x0;
cond2 = subs(diff(x,t), 0) = = 0;
sol = dsolve(eqn, [cond1, cond2]);
```

运行程序可以得到 $x(t)$ 的表达式为

$$x(t) = \frac{MgL}{nF} + \frac{MgL}{nFF_0}(F - F_0) \cdot \cos\left(\sqrt{\frac{nF}{ML}}t\right)。 \tag{4.13}$$

对上式求导，可得同心鼓的运动速度随时间变化的关系函数 $v(t)$ 为

$$v(t) = \frac{\mathrm{d}x}{\mathrm{d}t} = -\frac{g}{F_0} \cdot \sqrt{\frac{nF}{ML}}(F - F_0) \cdot \sin\left(\sqrt{\frac{nF}{ML}}t\right)。 \tag{4.14}$$

同心鼓运动与时间的关系图可以由图 4.16 表示。

考虑到一些实际情况，在同心鼓的速度最大时，同心鼓与小球发生碰撞，队员可在用力最小的情况下使球达到尽可能高的高度。因此，假设在同心鼓速度最大时，鼓与球发生碰撞，碰撞时刻为 $t = \frac{\pi}{2}\sqrt{\frac{nF}{ML}}$，此时，

$$v = \sqrt{\frac{nF}{ML}} \cdot \frac{g}{F_0} \cdot (F - F_0)。 \tag{4.15}$$

考虑到同心鼓与小球碰撞时会发生能量损失，引入恢复系数概念，碰撞恢复系数是碰撞前后两物体接触点的法向相对分离速度与法向相对接近速度之比，即

$$e = \left| \frac{v_1' - v_2'}{v_1 - v_2} \right|。 \tag{4.16}$$

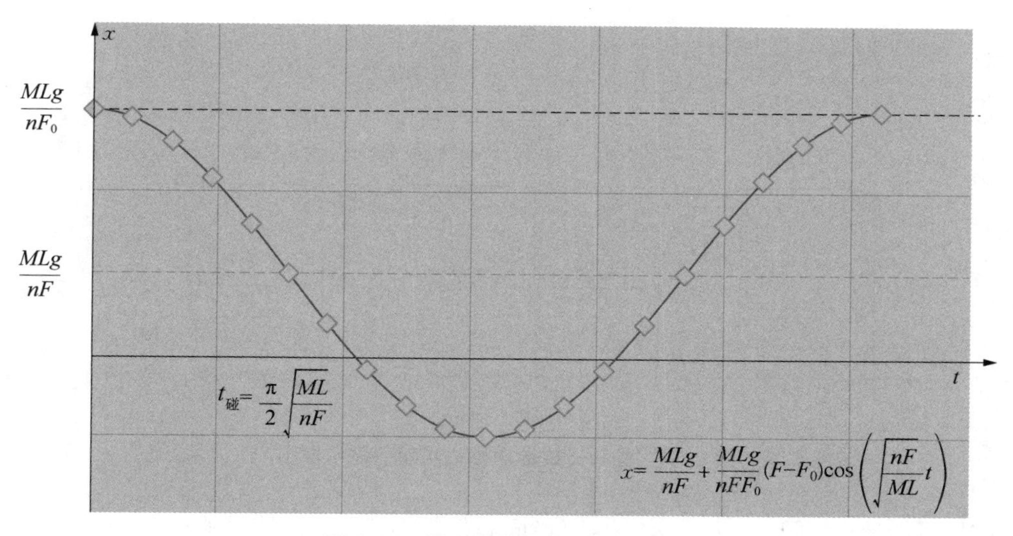

图 4.16　同心鼓坐标与时间关系图

根据同心鼓及小球的材料性质，碰撞十分接近弹性碰撞，可假设 $e=0.95$，同心鼓的质量为 M，碰撞前后的速度分别为 v_1，v_1'；小球的质量为 m，碰撞前后的速度分别为 v_2，v_2'，故联立方程得

$$\begin{cases} v_1'-v_2'=-e(v_1-v_2), \\ Mv_1+mv_2=Mv_1'+mv_2'。 \end{cases} \tag{4.17}$$

进而得到碰撞后同心鼓和小球的速度 v_1'，v_2' 分别如下：

$$\begin{cases} v_1'=\dfrac{(M-em)v_1+(1+e)mv_2}{M+m}, \\ v_2'=\dfrac{(m-eM)v_2+(1+e)Mv_1}{M+m}。 \end{cases} \tag{4.18}$$

队员对同心鼓施加作用力的过程可以简化为以下四个阶段：第一阶段 $(0\sim t_1)$ 为使同心鼓加速上升阶段，队员施加恒力 F；第二阶段 $(t_1\sim t_2)$ 为碰撞完成后队员对鼓施加非线性变化的力；第三阶段 $(t_2\sim t_2+\Delta t)$ 为同心鼓到达最低点后，队员为了使同心鼓停止运动突然加力，其中作用时间 Δt 极短，可忽略不计；第四阶段 $(t_2\sim t_3)$ 为同心鼓面位于最低处时，为平衡同心鼓的重力而施加恒力 F_0。整个阶段如图 4.17 所示。

因此，为了达到最佳协作策略，需保证每个队员用力较小时，尽可能减少周期运动频率，使队员达到一个较为舒适的状态。已知小球与同心鼓发生碰撞时，$v_1=\sqrt{2gH}$，$v_2=v$。为了得到稳定的颠球高度，需要保证碰撞过程中仅改变小球的速度方向，而不改变大小，即 $v_1'=-v_1$。进而可建立 H，F_0，F 之间的关系 $H=H(F_0, F)$，即

$$\left(1-\frac{2M}{(1+e)m}\right)\sqrt{2gH}=\sqrt{\frac{ML}{nF}}\cdot\frac{g}{F_0}(F-F_0)。 \tag{4.19}$$

接下来分析一下该情形下的最优策略，我们希望在每个碰撞周期中所发生的总能量的

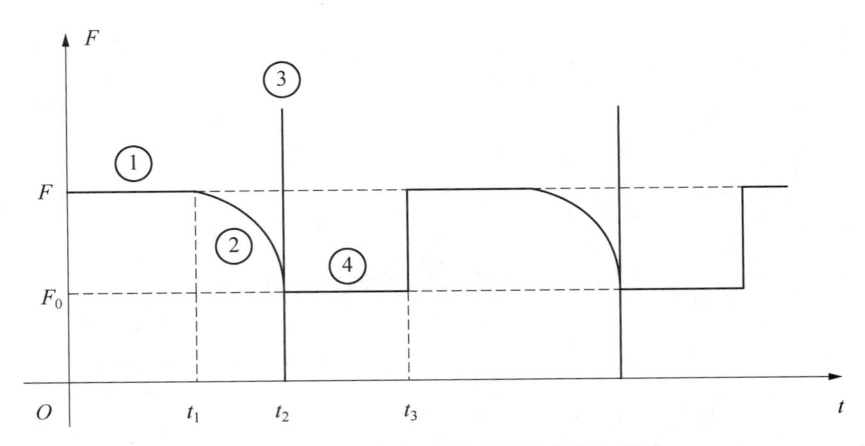

图 4.17　各队员拉绳端拉力周期变化示意图

损失应尽可能地小,可以令 E 表示一次碰撞同心鼓与小球体系总能量的损失,则

$$\begin{aligned} E &= \frac{1}{2}Mv'^2_1 + \frac{1}{2}mv'^2_2 - \frac{1}{2}Mv_1^2 - \frac{1}{2}mv_2^2 \\ &= \frac{Mm}{2(M+m)^2}(1-e^2)(v_1-v_2)^2, \end{aligned} \tag{4.20}$$

即

$$E = \frac{1}{2}mu^2(1-e^2)。 \tag{4.21}$$

在颠球上下运动的一个周期内,假设参赛队员所提供的能量全部用以同心鼓与小球发生碰撞时所消耗的能量。因此,为了达到最佳的协作策略,需保证每个队员消耗的能量较小,故将每位队员在一个周期内所用的功率 P 作为评判指标较为合理可行,即

$$P = \frac{E}{n \cdot T}。 \tag{4.22}$$

现实中,不同参赛队员的用力不同,即一些队员可能偏向于每次给予同心鼓作用较小的力,在此情况下会使用力的频率相应增大;另外一些参赛队员可能会更偏向于每个作用周期内用力的频率较小,在此情况下每次需要对同心鼓作用较大的力。由此可见,队员的每次对同心鼓作用力的大小及频率为互相制约的关系。

利用 MATLAB 求解碰撞前后小球与鼓的速度,主要程序如下:

```
function [v10,v20,v1,v2] = speed2(h)
g = 9.8;
e = 0.90;
m1 = 0.27;
m2 = 3.6;
v10 = sqrt (2 * g * h);
```

```
v1 = -v10;
v20 = v10+(2*v10*(m1+m2))/((1+e)*m2;
v2 = v10+(2*v10*(e*m1-m2))/(m2*(1+e));
disp([v10,v20,v1,v2]);
function
[alpha_best,beta_best,gamma_best,F0_best,FF_best,tt_best] = find_opt(F00,
FF0,tt0,Tk,T0,Lf,alpha)
alpha_final=asin(sin(0.5*pi/180)*cos(12*pi/180))*180/pi;
beta_final=asin(sin(0.5*pi/180)*sin(12*pi/180))*180/pi;
gamma_final=asin(sqrt(sin(beta_final*pi/180)^2+sin(alpha_final*pi/180)^
2))*180/pi;
if nargin= =3
Tk=1000;
T0=1;
Lf=2000;
Alpha=0.5;
end
F0_current=F00;
FF_current=FF0;
tt_current=tt0;
F0_best=F00;
FF_best=FF0;
tt_best=tt0;
pur_current=optfun([F00 FF0 tt0]);
pur_best=optfun([F00 FF0 tt0]);
result=[];
```

最后，通过分析可知，在给定的参赛队员所偏好的用力大小及用力的频率下，颠球高度越低，参赛队员所需能量越小，即在该策略下，颠球高度以 40 cm 为佳。

4.2.3　几种常见的传染病模型

我国目前的法定传染病有甲、乙、丙三类，共 39 种。传染病的特点是有病原体，有传染性和流行性，感染后常有免疫性，有些传染病还有季节性或地方性。传染病的分类尚未统一，有人按病原体分类，有人按传播途径分类。传染病的预防应采取以切断主要传播环节为主导的综合措施。传染病的传播和流行必须具备三个环节，即传染源（能排出病原体的人或动物）、传播途径（病原体传染他人的途径）及易感者（对该种传染病无免疫力者）。

若能完全切断其中的一个环节，即可防止该种传染病的发生和流行。各种传染病的薄弱环节各不相同，在预防中应充分利用。除主导环节外，对其他环节也应采取措施，只有这样才能更好地预防各种传染病。不同类型的传染病，其传播过程有着各自不同的特点。了解这些具体的传染病的传播过程需要了解其病理知识，这里不可能从医学角度一一进行分析，而主要按照一般的传播机理建立几类一般的传染病模型，分析受感染人数的变化规律，讨论终止传染病蔓延的方法和手段。

1. SI 模型

该模型把人群划分为两类：容易感染的人群(susceptible)和患者或已经被感染的人群(infective)，简称为健康人和患者。在传染病模型中，取两个词的英文字头，称为 SI 模型。设所观测的地区总人数(记为 N) 不变，时刻 t (单位：天)健康人和病患者在总体人数中的比例分别记为 $s(t)$ 和 $i(t)$，因此有 $s(t)+i(t)=1$。

假设每个患者每天有效接触的人数是常数 λ，称为接触率，且当健康人被有效接触后立即被感染成为患者，λ 也称为感染率。根据上述假设，每个患者每天有效接触的健康人数是 $\lambda s(t)$，全部患者 Ni 每天有效接触的健康人数是 $N\lambda s(t)i(t)$，这些健康人立即被感染成为患者，于是患者比例 $i(t)$ 满足下述微分方程(约去方程两端的 N)：

$$\frac{\mathrm{d}i}{\mathrm{d}t}=\lambda si。\tag{4.23}$$

将 $s=1-i$ 代入，并记初始时刻的患者比例为 i_0，得

$$\frac{\mathrm{d}i}{\mathrm{d}t}=\lambda i(1-i),\ i(0)=i_0。\tag{4.24}$$

这个方程就是我们熟悉的 logistic 模型。logistic 方程的解为一条 S 形曲线，患者的比例 $i(t)$ 从 i_0 迅速地上升，通过曲线的拐点后上升逐渐减慢，当 $t\to\infty$ 时，$i\to 1$，即所有健康的个体终将被传染成为疾病患者。这明显是与现实相悖的。究其原因，是 SI 模型只考虑了健康人可以被传染，而没有考虑到其他患者是否可以治愈。

2. SIS 模型

像伤风、痢疾等这些传染病，虽然可以治愈，但治愈后人体基本没有免疫力，很可能又变成易受病毒感染的健康人，因此将这个模型称为 SIS 模型。SIS 模型增加的假设条件是：患者每天被治愈的人数比例是常数 μ，称为治愈率。

增加这个假设后，方程(4.23)的右端应该减去每天被治愈的患者人数 $N\mu i$，于是有(同样约去方程两端的 N)

$$\frac{\mathrm{d}i}{\mathrm{d}t}=\lambda si-\mu i。\tag{4.25}$$

定义：

$$\sigma=\lambda/\mu。\tag{4.26}$$

将 $s=1-i$ 和 $\mu=\lambda/\sigma$ 代入式(4.25)，可以得到

$$\frac{\mathrm{d}i}{\mathrm{d}t}=\lambda i\left[\left(1-\frac{1}{\sigma}\right)-i\right]。\tag{4.27}$$

若 $\sigma > 1$，式(4.27)仍然是 logistic 方程，$i(t)$ 呈 S 形曲线上升，当 $t \to \infty$ 时，$i \to 1 - 1/\sigma$，图形如图 4.18 所示(通常初始时刻的患者比例 i_0 很小，可设 $i_0 < 1 - 1/\sigma$)。

若 $\sigma \leqslant 1$，则式(4.27)的右端恒为负，曲线 $i(t)$ 将单调下降，当 $t \to \infty$ 时，$i \to 0$，图形如图 4.19 所示。

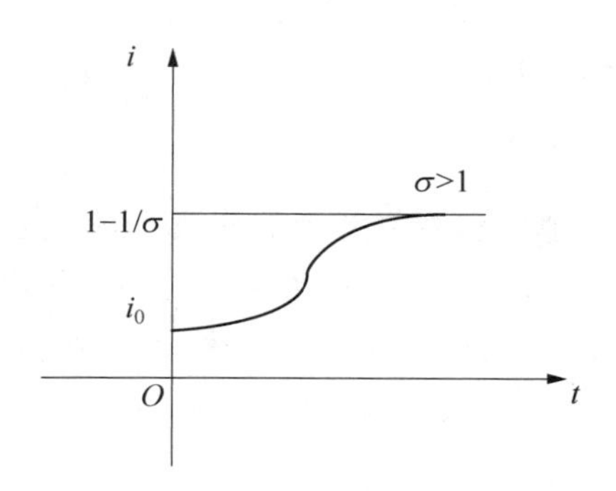

图 4.18　SIS 模型的 $i(t)$ 曲线($\sigma>1$)

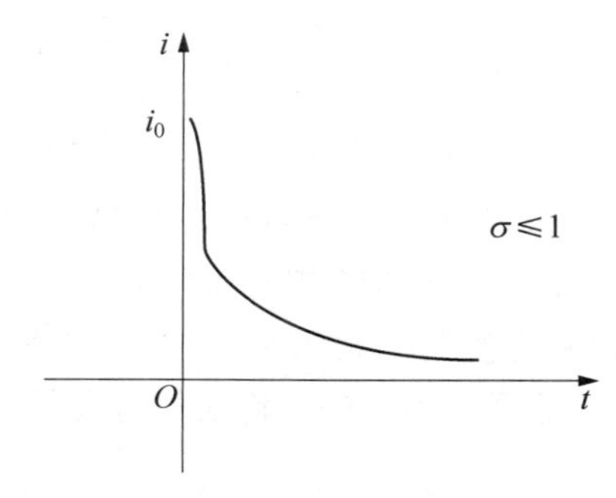

图 4.19　SIS 模型的 $i(t)$ 曲线($\sigma \leqslant 1$)

由此可知，σ 是一个重要参数，$\sigma > 1$ 还是 $\sigma \leqslant 1$，决定患者比例是持续增加还是持续减少。检查 σ 的定义式(4.26)，因为 μ 是治愈率，$1/\mu$ 可以视为平均传染期(指的是患者被治愈所需要的平均时间)，而 λ 是感染率，所以 σ 表示整个感染期内每个患者有效接触而感染的平均健康人数，可以称为感染数。于是直观上容易理解，若每个患者在生病期间因有效接触而感染的人数大于 1，那么患者比例自然会增加；反之，患者比例会减少。

3. SIR 模型

SIR 模型是用来描述传染病在网络中传播的一种数学模型，它对信息传播的全过程进行抽象化描述，其中 S 表示容易受到感染者，I 表示受到感染者，R 表示转移到受体。

在传染病的系统动力学中，主要模型是一直沿用的由 Kermack 和 McKendrick 于 1927 年之后采用系统动力学分析方法重新建立的 SIR 传染病的数学模型。SIR 模型得到了很多人的广泛支持、使用，并且一直在不断进步。SIR 模型将目前的患病总人口数量大致划分为以下三类：易感者(susceptibles)，其中的数量记为 $s(t)$，表示某一个时刻 t 已经没有严重感染病但是很有可能被该类病人的疾病间接引起或者直接传染的患病人群；严重染病者(infectives)，其中的患者数量记为 $i(t)$，表示某一个时刻 t 已经被严重感染并转变成该类病人而且不具有较强传染性的疾病患者的总人数；疾病恢复正常患者(recovered)，其中的患者数量记为 $r(t)$，表示某一个时刻 t 已经从那些受到严重感染的疾病患者中全部转移走了并恢复正常的疾病患者的总人数。若设总人口数是 $N(t)$，则有 $N(t) = s(t) + i(t) + r(t)$。

SIR 模型的建立基于以下三个假设：

(1) 不考虑人口在土地上的出生、去世、移动和人员减少等影响。人口数始终维持一个常数，即 $N(t) \equiv K$。

(2) 一个疾病患者一旦接触或碰到了易感染的患者，就势必会对其身体产生一定的感染。假设在时刻 t 每秒单位的一个环境内，一个易感患者在该发病人群内可以直接接受传染的最大易感者的总数和该环境内最大易感者的传染总数 $s(t)$ 成正比，设这个系数为 β，从而在时刻 t 每秒单位的一个环境内被所有患者直接接受传染的易感者的总人数为 $\beta s(t)i(t)$。

(3) 在时刻 t，单位期限内从受到不同染病的死亡者中多次流入和同时移出的染病数量与单位期限内受到不同染病的死亡人数成正比，比例中的系数为 γ，即单位期限内多次流入和同时移出的染病人数为 $\gamma i(t)$。

基于以上三种假设，感染的机制如下所示：

$$\begin{cases} S(i)+I(j)\xrightarrow{\beta}I(i)+I(j), \\ I(i)\xrightarrow{\gamma}R(i)。\end{cases} \tag{4.28}$$

在以上三个基本假设下，可知：当易感的病毒个体和恢复感染的病毒个体充分混合时，感染病毒个体的易感增加率值为 $\beta i(t)s(t)-\gamma i(t)$，易感感染个体的下降率值为 $\beta i(t)s(t)$，恢复感染个体的易感增加率值为 $\gamma i(t)$。易感者从自己生病、死亡到移出的整个成长过程，通常可以用微分方程来精确表示：

$$\begin{cases} \dfrac{\mathrm{d}s(t)}{\mathrm{d}t}=-\beta i(t)s(t), \\ \dfrac{\mathrm{d}i(t)}{\mathrm{d}t}=\beta i(t)s(t)-\gamma i(t), \\ \dfrac{\mathrm{d}r(t)}{\mathrm{d}t}=\gamma i(t)。\end{cases} \tag{4.29}$$

通过计算，可以得到微分方程的解为 $I=(S_0+I_0)-S+\dfrac{1}{\sigma}\ln\dfrac{S}{S_0}$（$S_0$ 和 I_0 表示初始值），其中 σ 是传染期接触数，$\sigma=\dfrac{\beta}{\gamma}$。

对此类方程，利用 MATLAB 编写 SIR 函数，首先需要建立一个 M 源文件，代码如下：

```
function y = sir(t,x)
a = 0.8; % 感染率为 0.8
b = 0.2; % 治愈率为 0.2
y = [ - a * x(1) * x(2),a * x(1) * x(2) - b * x(2),b * x(2)]';
```

再进行作图操作：

```
ts = 0:1:100;
lambda = 0.00001;
mu = 1/14;
x0 = [45400,2100,2500];
[t,x] = ode45(@(t,x) SIRModel(t,x,lambda,mu), ts, x0);
plot(t,x(:,1),t,x(:,2),'.',t,x(:,3),'*');
xlabel('时间/天');
ylabel('比例');
legend('易感节点','传播节点','移出节点');
title('λ = 0.00001,  = 1/14');
```

建立 SIR 函数，使用里面的数据可以得到图 4.20。

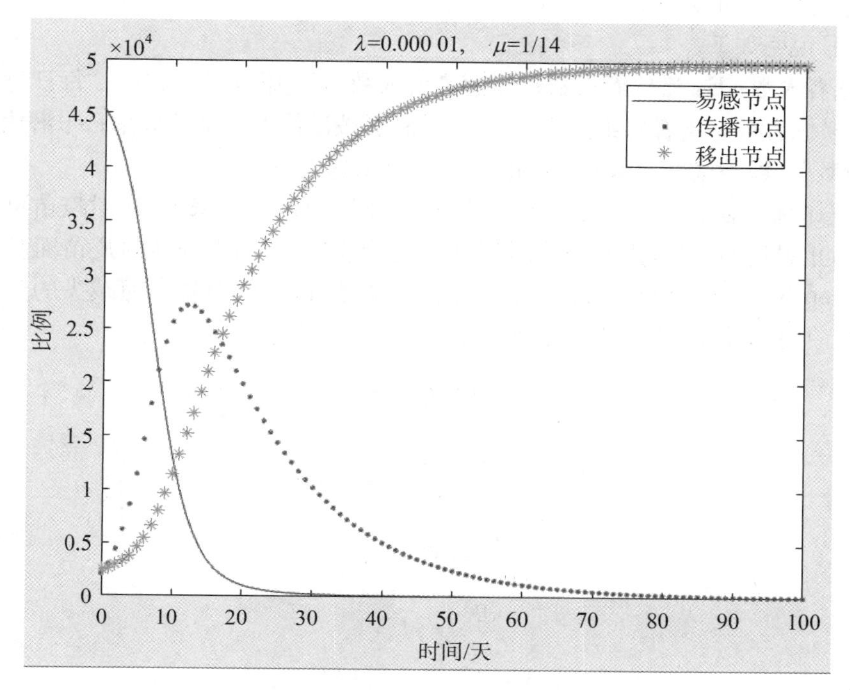

图 4.20　SIR 模型运行结果

从图中可以看出，易感人群和感染人群最后均会下降到零，与此同时，所有人均会成为恢复人群。

此外，由图 4.21 可知，此模型为单向模型，易感人群在不断地往感染人群输入，而同时最后感染人群也在单向往恢复人群输入，所以易感人群和感染人群最后均会下降到零。与此同时，所有人均会成为恢复人群，这就是此模型的局限性。

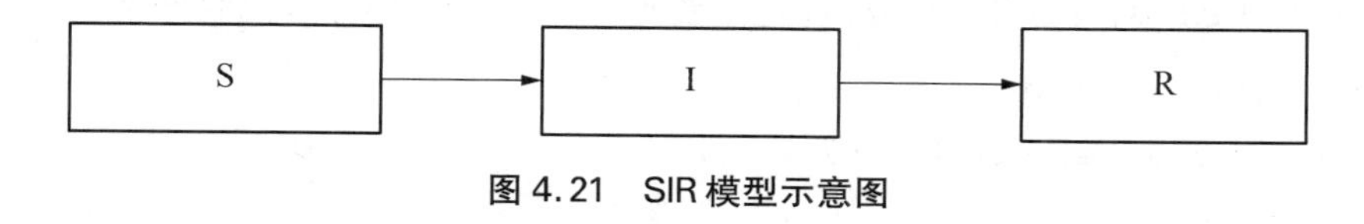

图 4.21　SIR 模型示意图

4. SEIR 模型

SEIR 模型是一种典型的传染病数学模型。在此模型中，人群分为以下四类。

易感者：即未患此疾病的人，由于其缺乏抵抗自然界的免疫力，与其他传染物接触后很容易被感染。记为 S。

潜伏者：即曾经与人接触过的传染者，但暂时没有任何生理能力将这些传染物直接引到别人或其他传播病毒感染患者，对于潜伏期长的其他传染病则更为适用。记为 E。

感染者：即患有传染病的个体，可以通过传播方式分配给 S 类组织的成员，将其变为 E 类或 I 类的人。记为 I。

康复患者：即已被隔绝或由于疾病愈合而拥有一定的免疫能力的人。本模型认为康复者不会再次被感染。记为 R。

相关符号说明如下。

S：易感者人数；E：潜伏者人数；I：感染者人数；R：康复者人数；r：每日每人接触到的人数；β：易感者被感染者感染的概率；β_1：易感者被潜伏者感染的概率；α：潜伏者转化为受感染者的概率(即潜伏期导数)；γ：康复概率；N：总人数。

值得注意的是，对于天花、乙肝、流感等 SEIR 类型的传染病来说，注射疫苗可以起到提高免疫力、防止患病的效果，因此需要对模型 3 进行改进，增加因为注射疫苗而具有免疫力的人群(preventive)，即在模型 3 的基础上增加假设：易感人群因防疫而减少的人数与易感人数成正比。因此，将 SEIR 模型设计如下：

$$
\begin{aligned}
\frac{\mathrm{d}S}{\mathrm{d}t} &= -\frac{r(\beta I+\beta_1 E)S}{N}, \\
\frac{\mathrm{d}E}{\mathrm{d}t} &= \frac{r(\beta I+\beta_1 E)S}{N}-\alpha E, \\
\frac{\mathrm{d}I}{\mathrm{d}t} &= \alpha E-\gamma I, \\
\frac{\mathrm{d}R}{\mathrm{d}t} &= \gamma I。
\end{aligned}
\tag{4.30}
$$

整理为迭代形式如下：

$$
\begin{aligned}
S_n &= S_{n-1}-\frac{r(\beta I_{n-1}+\beta_1 E_{n-1})S_{n-1}}{N}, \\
E_n &= E_{n-1}+\frac{r(\beta I_{n-1}+\beta_1 E_{n-1})S_{n-1}}{N}-\alpha E_{n-1}, \\
I_n &= I_{n-1}+\alpha E_{n-1}-\gamma I_{n-1}, \\
R_n &= R_{n-1}+\gamma I_{n-1}。
\end{aligned}
\tag{4.31}
$$

利用 MATLAB 编写 SEIR 函数，首先需要建立一个 M 源文件，代码如下：

```
% seir_model_simulate.m
function seir_model_simulate()
    clear();
    N = 5000;
    I = 1; % infectious
    S = N - I; % susceptible
    R = 0; % recovered
    E = 0; % exposed

    r = 15; % 接触人数
    beta = 0.04; % 被感染者感染
    beta_1 = 0.03; % 被潜伏者感染
```

```
        alpha = 0.1; %潜伏期为 10 天
        gamma = 0.2; %康复概率

        T = 1:150;
        for i = 1:length(T) - 1
            S(i + 1) = S(i) - r * (beta * I(i) + beta_1 * E(i)) * S(i) / N;
            E(i + 1) = E(i) + r * (beta * I(i) + beta_1 * E(i)) * S(i) / N -
alpha * E(i);
            I(i + 1) = I(i) + alpha * E(i) - gamma * I(i);
            R(i + 1) = R(i) + gamma * I(i);
        end

        plot(T,S,T,E,T,I,T,R);
        grid on;
        xlabel('天'); ylabel('人数')
        legend('易感者','潜伏者','传染者','康复者')
    end
```

建立 SEIR 模型,运行结果如图 4.22 所示。

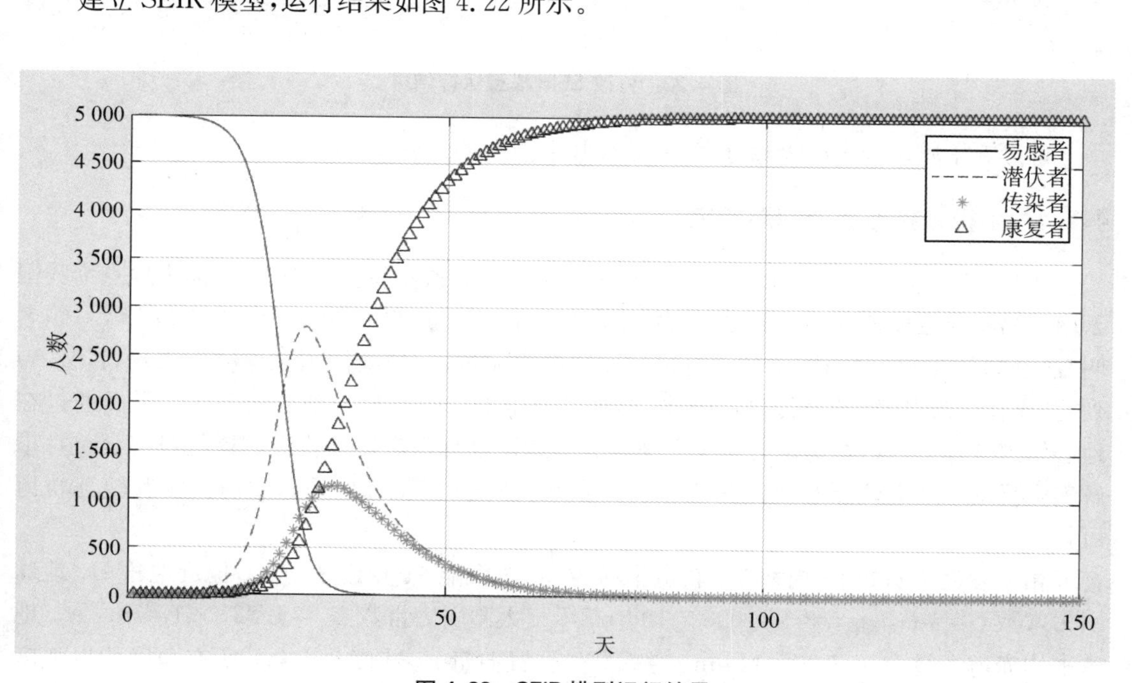

图 4.22 SEIR 模型运行结果

如果人们减少出行,那么接触的人数就会变少,则上面的代码可以修改成:

```
r = 4; %接触人数
```

```
beta = 0.02; %感染的概率
beta_1 = 0.01; %潜伏者感染的概率
```

结果如图 4.23 所示。

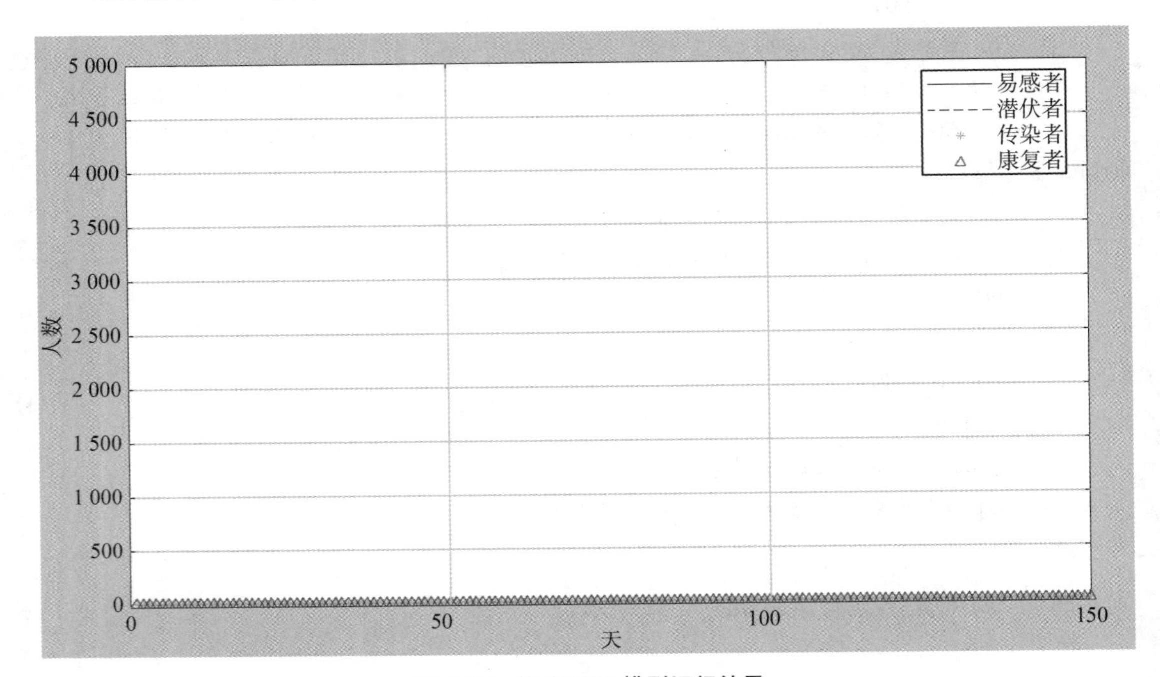

图 4.23 修改 SEIR 模型运行结果

可以看出感染的规模大幅度减少，曲线基本消失了。

4.2.4 小行星拦截轨道问题研究

2017 年 10 月 4 日 20 时 7 分 5 秒，地球上发生了一次小行星撞击事件，撞击地点为我国云南香格里拉县城西北 40 km 处，爆炸当量相当于 540 tTNT。2017 年 12 月 17 日，一颗名叫"法厄同"(3200 Phaethon)的小行星与地球擦肩而过，它被美国国家航空航天局(NASA)列为"潜在危险"级别的小行星。因此，小行星安全事件越来越受到人们关注。下面通过在地心轨道坐标系内根据运动方程及天体动力学理论求解理论拦截轨道，再根据拦截轨道，求解实际扰动下的变轨点及轨道速度，最终得出合适的拦截轨道，并通过仿真实验验证轨道可行。

相关参数说明如下：周期 T、轨道半通径 p、机械能 ξ、真近地角 f、偏近地角 E、地球引力常数 $G_M = G_{M地球} = 3.986\,005 \times 10^{14}\ \mathrm{m^3/s^2}$、太阳引力常数 $G_s = 1.327 \times 10^{20}\ \mathrm{m^3/s^2}$、地球平均赤道半径 $R_e = 6\,378.14\ \mathrm{km}$、拦截导弹位置向量 $\boldsymbol{r}$、速度 $v = \dot{r}$。所有角度均以弧度表示。

对小行星，假设其轨道为椭圆轨道；对拦截导弹，因其他影响数量级远小于地球引力影响，忽略除地球引力外其他因素对导弹运动的影响。

小行星的轨道需要确定 6 个独立的参数，即轨道半长轴 a；轨道偏心率 e；轨道倾角 i，

即动量矩 h 与 Z 轴的夹角；升交点赤经 Ω，即升节线（轨道平面与地球赤道平面的交线）与 X 轴的夹角；近地点辐角 ω，即升节线与 e 的夹角；过近地点时刻 τ。

由定义有

$$p=a(1-e^2)=\frac{h^2}{G_{\mathrm{M}}}, \tag{4.32}$$

$$e=\sqrt{1+\frac{2\xi h^2}{G_{\mathrm{M}}^2}}。 \tag{4.33}$$

以太阳中心为坐标系原点，建立三维坐标系。设地球半长轴 $a=1.5\times10^8$，轨道偏心率 $e=0.0167$，半短轴 $b=1.4998\times10^8$，地球在太阳坐标系中的坐标为 $(a\cos f, b\sin f, 0)$，小行星轨道数据（假设初始时刻小行星由近日点开始运动）如下：

$$(a, e, i, \Omega, \omega, \tau)=(6.1085\times10^{10}, 0.8394, 1.5195, -0.0766, 1.3181, 0)。$$

取预计小行星-地球相撞点为 A，其位置、速度分别为

$$\boldsymbol{r}_A=(1\times10^8, 1.11\times10^8, 0),$$
$$\boldsymbol{v}_A=(16, 20, -29.2)\mathrm{km/s}, E=0.5996。$$

1. 导弹运动情况分析

导弹拦截速度已知，在速度-地心平面内设计拦截轨道，在轨道平面内建立地心轨道极坐标系，可得运动方程为

$$\begin{cases}\dot{r}=\dot{r}u_r+r\dot{\theta}u_\theta,\\ \ddot{r}=(\ddot{r}-r\dot{\theta}^2)u_r+(r\ddot{\theta}+2\dot{r}\dot{\theta})u_\theta,\end{cases} \tag{4.34}$$

联立得

$$\frac{1}{2}\frac{\mathrm{d}\dot{r}^2}{\mathrm{d}r}-\frac{h^2}{r^3}+\frac{G_{\mathrm{M}}}{r^2}=0, \tag{4.35}$$

解得

$$\frac{1}{2}\left(\dot{r}^2+\frac{h^2}{r^2}\right)-\frac{G_{\mathrm{M}}}{r}=\xi。 \tag{4.36}$$

记 $A^2=\frac{1}{h^2}\left(2\xi+\frac{G_{\mathrm{M}}^2}{h^2}\right)$，式(4.36)可化简为

$$\left[\frac{\mathrm{d}\left(\frac{1}{r}\right)}{\mathrm{d}\theta}\right]^2=-\left(\frac{1}{r}-\frac{G_{\mathrm{M}}}{h^2}\right)^2+A^2。 \tag{4.37}$$

记 $s=\frac{1}{A}\left(\frac{1}{r}-\frac{G_{\mathrm{M}}}{h^2}\right)$，式(4.37)可化简为

$$\left(\frac{\mathrm{d}s}{\mathrm{d}\theta}\right)^2 = 1 - s^2, \tag{4.38}$$

解得

$$s = \cos(\theta - \omega)。 \tag{4.39}$$

将式(4.32)、式(4.33)与式(4.39)联立,可得

$$r = \frac{p}{1 + e\cos(\theta - \omega)}。 \tag{4.40}$$

拦截导弹以平均角速度 n 在轨道上运行,从 τ 到该时刻 t 运行的角度 M 可表示为

$$M = n(t - \tau)。 \tag{4.41}$$

式中,$n = \frac{2\pi}{T} = \sqrt{\frac{G_{\mathrm{M}}}{a^3}}$。

为计算平近地角,引入两个辅助变量——真近地角 f 与偏近地角 E,如下所示:

$$\tan\frac{f}{2} = \sqrt{\frac{1+e}{1-e}}\tan\frac{E}{2}, \tag{4.42}$$

$$a\cos E = r\cos f + ae = \frac{a(1-e^2)}{e} + ae = a - r。 \tag{4.43}$$

式中,r, E 均为 t 的函数。

在式(4.43)两侧对 t 求导,有

$$\ddot{r} = ae\sin E\ddot{E}。 \tag{4.44}$$

将式(4.32)、式(4.33)代入式(4.35),得

$$\frac{r}{a\sqrt{a^2e^2 - (a-r)^2}}\frac{\mathrm{d}r}{\mathrm{d}t} = n。 \tag{4.45}$$

将式(4.45)代入式(4.40)、式(4.41)得

$$\frac{a(1-e\cos E)ae\sin E}{a\sqrt{a^2e^2 - a^2e^2\cos^2 E}}\frac{\mathrm{d}E}{\mathrm{d}t} = (1 - e\cos E)\frac{\mathrm{d}E}{\mathrm{d}t} = n, \tag{4.46}$$

解得

$$E - e\sin E = M。 \tag{4.47}$$

同时,

$$r = \frac{a(1-e^2)}{1+e\cos f}。 \tag{4.48}$$

2. 拦截轨道确认

拦截点已经确认,合理预估导弹以小行星轨道平面内垂直于小行星速度方向击中小行

星拦截效果最佳，足够成功拦截所需的导弹最小速度为 $\boldsymbol{v}_{\mathrm{m}}$。可得此时的动量矩 $\boldsymbol{h}$ 为

$$\boldsymbol{h}=\boldsymbol{r}\times\boldsymbol{v}_{\mathrm{m}}=\sqrt{G_{\mathrm{M}}p}\begin{bmatrix}\sin i\sin\Omega\\ -\sin i\cos\Omega\\ \cos i\end{bmatrix}。\tag{4.49}$$

式中，$\cos i=\dfrac{h_Z}{h}$，$\dfrac{\sin\Omega}{\cos\Omega}=\dfrac{h_X}{-h_Y}$。

通过式(4.32)计算偏心率 e。

计算偏心率矢量 $\boldsymbol{e}$：$\boldsymbol{e}=\dfrac{\boldsymbol{v}\times\boldsymbol{h}}{G_{\mathrm{M}}}-\dfrac{\boldsymbol{r}}{r}$；单位升节线矢量 $\boldsymbol{n}$：$\boldsymbol{n}=\dfrac{\boldsymbol{k}\times\boldsymbol{h}}{\|\boldsymbol{k}\times\boldsymbol{h}\|}$，$k$ 表示在三维地心轨道坐标系中，升节线矢量在某个坐标轴方向上的分量比例关系。

根据 $\boldsymbol{e}$ 和 $\boldsymbol{n}$ 求近地点辐角 ω：

$$\cos\omega=\frac{\boldsymbol{n}\cdot\boldsymbol{e}}{e}。\tag{4.50}$$

根据 $\boldsymbol{e}$ 和 $\boldsymbol{r}$ 求真近地角 f：

$$\cos f=\frac{\boldsymbol{e}\cdot\boldsymbol{r}}{re}。\tag{4.51}$$

计算机械能：

$$\xi=\frac{1}{2}v_{\mathrm{m}}^2-\frac{G_{\mathrm{M}}}{r}=-\frac{G_{\mathrm{M}}}{2a}。\tag{4.52}$$

若 $\xi<0$(对应椭圆轨道)，可根据 f 求出偏近地角 E，再求出平近地角 M，最后得到 τ。

若 $\xi=0$(抛物线轨道)，$e=1$，可以得到下式：

$$2\tan\frac{f}{2}+\frac{2}{3}\tan^3\left(\frac{f}{2}\right)=\sqrt{\frac{2G_{\mathrm{M}}}{P^3}}(t_0-\tau)。\tag{4.53}$$

若 $\xi>0$(双曲线轨道)，则有

$$\tan\frac{f}{2}=\sqrt{\frac{1+e}{1-e}}\arctan\frac{H}{2},\tag{4.54}$$

$$M=e\arcsin H-H=n(t_0-\tau)。\tag{4.55}$$

由此预估拦截时间 t_p。

3. 拦截轨道计算

取预计小行星、地球相撞点 A：$\boldsymbol{r}_A=(1\times10^8,1.11\times10^8,0)\mathrm{m}$，$\boldsymbol{v}_A=(16,20,-29.2)\mathrm{km/s}$，$E=-0.3572$，$f=143.4163$，$M=-0.0637$。以小行星到达近日点为开始时刻，与地球相撞时间为 $t=-4.8178\times10^7\ \mathrm{s}$，即小行星预计在到达近日点前约 1.5277 年与地球相撞。

取预计拦截点 B：

$$\boldsymbol{r}_B = (-1.0344 \times 10^8,\ 0.1089 \times 10^8,\ 0.5743 \times 10^8)\mathrm{m},$$
$$\boldsymbol{v}_B = (-26.9122,\ 4.1720,\ -36.7172)\mathrm{km/s}。$$

合理预估 $\boldsymbol{v}_{\mathrm{m}} = (1.1320,\ 0.4670,\ -0.7767)\mathrm{km/s}$。

以近地点时刻为零时刻，在速度、地心平面内建立拦截成功轨道：

$$(a,\ e,\ i,\ \Omega,\ \omega,\ \tau) = (8.6522 \times 10^7,\ 0.9222,\ 2.5763,\ -1.1608,\ 1.3855,\ 0)。$$

小行星拦截轨道如图 4.24 所示，通过计算可以得到 $t_p \approx 4.6120 \times 10^4$ s。

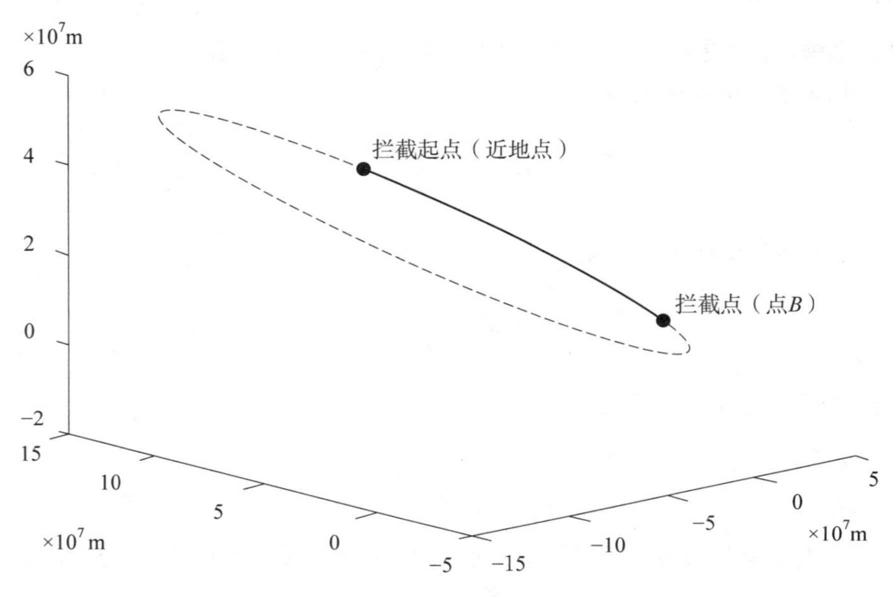

图 4.24　小行星拦截轨道

4.2.5　群体竞技体育活动模型

在群体竞技体育活动(图 4.25)中，参加的人数可以进行提前预测，能够方便活动组织者采集信息和一些重要数据来进行活动安排。

参加竞技体育活动的人必须具备一定的体育技能，因此可将其分为三类：第 1 类是无参加体育活动的技能，但是可以发展为参加体育活动的群体；第 2 类是具备参加体育活动的技能，且本人自愿参加；第 3 类是具备参加体育活动的技能，但本人不愿参加。显而易见的是，第 1 类个体可以发展为第 2 类，但不能直接发展为第 3 类，且第 2 类个体可以发展为第 3 类，但不能直接发展为第 1 类。

因此，设 $p_i(t)(i=1,\ 2,\ 3)$ 分别表示第 1，2，3 类个体在时刻 t 的总数。α 指第 1 类个体在第 2 类个体影响下发展为第 2 类个体的转化率，β 指第 2 类个体发展为第 3 类个体的转化率。这里假定第 3 类个体没有影响作用。a，b 分别表示出生率、死亡率，$\psi_i(i=1,\ 2,\ 3)$ 分别表示第 1，2，3 类个体的迁入率，$\varphi_i(i=1,\ 2,\ 3)$ 分别表示第 1，2，3 类个体的迁出率。

图 4.25　群体竞技体育活动

令 $\gamma_i=\psi_i-\varphi_i(i=1,2,3)$，称为迁移率。

对第 1 类个体进行考察：在 $t+\mathrm{d}t$ 时第 1 类个体的总数为 $p_1(t+\mathrm{d}t)$，则有

$$p_1(t+\mathrm{d}t)=p_1(t)-\alpha p_1(t)p_2(t)\mathrm{d}t+a[p_1(t)+p_2(t)+p_3(t)]\mathrm{d}t \\ +\gamma_1 p_1(t)\mathrm{d}t-bp_1(t)\mathrm{d}t。$$

令 $\mathrm{d}t\to 0$，可以得到

$$\frac{\mathrm{d}p_1(t)}{\mathrm{d}t}=(\gamma_1-b+a)p_1(t)+ap_2(t)+ap_3(t)-\alpha p_1(t)p_2(t)。\tag{4.56}$$

类似地，可以建立群体竞技体育活动的常微分方程组模型：

$$\begin{cases}\dfrac{\mathrm{d}p_1(t)}{\mathrm{d}t}=(\gamma_1-b+a)p_1(t)+ap_2(t)+ap_3(t)-\alpha p_1(t)p_2(t),\\ \dfrac{\mathrm{d}p_2(t)}{\mathrm{d}t}=(\gamma_2-b-\beta)p_2(t)+\alpha p_1(t)p_2(t),\\ \dfrac{\mathrm{d}p_3(t)}{\mathrm{d}t}=\beta p_2(t)+(\gamma_3-b)p_3(t)。\end{cases}\tag{4.57}$$

式中，$t>0$，$\alpha>0$，$\beta>0$，$b>0$。若三类人总数 $p_1(t)+p_2(t)+p_3(t)=N(t)$ 为定数，设 $N(t)=1$，则式(4.57)可以变为

$$\begin{cases}\dfrac{\mathrm{d}p_1(t)}{\mathrm{d}t}=(\gamma_1-b)p_1(t)-\alpha p_1(t)p_2(t)+a,\\ \dfrac{\mathrm{d}p_2(t)}{\mathrm{d}t}=(\gamma_2-b-\beta)p_2(t)+\alpha p_1(t)p_2(t)。\end{cases}\tag{4.58}$$

当 $b-\gamma_1>0$, $b-\gamma_2>0$, $a\alpha+(\gamma_1-b)(b-\gamma_2+\beta)>0$ 时,利用MATLAB求解式(4.58)的平衡点,程序如下:

```
[p1,p2] = solve((y1 - b) * p1 - alpha * p1 * p2 + a = = 0,(y2 - b - beta) * p2 + alpha
* p1 * p2 = = 0,p1,p2)。
```

(此处使用的是 solve 函数来求解常微分方程组。)

运行结果为:

```
p1 =

          a/(b - y1)
(b + beta - y2)/alpha


p2 =

                                                                                    0
(a * alpha - b * beta + b * y1 + b * y2 + beta * y1 - y1 * y2 - b^2)/(alpha * b + alpha *
beta - alpha * y2)
```

即群体竞技体育活动的常微分方程组的非负平衡点为 $\left(\frac{a}{b-\gamma_1},0\right)$,正平衡点为 $\left(\frac{b-\gamma_2+\beta}{\alpha},\frac{a\alpha+(\gamma_1-b)(b-\gamma_2+\beta)}{\alpha(b-\gamma_2+\beta)}\right)$。

首先,讨论式(4.58)在非负平衡点 $\left(\frac{a}{b-\gamma_1},0\right)$ 的稳定性,令 $p_1(t)=u(t)+\frac{a}{b-\gamma_1}$, $p_2(t)=v(t)$,则式(4.58)变为

$$\begin{cases}\frac{\mathrm{d}u}{\mathrm{d}t}=(\gamma_1-b)u+\alpha\left(u-\frac{a}{\gamma_1-b}\right)v,\\ \frac{\mathrm{d}v}{\mathrm{d}t}=(\gamma_2-b-\beta)v+\alpha\left(u-\frac{a}{\gamma_1-b}\right)v。\end{cases}\tag{4.59}$$

由于式(4.59)有唯一平衡点(0, 0),因此,可以通过式(4.59)在平衡点(0, 0)的变分矩阵来证明系统的稳定性:

$$\boldsymbol{M}(0)=\begin{bmatrix}\gamma_1-b & -\alpha\left(\frac{a}{b-\gamma_1}\right)\\ 0 & -(b-\gamma_2+\beta)+\alpha\left(\frac{a}{b-\gamma_1}\right)\end{bmatrix}。\tag{4.60}$$

式(4.60)所对应的特征方程为 $f(\lambda)=\det[\lambda\boldsymbol{E}-\boldsymbol{M}(0)]=0$,展开 $f(\lambda)$,可以得到

$$(\lambda+b-\gamma_1)\left[\lambda+(b-\gamma_2+\beta)-\alpha\left(\frac{a}{b-\gamma_1}\right)\right]=0。\tag{4.61}$$

利用 MATLAB 求解式(4.61),程序如下:

```
f = @(lambda)(lambda + b - gamma1) * (lambda + (b - gamma2 + beta) - a * (a/(b -
gamma1)));
lambda = fsolve(f,0);
disp('lambda = ')
disp(lambda)
```

通过运行程序,可以求得特征根为

$$\begin{aligned}&\lambda_1=\gamma_1-b,\\&\lambda_2=\gamma_2-b-\beta+\alpha\left(\frac{a}{b-\gamma_1}\right)。\end{aligned}\tag{4.62}$$

因为 $b-\gamma_1>0$,所以 $\lambda_1=\gamma_1-b<0$。当 $\lambda_2=\gamma_2-b-\beta+\alpha\left(\frac{a}{b-\gamma_1}\right)<0$ 时,式(4.59)在点(0, 0)为渐近稳定的,从而证明了原群体竞技体育活动常微分方程模型在非负平衡点是渐近稳定的。当 $\lambda_1=\gamma_1-b<0$, $\lambda_2>0$ 时,点(0, 0)为鞍点。

利用 Hopf 分歧理论讨论式(4.59)的中心焦点问题,将式(4.59)引进小参数 w,则变为

$$\begin{cases}\dfrac{\mathrm{d}u}{\mathrm{d}t}=w(\gamma_1-b)u-\alpha w\left(u-\dfrac{a}{b-\gamma_1}\right)v,\\[2ex]\dfrac{\mathrm{d}v}{\mathrm{d}t}=(\gamma_2-b-\beta)v+\alpha\left(u+\dfrac{a}{b-\gamma_1}\right)v。\end{cases}\tag{4.63}$$

上式有唯一平衡点(0, 0),若记 $w=w_0+\varepsilon$,则式(4.63)在点(0, 0)的变分矩阵为

$$\boldsymbol{A}(\varepsilon)=\begin{bmatrix}(w_0+\varepsilon)(\gamma_1-b) & -\alpha(w_0+\varepsilon)\left(\dfrac{a}{b-\gamma_1}\right)\\ 0 & (\gamma_2-b+\beta)+\alpha\left(\dfrac{a}{b-\gamma_1}\right)\end{bmatrix}。\tag{4.64}$$

以下讨论式(4.58)在正平衡点 $\left(\dfrac{b-\gamma_2+\beta}{\alpha},\ \dfrac{a\alpha+(\gamma_1-b)(b-\gamma_2+\beta)}{\alpha(b-\gamma_2+\beta)}\right)$ 的稳定性。平移变换得

$$\begin{aligned}&P_1(t)=u(t)+\frac{b-\gamma_2+\beta}{\alpha},\\&P_2(t)=v(t)+\frac{a\alpha+(\gamma_1-b)(b-\gamma_2+\beta)}{\alpha(b-\gamma_2+\beta)},\end{aligned}\tag{4.65}$$

则式(4.58)变为

$$\begin{cases}\dfrac{\mathrm{d}u}{\mathrm{d}t}=\left(\dfrac{\gamma_1-b-a\alpha}{b-\gamma_2+\beta}\right)u(t)-(b-\gamma_2+\beta)v(t)-\alpha u(t)v(t),\\ \dfrac{\mathrm{d}v}{\mathrm{d}t}=\dfrac{a\alpha+(\gamma_1-b)(b-\gamma_2+\beta)}{b-\gamma_2+\beta}u(t)+\alpha u(t)v(t)。\end{cases} \tag{4.66}$$

上式有唯一平衡点(0, 0)。为验证式(4.66)在平衡点(0, 0)的稳定性,容易计算在点(0, 0)的变分矩阵:

$$\boldsymbol{M}(0)=\begin{bmatrix}\dfrac{\gamma_1-b-a\alpha}{b-\gamma_2+\beta} & -(b-\gamma_2+\beta)\\ \dfrac{a\alpha+(\gamma_1-b)(b-\gamma_2+\beta)}{b-\gamma_2+\beta} & 0\end{bmatrix}。 \tag{4.67}$$

对应特征方程

$$f(\lambda)=\det[\lambda\boldsymbol{E}-\boldsymbol{M}(0)]=0, \tag{4.68}$$

展开得

$$f(\lambda)=\lambda^2+\left(\frac{b-\gamma_1+a\alpha}{b-\gamma_2+\beta}\right)\lambda+a\alpha+(\gamma_1-b)(b-\gamma_2+\beta)=0。 \tag{4.69}$$

利用 MATLAB 求解方程,程序如下:

```
f = lambda * lambda + ((b - gamma1 + a * alpha)/(b - gamma2 + beta)) * lambda + a *
alpha + (gamma1 - b) * (b - gamma2 + beta) = = 0
solutions = solve(f, lambda)
```

通过运行程序,可以得到特征根为

$$\lambda_{1,2}=\frac{1}{2}\left[-\left(\frac{b-\gamma_1+a\alpha}{b-\gamma_2+\beta}\right)\pm\sqrt{\left(\frac{b-\gamma_1+a\alpha}{b-\gamma_2+\beta}\right)^2-4[a\alpha+(\gamma_1-b)(b-\gamma_2+\beta)]}\right]。$$

由题设知:

$$\begin{aligned}&\frac{b-\gamma_1+a\alpha}{b-\gamma_2+\beta}>0,\\ &a\alpha+(\gamma_1-b)(b-\gamma_2+\beta)>0,\end{aligned} \tag{4.70}$$

从而得到 $\lambda_1<0$, $\lambda_2<0$。故式(4.66)在平衡点(0, 0)是渐近稳定的,所以群体竞技体育活动常微分方程在正平衡点是渐近稳定的。

第五章 插值与拟合

在实际中，常常要处理由实验或测量所得到的一些离散数据。插值与拟合方法就是要通过这些数据去确定某一类已知函数的参数或寻求某个近似函数，使所得到的近似函数与已知数据有较高的拟合精度。

5.1 银行对中小微企业的信贷策略

5.1.1 问题重述

改革开放尤其是党的十八大以来，我国的中小微企业发展迅速，在国民经济和社会发展中的地位和作用日益增强。中小微企业在经济社会发展中处于独特地位，是国民经济和社会发展的生力军，也是扩大就业、改善民生、促进创业创新的重要力量，在稳增长、促改革、调结构、惠民生、防风险中发挥着重要作用。

当今社会，融资困境成为制约中小微企业快速发展的瓶颈因素。对于银行来说，贷款给规模较小、抵押资产少的中小微企业必然要承受较大的风险，所以银行科学制定对中小微企业的信贷策略（是否放贷、贷款额度、利率、期限等）是维护自身发展利益的必要手段。因此，如何依据企业的实力、信誉等因素进行合理的风险评估便具有了重要的意义。

5.1.2 问题分析

根据银行决策机理，企业的信贷风险将直接决定银行对其的信贷策略。因此首先要对企业的信贷风险做出具体的量化分析。

结合题意以及问题所知数据，企业的信贷风险主要由企业的规模实力（还款能力）、企业的信誉（还款意愿）以及其上下游企业（供求关系）的稳定性三个大方面的影响因素决定。

其中，企业的还款能力与其总收益以及收益的变化率有关；还款意愿与其无效发票（作废发票以及销项发票中的负数发票）的占比、违约情况以及信誉评价等级有关；供求关系的稳定性由其交易偏好（上下游企业的影响力或规模占比情况）以及其上下游交易企业的周期性或者规律性有关，其中交易偏好可根据销项与进项发票的税率来确定。

考虑以上七个小类的影响因素，可以建立基于主成分分析的企业信贷风险综合评价模型。

利用企业信贷风险与其按时还款率之间的关系，表示出银行的年度贷款收益，结合贷款金额与贷款利率的约束条件以及相应的潜在客户流失率（取决于贷款利率与信誉评级）建立二元非线性规划约束模型，找到可以使银行利润最大化的决策。

针对 123 家有信贷记录的企业，我们综合分析其信誉、实力、供求关系稳定性建立了最优信贷策略模型。在此基础上，对问题进行分析解决。

5.1.3 模型假设

(1) 企业的信贷风险仅由企业实力、信誉以及供求关系的稳定性所决定，不考虑经营者情况等其他主观因素。

(2) 计算企业总收益时不考虑企业的其他成本以及其他需要缴纳的税额。

(3) 同一种企业受相同突发因素的影响相同，忽略同一类别企业内部的差异性。

5.1.4 模型建立与求解

首先对衡量信贷风险的七个评价指标给出具体定义，最后构建出企业信贷风险衡量指标体系。

1. 总收益 p

定义：总收益 p 为销项发票金额－进项发票金额－需要缴纳的增值税额。

$$\begin{cases} p = \sum X_a - \sum J_a - T, \\ T = \sum X_t - \sum J_t。 \end{cases}$$

式中，X_a 代表销项发票金额，X_t 代表销项发票税额；J_a 代表进项发票金额，J_t 代表进项发票税额；T 为实际需要缴纳的增值税额。

2. 进步因子 α

定义：进步因子 α 为企业各月度收益增长率的平均值。

$$\begin{cases} \alpha = \dfrac{\sum I_r}{n}, \\ I_r = \dfrac{p_1 - p_0}{p_0}。 \end{cases}$$

式中，I_r 为月度收益增长率，p_1 为所需要计算月份的下个月的收益，p_0 为所计算月份的收益，n 为参与求和的增长率的数目(即月份的总数目减一)。

3. 信誉评级 R

对信誉评级 R 的赋分(10 分制)如下：

A 为 9 分，B 为 7 分，C 为 5 分，D 为 0 分。

此 123 家企业有过信贷记录，因而银行对它们都有过专业的信誉评级。此指标是银行对它们之前实际还贷行为的评价，对其未来信贷行为有很强的预测作用，因而可以较大程度上反映企业按期还款的可能性，在对企业还款意愿的评估中具有很强的指示作用。

4. 违约情况 V

对违约情况 V 的赋分(10 分制)如下：

有违约情况为 3 分，无违约情况为 9 分。

5. 无效发票比例 B_p

定义：无效发票比例 B_p 为销项和进项发票中标识为作废的发票以及销项发票中金额为负数的发票占企业总发票数目的比例。

$$\begin{cases} B_p = 0.3p_1 + 0.7p_2, \\ p_1 = \dfrac{n_1}{N}, \\ p_2 = \dfrac{n_2}{N}。 \end{cases}$$

式中，n_1，n_2 与 p_1，p_2 分别代表作废发票与销项负数发票的数量和占比；N 表示该企业的总发票数。

6. 交易偏好 F

定义：交易偏好 F 为企业成交发票税率的平均值。

$$F = \sum (tp_t)。$$

式中，t 为该企业交易发票中出现过的税率值，包括 17%，13%，9%，6%，5%，3%；p_t 为该税率所对应的发票比例。

7. 交易规律 L

定义：交易规律性指标 L 为企业与客户之间交易数额的 Fourier 变换后的幅度谱的方差均值。

$$\begin{cases} L = \dfrac{\sum S^2}{C}, \\ S^2 = \dfrac{\sum (\text{abs} - \overline{\text{abs}})^2}{B}。 \end{cases}$$

式中，S^2 为该企业与其每个往来客户之间交易数额的 Fourier 变换后的幅度谱的方差；C 为该企业上下游往来客户的总数目；abs 代表企业与其每个往来客户之间交易数额的 Fourier 变换后的幅度谱，$\overline{\text{abs}}$ 为其平均值；B 为企业与每个客户的交易单数。

8. 企业信贷风险的评价体系

详见图 5.1。

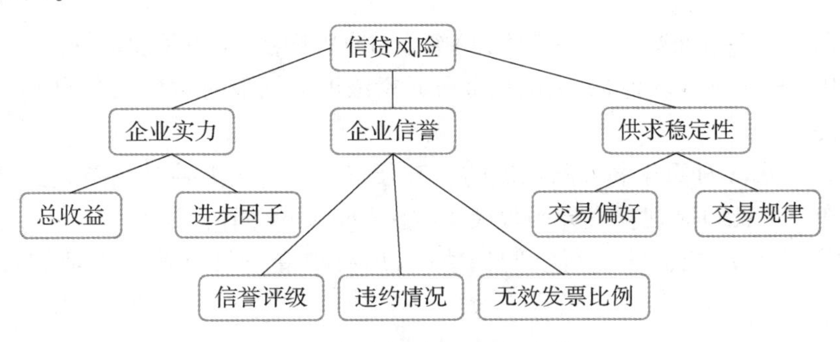

图 5.1　企业信贷风险的评价体系

5.2 城市表层土壤重金属污染分析

5.2.1 问题分析

近几十年,由于城市化和工业化的高速发展,土壤重金属污染问题日益引发人们关注。

本节确定 8 种重金属的空间分布并分析不同区域重金属的污染程度。由于受到人为活动和气候因素的影响,重金属元素在土壤中的分布满足一定的随机性和结构性。传统统计学方法不考虑测定参数和测定位置之间的关系,只根据空间不同位置的测定数据,无法进行区域内的优化插值计算,更无法表现出重金属元素的空间分布,所以下面采用地统计学方法。

Kriging 插值法是地统计学中一种重要的数据处理方法,可用于探测研究对象的空间自相关结构(或空间变异结构),并估计模拟变量值。通过 MATLAB 绘制出不同重金属元素在土壤空间中的分布图,分析其空间分布特征及其变异规律。将重金属空间分布图与功能区分布图比较,对 5 个区域的 8 种重金属元素浓度数据进行处理,分析不同地区重金属污染的分布特点。求出 5 个区域 8 种重金属浓度的 Nemerow 综合污染指标,通过与国家环境二级标准和该地区背景值相比较,以此来刻画重金属的污染程度。

5.2.2 模型假设

(1) 重金属元素在土壤和水中化学反应均匀。

(2) 各区域成土母质中含重金属的浓度是相同的。

(3) 各区域重金属分布稳定,污染源排放量不变。

(4) 采样数据合理,能够反映当地的土壤质量。

(5) 污染物浓度保持不变,且其他地点的污染物含量为叠加形式,即在较短时间内,污染物不会发生降解等使污染物浓度降低的情况。

5.2.3 模型建立与求解

(1) Kriging 空间插值法是以变异函数为基础的,其参数设置和变异函数模型的选择对内插值效果影响很大。变异函数的计算一般要求数据符合正态分布,所以先对 8 种重金属浓度数据进行正态分布检验。

检验数据的正态分布性有多种方法:频率分布直方图法、卡方检验法、Q-Q 图、P-P 图等。这里利用 SPSS 统计软件,对土壤重金属元素浓度数据取对数后绘制出 Q-Q 图,检验其正态分布性。

由图 5.2 可见,8 种重金属元素浓度的正态分布 Q-Q 图大致是一条直线,所以可看作服从正态分布。由此可以建立变异函数模型,进行 Kriging 插值。

(2) 利用 Kriging 插值法进行空间插值时,均要求变量具有符合本征假设的规定,即增量

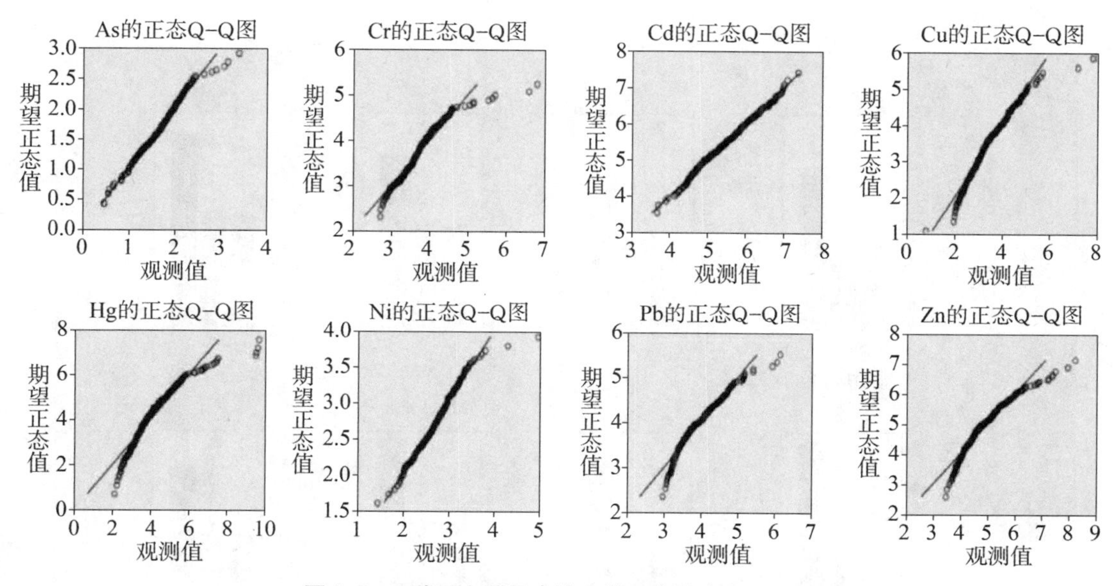

图 5.2 8 种重金属元素浓度的正态分布 Q-Q 图

$$Z(x)-Z(x+h)$$

的方差函数存在且平稳(不依赖于 x)。式中,$Z(x)$ 和 $Z(x+h)$ 表示空间区域内距离为 h 的两个位置的观测值。即当空间距离 h 较小时,估计点与样点(已知高程点)的相关性较高、变异性较小;反之,估计点与样点的相关性较小、变异性较大。随着 h 的增加,变异函数 $r(h)$ 呈缓慢增加或不再增加,这时的 $r(h)$ 称为临界变异值。

由前面分析可知,8 种重金属元素的浓度均呈对数正态分布状态,适合用 Kriging 法插值。变异函数模型的选取要比较三个变异函数模型的优劣,采用均方根预测误差(RMSPE)作为变异函数模型效果的判别指标。公式如下:

$$\mathrm{RMSPE}=2\sqrt{\frac{1}{n_i}\sum_{k=1}^{n_i}\left[Z_i^*(x_k)-Z_i(x_k)\right]^2}\,。$$

式中,$Z_i^*(x_k)$ 和 $Z_i(x_k)$ 分别表示检测点的 Z 检测值和 Z 估计值。

在计算均方根预测误差时,从采样点中随机预留出一定数量的点作为检测点,而采用其他的采样点作为插值的源数据,通过 Kriging 插值计算各检测点的估计值,其结果表示如图 5.3 所示。

图中,横坐标表示三种变异函数,1, 2, 3 分别为采用指数模型、球面模型、Gauss 模型;纵坐标表示三种变异函数下的 RMSPE 值。

由图可知,8 种重金属的 Gauss 模型的 RMSPE 明显高于前两种变异函数,所以,Gauss 模型不适合作为 Kriging 插值的变异函数。比较前两种模型可知,对于 Cd 元素,指数模型的 RMSPE 大于球形模型,说明用球形模型插值效果较指数模型好。同理可知,对于其余 7 种重金属,用指数模型插值效果比球形模型好。

在 MATLAB 中,插值后得到各重金属的浓度空间分布图如图 5.4 所示。

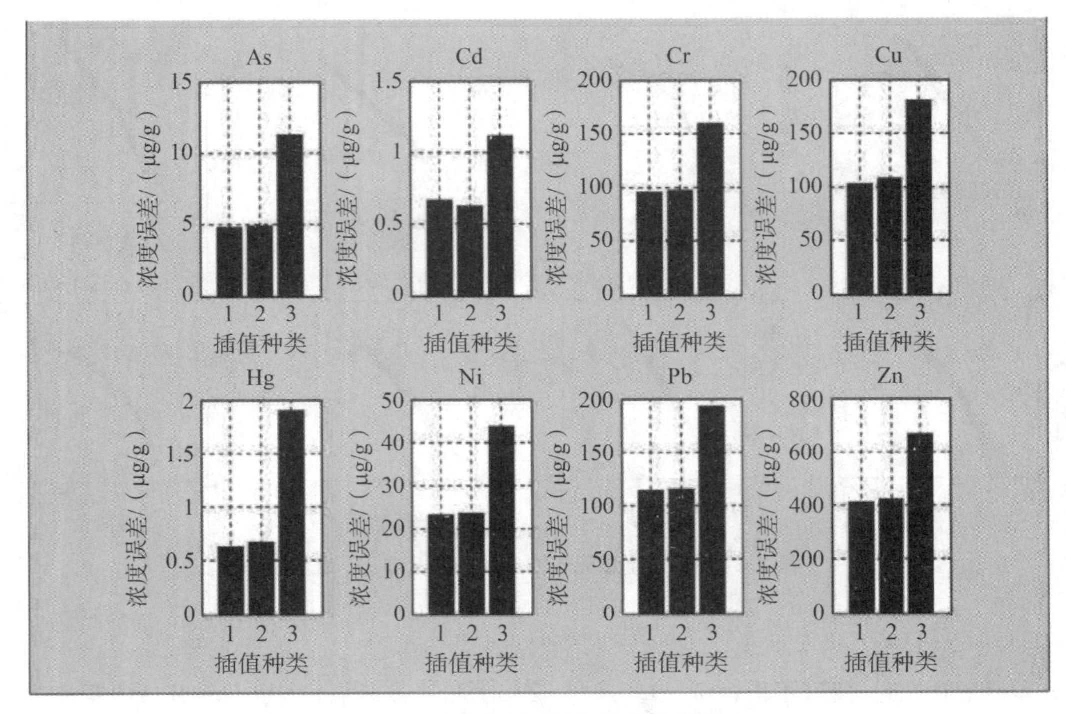

图 5.3　三种变异函数效果判别指标图

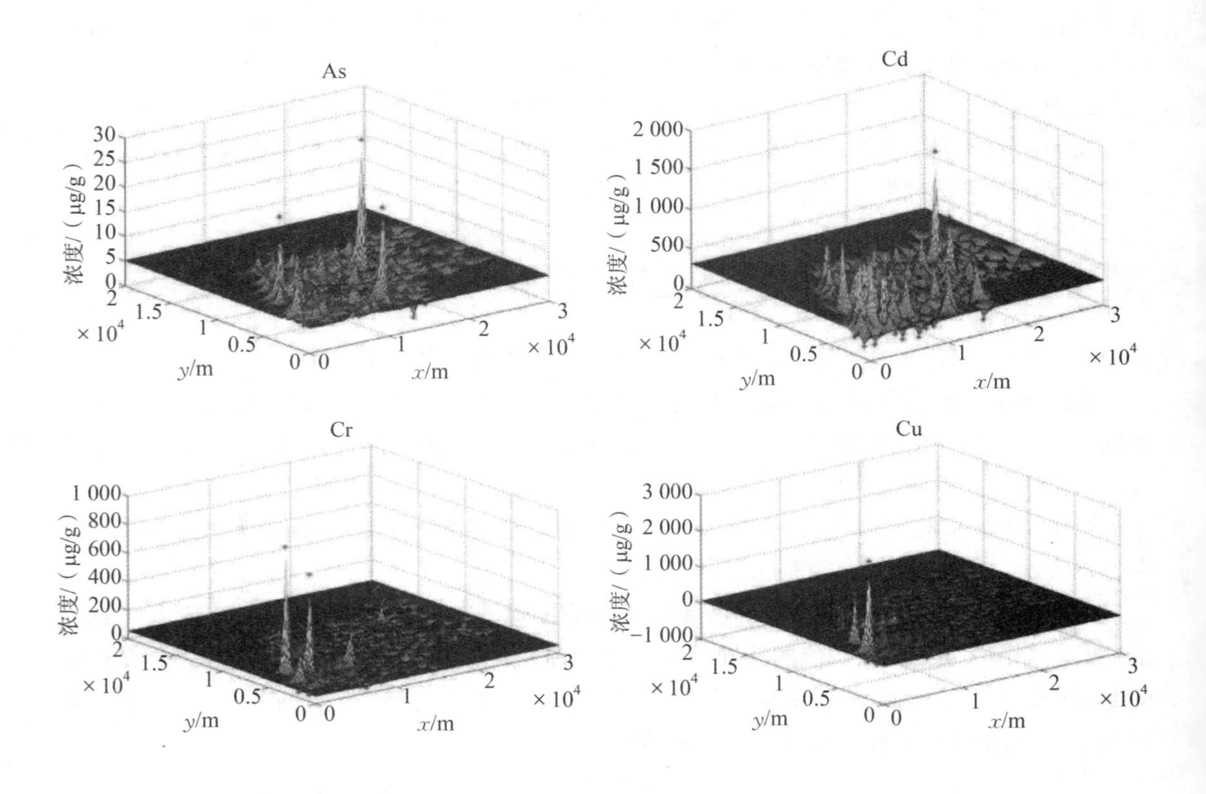

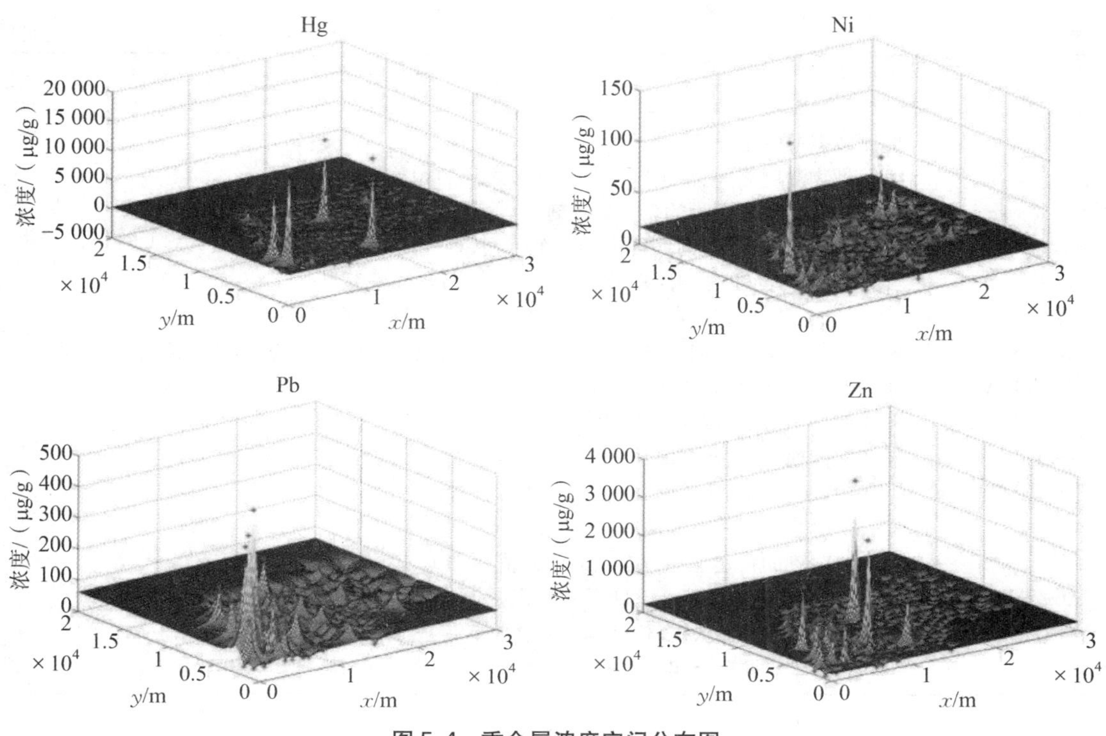

图 5.4　重金属浓度空间分布图

5.3　空气质量数据的校准

空气污染对生态环境和人类健康危害巨大，通过对“两尘四气”（PM2.5，PM10，CO，NO_2，SO_2，O_3）浓度的实时监测可以及时掌握空气质量，对污染源采取相应措施。虽然国家监测控制站点（国控点）对“两尘四气”有监测数据，且较为准确，但因为国控点的布控较少，数据发布时间滞后较长且花费较大，无法给出实时空气质量的监测和预报。

某公司自主研发的微型空气质量检测仪花费小，可对某一地区空气质量进行实时网格化监控，并同时监测温度、湿度、风速、气压、降水等气象参数。由于所使用的电化学气体传感器在长时间使用后会产生一定的零点漂移和量程漂移，非常规气态污染物（气）浓度变化对传感器存在交叉干扰，以及天气因素对传感器的影响，在国控点近邻所布控的自建点上，同一时间微型空气质量检测仪所采集的数据与该国控点的数据值存在一定的差异，因此，需要利用国控点每小时的数据对国控点近邻的自建点数据进行校准。

相关附件、附录

相关符号说明见表 5.1。

表 5.1　相关符号说明

符号	说　明
$\bar{x}$	监测数据的均值
s	监测数据的标准差
v_1	监测数据的偏度

(续表)

符号	说明
v_2	监测数据的峰度
ρ	各污染物浓度之间、污染物与气象参数之间的相关系数
t_i	附件 1 中“时间”字段的第 i 个时刻(年月日时)
t_{tab2}	附件 2 中 $[t_i, t_{i+1})$ 时间段内的各个时刻(年月日时分)
x_{tab2}	$[t_i, t_{i+1})$ 时间段内,附件 2 中的所有监测值(含气象参数)
$\bar{x}_{\text{tab2}}$	$[t_i, t_{i+1})$ 时间段内,附件 2 中的所有监测值按列求平均值
rowNum	附件 2 中 $[t_i, t_{i+1})$ 时间段内所有监测记录的行数,其中每一行为一条监测记录,维数为 11
newTab1Value	基于时间对齐后,附件 1 中的监测数据
newTab1Time	基于时间对齐后,附件 1 中的时间(年月日时)
newTab2Value	基于时间对齐后,附件 2 中的监测数据
newTab2Time	基于时间对齐后,附件 2 中的时间(年月日时)
y_i	第 i 个时刻的国控点监测数据(6 维)
Δy_i	第 i 个时刻的自建点与国控点的差异值(6 维)
compTab2Value	将 newTab2Value 从 197 341 条自建点数据压缩成 4 137 条
extTab1Value	将 newTab1Value 从 4 137 条国控点数据扩展成 197 341 条
w	t_0, t_i 处的一阶均差,即 $w=(t_0-t_i)/(t_{i+1}-t_i)$

5.3.1 问题分析

已知国控点的监测数据准确,但布控较少、发布时间滞后;自建点监测数据更新快,但误差较大。如何利用国控点数据对自建点数据进行校准这一问题,等同于求一个过已知有限个数据点(国控点监测数据)的近似函数,进而产生出与自建点监测数据同步更新的数据,并据此对自建点数据进行校准。校准方法的有效性需要进行客观、准确的评价,可考虑通过可视化、定量计算两种方式进行评价。本节考虑采用线性插值的方法进行数据校准。

基本假设:同一时间,自建点与国控点所处的客观环境是一致的,即污染物浓度和天气因素的实际值是完全相同的。不考虑监测数据的存储、传输、分发等环节的随机噪声所导致的数据误差。数据总体符合线性正态误差模型,即误差项 $\varepsilon \sim N(0, \sigma^2)$ 。

5.3.2 模型的建立

基于分段线性插值的自建点数据校准模型。

拟采用分段线性插值方法进行自建点数据校准,将 newTab1Value 的 4 137 条国控点监测数据扩展成为 197 341 条自建点的校准数据,校准结果记为 extTab1Value。顾名思义,分段线性插值是将每两个相邻的节点用直线连起来,如此形成的一条折线就是分段线性插值函数。具体到每一个分段,插值函数为一次多项式的插值方式即线性插值(在插值节点上的插值误差为零),其示意图如图 5.5 所示。每一段的计算公式如下式所示,程序流程图如图 5.6 所示。

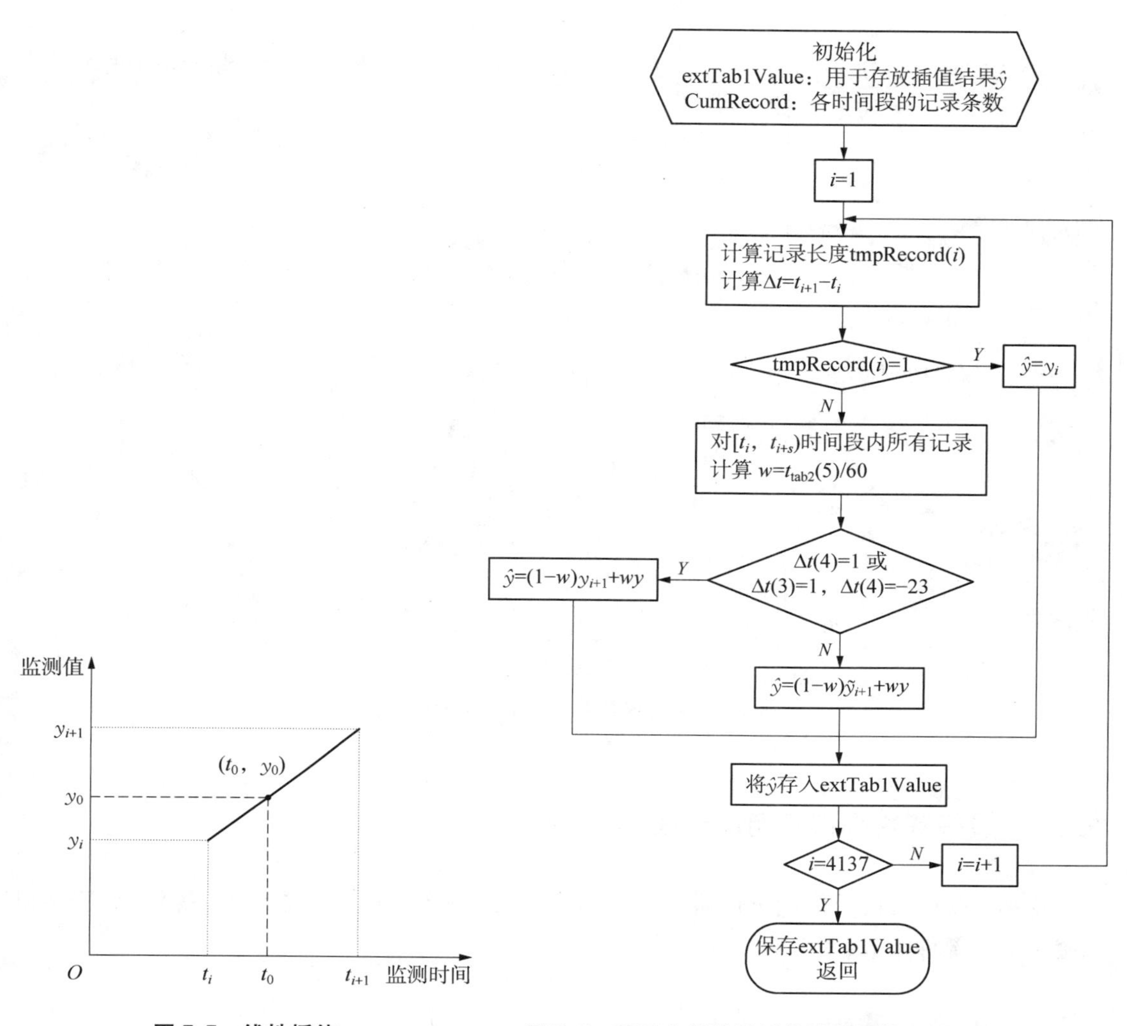

图 5.5　线性插值

图 5.6　基于分段线性插值的数据校准的程序流程图

$$y_0=\frac{t_{i+1}-t_0}{t_{i+1}-t_i}y_{i+1}+\frac{t_0-t_i}{t_{i+1}-t_i}y_i=(1-w)y_{i+1}+wy_i。$$

5.3.3　模型求解

执行附录中程序 question3. m，即可得出自建点数据校准的结果，并有如下结论。

以 newTab1Value（国控点数据）、newTab2Value（自建点数据）和 extTab1Value（自建点校准数据）为研究对象，考察“两尘四气”浓度的 24 小时波动趋势。以小时为单位，计算出“两尘四气”浓度在一天 24 小时的均值的变化趋势，如图 5.7 所示。由图可知，国控点和自建点数据存在明显的不一致现象，但校准后的自建点数据与国控点数据吻合度较好。进一步，通过定量分析印证这一结论，以国控点为基准，分别计算出自建点与国控点的残差为 56 717、校准值与国控点的残差仅为 1 649，换言之，对自建点数据校准后，与国控点的残差仅为原残差的 2.9%。

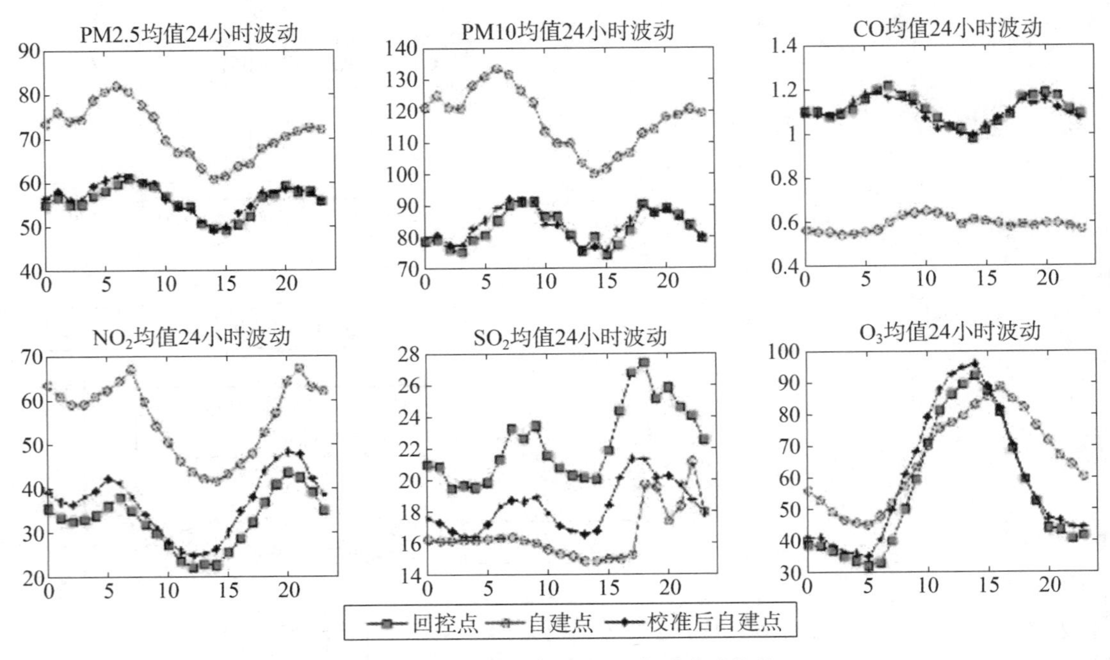

图 5.7　各污染物浓度的 24 小时波动趋势

5.4　接触式轮廓仪的自动标注

轮廓仪是一种两坐标测量仪器(图 5.8),它由工作平台、夹具、被测工件、探针、传感器和伺服驱动等部件组成(图 5.9)。

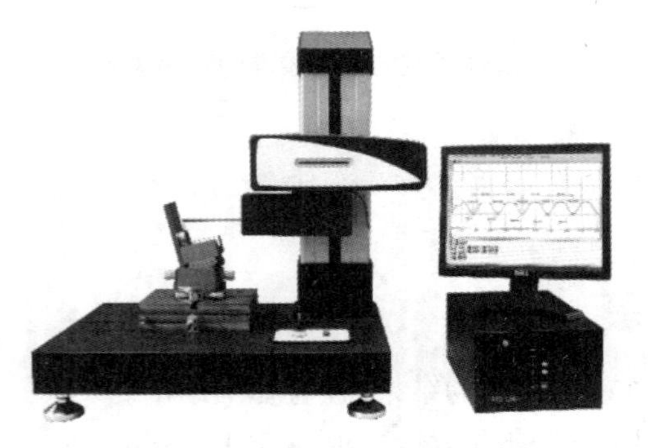

图 5.8　某种型号的接触式轮廓仪

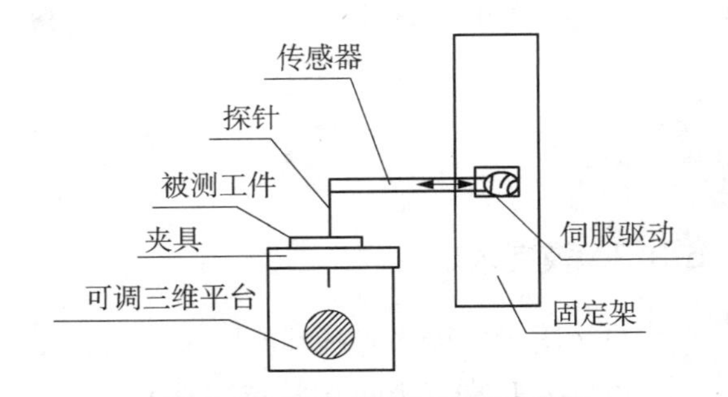

图 5.9　接触式轮廓仪的示意图

接触式轮廓仪的工作原理是:探针接触到被测工件表面并匀速滑行,传感器感受到被测表面的几何变化,在 X 和 Z 方向分别采样,并转换成电信号。该电信号经放大等处理,转换成数字信号,储存在数据文件中(图 5.10)。

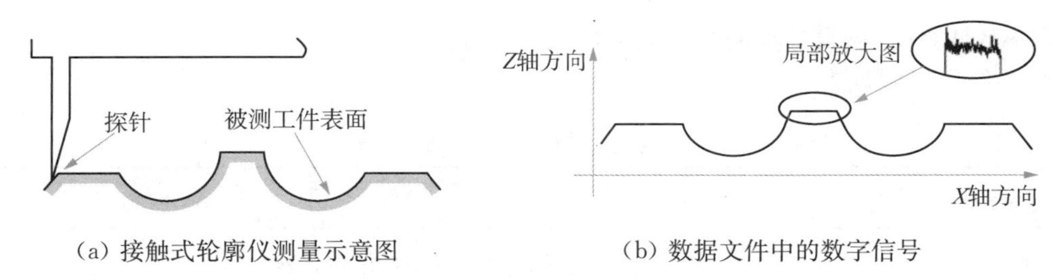

(a) 接触式轮廓仪测量示意图　　(b) 数据文件中的数字信号

图 5.10　接触式轮廓仪的工作原理

相关附件、附录

在理想状况下，轮廓曲线应该是光滑的，但由于接触式轮廓仪存在探针沾污、探针缺陷、扫描位置不准等问题，检测到的轮廓曲线呈现出粗糙不平的情况[见图 5.10(b)中的局部放大图]，这给工件形状的准确标注带来影响。

为了将问题简化，假设被测量的工件的轮廓都是由圆弧和直线所组成的(图 5.11)。建立数学模型，根据附件 1(工件 1 的水平和倾斜测量数据)、附件 2～4(工件 2 的多次测量数据)所提供的一些数据，研究下面问题：

附件 1 中的表 level 是工件 1 在水平状态下的测量数据，其轮廓线如图 5.11 所示，请标注出轮廓线的各项参数值：槽口宽度(如 x_1，x_3 等)、圆弧半径(如 R_1，R_2 等)、圆心之间的距离(如 c_1，c_2 等)、圆弧的长度、水平线段的长度(如 x_2，x_4 等)、斜线线段的长度、斜线与水平线之间的夹角(如∠1，∠2 等)和人字形线的高度(z_1)。

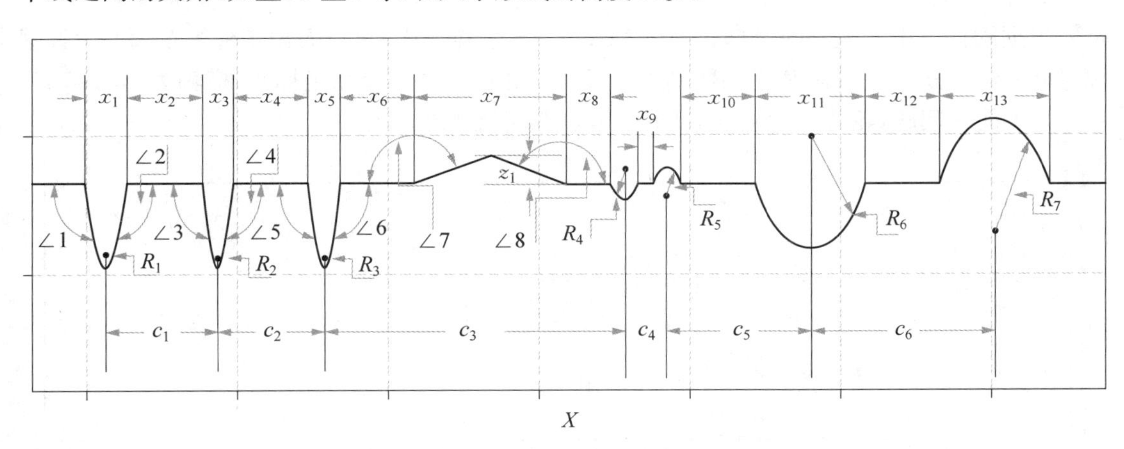

图 5.11　工件 1 在水平状态下的轮廓线

5.4.1　问题分析

题中给出假设，被测工件的轮廓线是由直线和圆弧构成的平面曲线，所以我们将工件 1 看作直线与圆弧的结合，拟合求出每条直线及圆弧的函数表达式，用两函数联立求解的方法计算出拐点，根据拐点坐标求工件 1 的所有参数。

5.4.2　模型假设

为简化模型，假设被测工件的轮廓都是由标准圆和直线组成的平面曲线。在利用

MATLAB 计算时,假设计算的有效数字取舍误差可以忽略不计。

相关符号说明见表 5.2。

表 5.2 相关符号说明

符号	说 明
$y=f(x)$	被拟合工件轮廓的函数方程
b	常数函数系数
b_0, b_1	一元线性回归系数
D, E, F	圆的一般方程系数
(x_c, y_c)	圆心坐标
R	圆半径
α, β, γ	倾斜角
k	斜率
l	圆的弧长

5.4.3 问题的求解

1. 预处理

根据附件 2 中的表 level 数据,利用 MATLAB 散点作图,可以看出工件 1 轮廓的大致图像,如图 5.12 所示。可以利用函数刻画工件 1 的轮廓。建立直角坐标系,横轴为 x,纵轴为 y。为了简化问题,轮廓只由直线和圆弧构成,其中圆为标准圆。

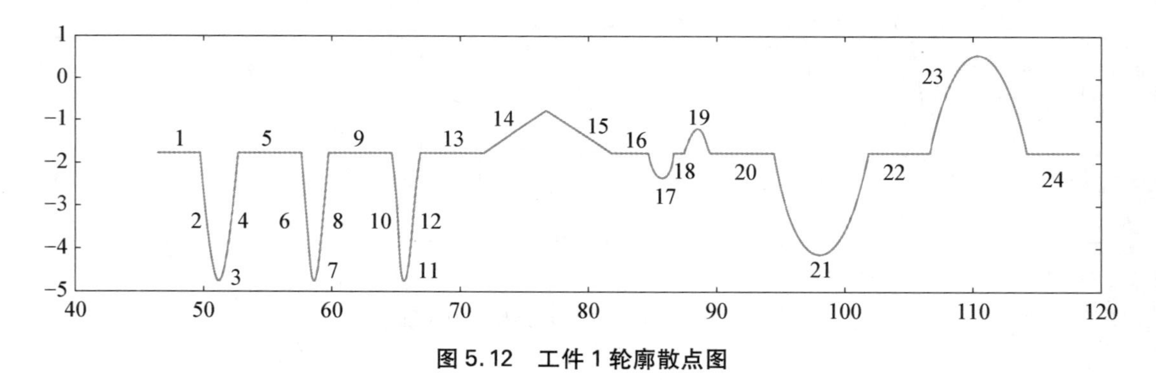

图 5.12 工件 1 轮廓散点图

工件 1 轮廓的函数拟合——直线部分:

已知工件 1 为水平放置,部分直线倾斜角为零。

将直线的计算分为两种:倾斜角为零和倾斜角非零。

倾斜角为零,如图 5.12 所示,为轮廓线第 1, 5, 9, 13, 16, 18, 20, 22, 24 段。

当倾斜角为零时,计算方法相同,我们只以第 1 段轮廓线为例进行拟合。

2. 建立常数函数模型求解

$$y=b。$$

式中，b 为常数，且

$$b=(y_1+y_2+y_3+\cdots+y_n)/n。$$

y_1，y_2，y_3，…，y_n 为 x 在一定范围内的 x_1，x_2，x_3，…，x_n 的对应值，n 为 x 在一定范围内数据的个数。

根据散点图，在第 1 段轮廓取一段区间，$x\in[47, 49]$，此时 $n=4\,000$，计算得 $b=-1.770\,3$。

同样地，其他倾斜角为零的常数函数也可以计算出来。

表 5.3 为所有倾斜角为零的直线轮廓计算结果。

表 5.3　倾斜角为零的直线轮廓计算

第几条轮廓线	截取的 x 区间	系数 b	常数函数拟合公式
1	[47, 49]	−1.770 3	$y=-1.770\,3$
5	[53, 57]	−1.767 4	$y=-1.767\,4$
9	[60, 64]	−1.768 1	$y=-1.768\,1$
13	[67, 71]	−1.767 4	$y=-1.767\,4$
16	[82.5, 84.5]	−1.777 9	$y=-1.777\,9$
18	[86.8, 87.3]	−1.777 6	$y=-1.777\,6$
20	[90, 94]	−1.778 4	$y=-1.778\,4$
22	[102, 106]	−1.780 7	$y=-1.780\,7$
24	[114.5, 118]	−1.784 6	$y=-1.784\,6$

倾斜角非零，如图 5.12 所示，为轮廓线第 2，4，6，8，10，12，14，15 段。

当倾斜角非零时，计算方法相同，我们只以第 2 段轮廓线为例进行一元线性回归拟合。

3. 建立一元线性回归模型求解

$$y=b_0+b_1x+\varepsilon。$$

式中，b_0，b_1 为回归系数，ε 为服从 $N(0, \sigma^2)$ 分布、互相独立的随机变量。

根据散点图，在第 2 段轮廓取一段区间，$x\in[49.80, 50.58]$，利用 MATLAB 的 regress 函数计算，结果见表 5.4。

表 5.4　regress 函数计算结果

回归系数	系数估计值	置信区间	R^2 决定系数	F 值	P 值	S^2 方差
b_0	134.673	[134.112, 135.234]	0.999 953	280 629.031 9	0.000 00	0.000 019 81
b_1	−2.741	[−2.752, −2.730]				

由表 5.3 可对模型做检验：得 $R^2=0.999$，P 值远小于 0.000 1，回归方程显著，模型可用。

$$y=-2.741x+134.673。$$

用同样的方法,可以计算所有倾斜角非零的直线轮廓函数表达式,计算结果见表 5.5。

表 5.5　倾斜角非零的直线轮廓函数计算

第几条轮廓线	截取的 x 区间	回归系数 b_1	回归系数 b_0	一元线性回归函数拟合式
2	[49.80, 50.58]	−2.741	134.673	$y=-2.741x+134.673$
4	[51.77, 52.60]	2.788	−148.566	$y=2.788x-148.566$
6	[57.71, 58.34]	−3.722	212.816	$y=-3.722x+212.816$
8	[58.69, 59.66]	3.330	−220.668	$y=3.330x-200.668$
10	[64.79, 65.34]	−3.780	242.905	$y=-3.780x+242.905$
12	[66.06, 66.73]	3.515	−236.496	$y=3.515x-236.496$
14	[72.25, 76.20]	0.198	−16.045	$y=0.198x-16.045$
15	[77.52, 81.16]	−0.201	14.645	$y=-0.201x+14.645$

工件 1 轮廓的函数拟合——圆弧部分:

如图 5.12 所示,为轮廓线第 3, 7, 11, 17, 19, 21, 23 段。

计算方法相同,我们只以第 3 段轮廓线为例,建立圆的一般方程模型:

$$x^2+y^2+Dx+Ey+F=0。$$

式中, D, E, F 为系数,且 $\begin{cases} x_c=-\dfrac{D}{2}, \\ y_c=-\dfrac{E}{2}, \\ R=\dfrac{D^2+E^2}{4}-F, \end{cases}$ x_c 为圆心横坐标, y_c 为圆心纵坐标, R 为圆半径。

根据散点图,在第 3 段轮廓取一段区间, $x\in[50.95, 51.49]$,编写函数 M 文件,利用 MATLAB 中的逆矩阵左除、右除的矩阵运算,计算出一般式系数拟合结果 $D=-102.4$, $E=8.5$, $F=264.11$,通过圆的一般式方程系数可求得圆的圆心横坐标 $x_c=51.2177$,纵坐标 $y_c=-4.2582$,圆的半径 $R=0.4941$。

用同样的方法,可以求得圆弧拟合函数曲线及圆的参数,结果见表 5.6。

表 5.6　圆弧轮廓函数计算

第几条轮廓线	截取的 x 区间	x_c 圆心横坐标	y_c 圆心纵坐标	R 半径	圆的标准方程函数拟合式
3	[50.95, 51.49]	51.2177	−4.2582	0.4941	$(x-51.2177)^2+(y+4.2582)^2=0.4941^2$
7	[58.55, 58.85]	58.7048	−4.4395	0.3011	$(x-58.7048)^2+(y+4.4395)^2=0.3011^2$
11	[65.50, 65.95]	65.7728	−4.4619	0.2974	$(x-65.7728)^2+(y+4.4619)^2=0.2974^2$

（续表）

第几条轮廓线	截取的 x 区间	x_c 圆心横坐标	y_c 圆心纵坐标	R 半径	圆的标准方程函数拟合式
17	[85.30, 86.30]	85.7117	−1.3674	0.9802	$(x-85.7117)^2+(y+1.3674)^2=0.9802^2$
19	[87.80, 89.00]	88.5205	−2.2255	1.0204	$(x-88.5205)^2+(y+2.2255)^2=1.0204^2$
21	[96.00, 100.00]	98.0520	−0.1012	3.9845	$(x-98.0520)^2+(y+0.1012)^2=3.9845^2$
23	[108.50, 111.50]	110.3021	−3.4715	3.9992	$(x-110.3021)^2+(y+3.4715)^2=3.9992^2$

总结:将上述所得的函数拟合表达式

$$y=\begin{cases}-1.7703,\ x\in(46.5958,\ 49.7768),\\ -2.741x+134.673,\ x\in(49.7768,\ 50.7087),\\ \sqrt{0.4941^2-(x-51.5177)^2}-4.2582,\ x\in(50.7087,\ 51.6895),\\ 2.788x-148.566,\ x\in(51.6985,\ 52.6537),\\ -1.7674,\ x\in(52.6537,\ 57.6527),\\ -3.722x+212.816,\ x\in(57.6527,\ 58.3931),\\ \sqrt{0.3011^2-(x-58.7048)^2}-4.4395,\ x\in(58.3931,\ 58.8479),\\ 3.330x-200.668,\ x\in(58.8479,\ 59.7296),\\ -1.7681,\ x\in(59.7296,\ 64.7283),\\ -3.780x+242.905,\ x\in(64.7283,\ 65.4627),\\ \sqrt{0.2974^2-(x-65.7728)^2}-4.4619,\ x\in(65.4627,\ 65.9432),\\ 3.515x-236.496,\ x\in(65.9432,\ 66.7791),\\ -1.7674,\ x\in(66.7791,\ 72.1090),\\ 0.198x-16.045,\ x\in(72.1090,\ 76.9172),\\ -0.201x+14.645,\ x\in(76.9172,\ 81.7059),\\ -1.7779,\ x\in(81.7059,\ 84.8215),\\ \sqrt{0.9802^2-(x-85.7117)^2}-1.3674,\ x\in(84.8215,\ 86.6019),\\ -1.7776,\ x\in(86.6019,\ 87.6036),\\ \sqrt{1.0204^2-(x-88.5205)^2}-2.2255,\ x\in(87.6036,\ 89.4377),\\ -1.7784,\ x\in(89.4377,\ 94.4376),\\ \sqrt{3.9845^2-(x-98.0520)^2}-0.1012,\ x\in(94.4376,\ 101.6652),\\ -1.7807,\ x\in(101.6652,\ 106.6779),\\ \sqrt{3.9992^2-(x-110.3021)^2}-3.4715,\ x\in(106.6779,\ 113.9281),\\ -1.7846,\ x\in(113.9281,\ 118.124)。\end{cases}$$

工件 1 参数的计算:

计算工件 1 轮廓的函数拟合式,联立得两函数之间的交点,计算的交点坐标结果见表 5.7。

表 5.7　两相邻轮廓交点坐标

轮廓线	相邻两条轮廓线交点坐标
1，2	(49.7786，−1.7703)
2，3	(50.7087，−4.4293)
3，4	(51.6985，−4.4306)
4，5	(52.6537，−1.7674)
5，6	(57.6527，−1.7674)
6，7	(58.3931，−4.5232)
7，8	(58.8479，−4.7044)
8，9	(59.7296，−1.7681)
9，10	(64.7283，−1.7681)
10，11	(65.4627，−4.5439)
11，12	(65.9432，−4.7056)
12，13	(66.7791，−1.7674)
13，14	(72.1090，−1.7674)
14，15	(76.9172，−0.8153)
15，16	(81.7059，−1.7779)
16，17	(84.8215，−1.7779)
17，18	(86.6019，−1.7776)
18，19	(87.6036，−1.7776)
19，20	(89.4377，−1.7784)
20，21	(94.4376，−1.7784)
21，22	(101.6652，−1.7807)
22，23	(106.6779，−1.7807)
23，24	(113.9281，−1.7846)

根据表 5.7 交点的坐标可以计算出工件 1 的参数值，见表 5.8。

弧长的计算基于下述公式：

$$L=\gamma r。$$

式中，L 为弧长，r 为圆半径，γ 为圆心角，且 $\gamma=2\arcsin\frac{d}{2r}$，$d$ 为两个交点(圆弧与相邻两条直线的交点)之间的距离。

角度的计算基于下述公式：

$$\angle\beta=180^\circ+\arctan k。$$

式中，β 为角度(角度制)，k 为一次函数的斜率。

表 5.8　工件 1 水平放置下的各项参数值

参数	数值	参数	数值
x_1	2.8751	$\angle 1$	110.0436°
x_2	5.0000	$\angle 2$	109.7319°
x_3	2.0769	$\angle 3$	107.0387°
x_4	4.9987	$\angle 4$	106.7151°
x_5	2.0508	$\angle 5$	104.8182°
x_6	5.3299	$\angle 6$	105.8808°
x_7	9.5969	$\angle 7$	168.8003°
x_8	3.1156	$\angle 8$	168.6350°
x_9	1.0017	R_1	0.4941
x_{10}	4.9999	R_2	0.3011
x_{11}	7.2276	R_3	0.2974
x_{12}	5.0127	R_4	0.9802
x_{13}	7.2502	R_5	1.0204
c_1	7.4871	R_6	3.9845
c_2	7.0680	R_7	3.9992
c_3	19.9389	z_1	0.9521
c_4	2.8088	l_1	0.7761
c_5	9.5315	l_2	0.2577
c_6	12.2501	l_3	0.2797
l_6	4.5265	l_4	1.1164
l_7	4.5384	l_5	1.1396

第六章　图论模型

6.1　基本内容

数学科学在应用中得以进步，尤其是近一百年来，随着计算机科学的飞速发展，很多学科产生了新的突破。图论作为微积分体系形成后的又一重要成果，在新时期里也被赋予了更加广泛的实用价值，对于数学建模来说，其作用尤为明显。

首先，图论以图为基础，由点边集合构成其基本组成方式——$G(V, E)$（V 是顶点集，E 是边集）。虽然元素简单，但是其组合关系、性质结构灵活多变，万分复杂。很多实际问题都可以转换成点边关系，以及它们是否连通、距离的远近程度等类似的等价问题进行研究。更难能可贵的是，这类点边关系等思想还可以用各类基础矩阵来表示，进而实现计算机仿真（通过算法），大大提高了其应用性与可行性。现今，图论方法已是数学建模中不可替代的基本方法之一。

本章重点是依托图论学科及其基础理论方法，与建模问题相结合，用通俗易懂的语言，让同学们对基本方法如何实际应用并进行算法实现有一个初步的了解，方便大家在遇到具体问题时能够迅速找到方向，分解问题，转换思维，找寻突破口。

图论起源于 18 世纪的柯尼斯堡七桥问题，研究四片陆地与七座桥梁的不重复循环路径。当时 Euler 将其转化为点边关系（陆地是点，桥梁是边）进行理论研究，以便量化问题，进而将其解决，随后图论科学便随之慢慢发展形成。

在建模应用中，我们应该以离散数学中的图论知识为基础，为自身建立起一个简洁的知识架构，进而逐步了解它们的实际应用模式与方法，最终进行算法实现。

那么如何在建模中灵活运用图论知识呢？这需要我们在以下四个方面进行学习：

（1）学习学科各类基本理论知识。

（2）掌握邻接矩阵、关联矩阵等各类矩阵表示方法与意义。

（3）了解知识方法与实际问题类型的对应关系。

（4）算法实现。

这四方面，（1）是基础，（2）是问题转化媒介，（3）是知识应用范围与方式，（4）是利用计算机解决问题，得出结论。所以图论应用是传统科学与现代科学手段充分结合的典型例证。

下面是从应用性层面给出的图论学科的基本知识结构：

(1) 基本图类
- 简单图
- 无向图与有向图
- 补图
- 子图、生成子图、导出子图
- 完全图
- 二部图

(2) 矩阵表示
- 邻接矩阵
- 关联矩阵
- 可达性矩阵
- 权值矩阵
- 距离矩阵

(3) 通道与路径
- 连通性
- 通路、迹与路
- 割点、割边与割集
- 路径问题
- 加权路径
- Euler 图与 Hamilton 图

(4) 树
- 树
- 生成树
- 最小生成树
- 广度优先搜索
- 深度优先搜索

(5) 匹配
- 匹配与覆盖
- 完美匹配
- 最大匹配
- 最优匹配、理想匹配

(6) 网络流
- 网络流与割
- 最大网络流
- 最小费用流

说明:这里的知识体系主要为建模应用服务,同时本章所有例子均以矩阵形式进行仿真,包括邻接矩阵、距离矩阵、容量矩阵,相关知识定义请查询《图论导引》等相关书籍,由于篇幅限制,本章不做过多解释。

图论知识较多应用于遍历问题,针对网络与关键路径求解,其算法基础主要是广度优先搜索(BFS)与深度优先搜索(DFS)。所以图论模型的应用主要是将实际问题转化成活动网络(加权图)与排序及路径研究等方向。下面先简单介绍广度优先搜索与深度优先搜索的基本思想,再通过具体问题了解图论知识是如何应用转化的。

广度优先搜索与深度优先搜索这两种常用的方法可用来搜索图,它们最终都会到达所有连通的顶点。广度优先搜索通过队列来实现,而深度优先搜索通过栈来实现。

6.1.1 广度优先搜索

搜索从一个节点出发，向相邻节点扩展，这个过程是分层进行的，也就是说，节点的扩展是按它们接近起始节点的程度依次进行的。当对长度为 n 的任一节点进行扩展之前，必须先考察长度为 $n-1$ 的节点的每种可能的状态。节点之间的关系一般可以用树来表示，它被称为解答树。搜索算法的搜索过程实际上就是根据初始条件和扩展规则构造一棵解答树并寻找符合目标状态的节点的过程。它是一种先生成的节点先扩展的策略，适合于判定是否有解和求唯一解的情况。

实现广度优先搜索，要遵守三个基本规则：

(1) 访问下一个未访问的邻接点，这个顶点必须是当前顶点的邻接点，标记它，并把它插到队列中。

(2) 如果因为已经没有未访问顶点而不能执行规则(1)，那么从队列头取一个顶点，并使其成为当前顶点。

(3) 如果因为队列为空而不能执行规则(2)，则搜索结束。

队列是广度优先遍历算法优先选择的数据结构。队列的存储机制为先进先出，而广度优先遍历算法恰好需要保证优先访问已访问顶点的未访问邻接点。因为队列操作简单、效率高，所以最适合广度优先算法的存储法则。

核心思想描述：

(1) 从图中的某一顶点 V_0 开始，先访问 V_0；

(2) 访问所有与 V_0 相邻接的顶点 $V_1, V_2, \cdots, V_p$；

(3) 进而继续访问与 $V_1, V_2, \cdots, V_p$ 相邻接的所有未曾访问过的顶点；

(4) 如此往复，直至所有的顶点都被访问过为止。

这种搜索的次序体现在沿层次向横向扩展的趋势，所以称之为广度优先搜索。对此我们在应用时要注意以下几点：

(1) 如果要求路径输出，在每生成一个子节点时，就要提供指向它们父节点的指针。一旦解出现，通过逆向跟踪，可以找到从根节点到目标节点的一条路径。

(2) 搜索扩展的节点要与前面所有已经产生的节点比较，以免出现重复节点。

(3) 广度优先搜索的效率依赖于目标节点的所在位置，如果目标节点过深，则搜索工作量会大幅度提升。

(4) 如果目标节点的深度与“费用”(如路径长度)成正比，那么第一次找到的解即为最优解；如果节点的“费用”不与深度成正比，那么第一次找到的解不一定是最优解。

图 6.1 所示的广度优先搜索顶点被访问的顺序为：1—2—3—4—5—6—7—8—9—10—11—12。

广度优先搜索是一种盲目搜寻法，目的是系统地展开并检查图中的所有节点，以找寻结果。换句话说，它并不考虑结果的可能位址，彻底地搜索整张图，直到找到结果为止。

Dijkstra 单源最短路径算法和 Prim 最小生成树算法都采用了和广度优先搜索类似的思想。

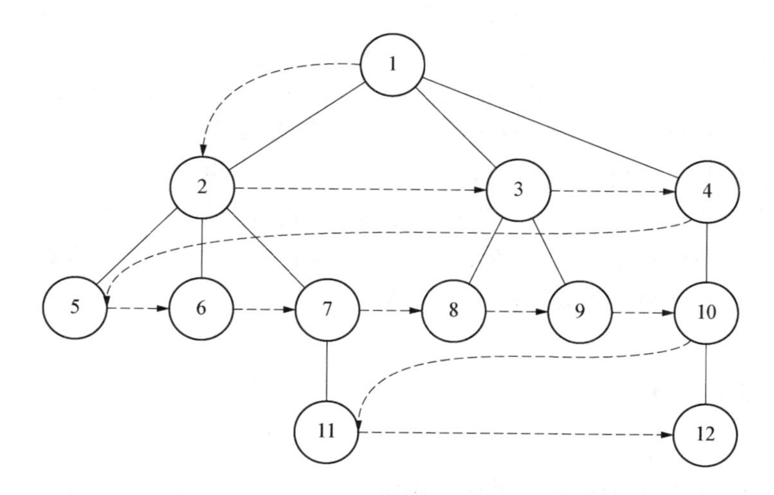

图 6.1 广度优先搜索顶点被访问的顺序

6.1.2 深度优先搜索

在深度优先搜索算法中，深度越大的节点越先得到扩展，算法表现得好像要尽快地远离起始点似的。深度优先搜索就是在搜索树的每一层始终先只扩展一个子节点，不断地向纵深前进直到不能再前进（到达叶子节点或受到深度限制）时，才从当前节点返回到上一级节点，沿另一方向又继续前进。这种方法的搜索树是从树根开始一枝一枝逐渐形成的，是通过栈来实现的递归过程。

为了实现深度优先搜索，首先选择一个起始顶点并需要遵守三个规则：

(1) 如果可能，访问一个邻接的未访问顶点，标记它，并把它放入栈中。

(2) 当不能执行规则(1)时，如果栈不空，就从栈中弹出一个顶点（上一级），继续访问，执行规则(1)，否则继续回访。

(3) 如果不能执行规则(1)和规则(2)，就完成了整个搜索过程。

图 6.2 所示的深度优先搜索顶点被访问的顺序为：1—2—5—(2)—6—(2)—7—11—(7)—(2)—(1)—3—8—(3)—9—(3)—(1)—4—10—12（括号内点为回访点位）。

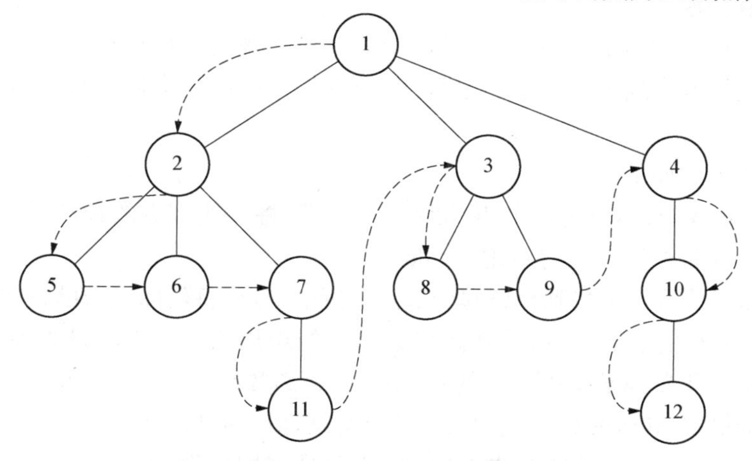

图 6.2 深度优先搜索顶点被访问的顺序

最终搜索顺序为:1—2—5—6—7—11—3—8—9—4—10—12。

可见广度优先遍历算法与深度优先遍历算法既有一定的相通性,又有所不同。比如走迷宫的问题,如果宗旨在于最快地、有逻辑地走出迷宫,就要靠深度优先遍历算法;但如果宗旨在于寻遍迷宫的每一个角落,那就要使用广度优先遍历思想。

这两种搜索方式是图论知识体系进行算法实现的操作基础,但从整体知识体系上来说,各理工科专业还是应将离散数学作为图论应用的前驱课程,这里对于高等数学、工程数学(线性代数)等基础性学科的重要性就不做解释了。

6.2 典型案例解析

6.2.1 最短路径问题:Dijkstra 与 Floyd 算法

最短路径的数据基础是网络,组成网络的每一条弧段都有一个相应的权值,用来表示此弧段所连接的两节点间的阻抗值。在数学模型中,这些权值可以为正值,也可以为负值。由于在 GIS 中一般的最短路径问题不涉及负回路的情况,因此以下所有的讨论中假定弧段的权值都为非负值。

若一条弧段 (V_i, V_j) 的权值表示节点 V_i 和 V_j 之间的长度或距离,则道路 $u=\{e_1, e_2, \cdots, e_k\}$ 的长度即为 u 上所有边的长度之和。所谓最短路径问题就是在 V_i 和 V_j 之间的所有路径中,寻求长度最小的路径,这样的路径称为从 V_i 到 V_j 的最短路径。

最短路径问题的算法一般分为两大类:一类是所有点对间的最短路径,另一类则是单源点间的最短路径问题,各自的求解方法是不同的。

在图论中,路径问题一直都是重中之重,而与之映射的建模应用也尤为广泛。尤其是近几十年来计算机技术突飞猛进,很多关于路径问题的算法也应运而生。作为图论知识在数学模型中的基础应用,这里着重介绍关于最短路径的基础算法:Dijkstra 与 Floyd 算法。可以说但凡与路径相关的问题都绕不开它们,更不用说由其思想而得以展开的其他问题了。

1. Dijkstra 算法

Dijkstra 算法是一种用于解决图中单源最短路径问题的经典算法。它通过维护一个距离数组来记录起始节点到各个节点的最短路径长度,并使用一个标记数组来表示节点是否已经被访问过。

具体的算法思想如下:

(1) 初始化距离数组,将起始节点的距离设为零,将其他节点的距离设为无穷大(或者一个较大的数),并将标记数组初始化为 false。

(2) 在未标记的节点中找到距离起始节点最近的节点,将其标记为已访问。

(3) 遍历该节点的邻居节点,更新距离数组中的距离值。如果经过当前节点到达邻居节点的路径长度小于距离数组中已有的值,则更新距离数组中的值。

(4) 重复步骤(2)和步骤(3),直到所有节点都被标记为已访问。

Dijkstra 算法的实际应用情况非常广泛,特别是在网络路由算法和地图导航等领域。

例如,它可以用于计算两个城市之间的最短路径,或者在一个有向图中找到从起始节点到其他节点的最短路径。此外,Dijkstra 算法还可以通过将图模型转化为有向无环图来解决动态规划问题,例如在任务调度和资源分配中找到最优解。下面给出一个 MATLAB 程序供参考。

```
function [dist] = Dijkstra (adjacencyMatrix, source)
n = size (adjacencyMatrix, 1);
dist = inf (1, n) ;
visited = false (1,n);
dist (source) = 0;
for i = 1:n
    current = findMinDist (dist, visited);
    visited (current) = true;
    for i = 1:n
        if ~visited (j) && adjacencyMatrix (current, j) > 0
            newDist = dist (current) + adjacencyMatrix (current, j) ;
            if newDist < dist (i)
                dist (j) = newDist;
            end
        end
    end
end
end
```

接下来,我们可以创建一个 8 阶邻接距离矩阵,并调用上述函数来计算从起始节点到每个节点的最短路径。图 6.3 是此矩阵的路径关系及点间距离关系。

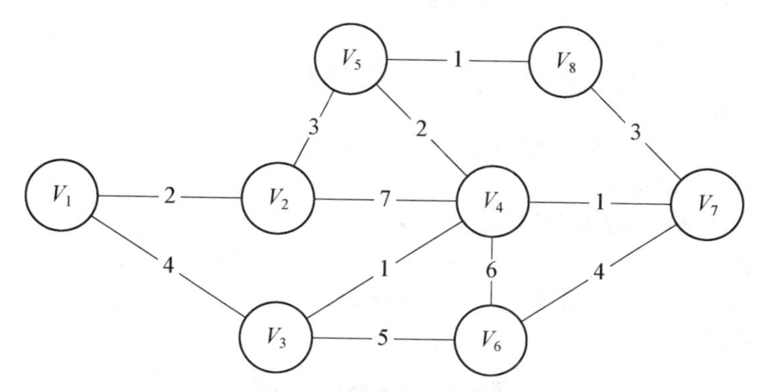

图 6.3 矩阵的路径关系及点间距离关系

我们以节点 V_1 为起始节点。

从图 6.4 可以清楚地看到从第一个节点到其余节点的最短路径与距离。

```
>> adjMatrix =[
    0 2 4 0 0 0 0 0;
    2 0 0 7 3 0 0 0;
    4 0 0 1 0 5 0 0;
    0 7 1 0 2 6 1 0;
    0 3 0 2 0 0 0 1;
    0 0 5 6 0 0 4 0;
    0 0 0 1 0 4 0 3;
    0 0 0 0 1 0 3 0
];

startNode = 1;
[dist, path] = dijkstra(adjMatrix, 1);
for i = 1:length(dist)
    fprintf("节点%d到节点%d的最短路径为:", startNode, i);
    fprintf("%d", startNode);
    for j = 1:length(path{i})
        fprintf("->%d", path{i}(j));
    end
    fprintf("->%d\n", i);
    fprintf("最短距离为:%d\n", dist(i));
end
节点1到节点1的最短路径为:1->1
最短距离为:0
节点1到节点2的最短路径为:1->2->2
最短距离为:2
节点1到节点3的最短路径为:1->3->3
最短距离为:4
节点1到节点4的最短路径为:1->3->4->4
最短距离为:5
节点1到节点5的最短路径为:1->2->5->5
最短距离为:5
节点1到节点6的最短路径为:1->3->6->6
最短距离为:9
节点1到节点7的最短路径为:1->3->4->7->7
最短距离为:6
节点1到节点8的最短路径为:1->2->5->8->8
最短距离为:6
```

图 6.4　最短路径与距离

2. Floyd 算法

Floyd 算法是一种用于解决图中所有节点之间最短路径问题的经典算法。它通过维护一个距离矩阵来记录任意两个节点之间的最短路径长度。

具体的算法思想如下：

(1) 初始化距离矩阵，将任意两个节点之间的距离设为无穷大（或者一个较大的数），并将自身节点到自身节点的距离设为零。

(2) 对于每个节点 k，在当前距离矩阵的基础上，遍历所有节点 i 和节点 j，如果经过节点 k 到达节点 j 的路径长度小于当前距离矩阵中的值，则更新距离矩阵中的值。

(3) 重复步骤(2)，直到遍历完所有节点。

Floyd 算法的时间复杂度为 $O(n^3)$，其中 n 为节点的数量。

Floyd 算法的实际应用情况包括网络路由算法、交通规划、城市规划等领域。例如，在网络路由算法中，Floyd 算法可以用于计算任意两个节点之间的最短路径，以确定数据包传输的最佳路径。在交通规划和城市规划中，Floyd 算法可以用于计算任意两个地点之间的最短距离，以确定最佳的交通路径或规划城市的交通网络。此外，Floyd 算法还可以用于解决动态规划问题，例如在任务调度和资源分配中找到最优解。这里同上给出其 MATLAB 程序供参考。

```
function [distMatrix, r] = floydAlgorithm(adjMatrix)
n = size(adjMatrix, 1);
distMatrix = adjMatrix;
for k = 1:n
    for i = 1:n
        for j = 1:n
            if distMatrix(i,k) + distMatrix(k,j)<distMatrix(i,j)
                distMatrix(i,j) = distMatrix(i,k) + distMatrix(k,j);
            end
        end
    end
end
end
```

我们还是以上述例子进行仿真，得到所有节点间的最短距离矩阵，结果如图 6.5 所示。可以看到，矩阵中的数值便是图中各节点间的最短距离。

Dijkstra 算法和 Floyd 算法是两种常见的图论算法，用于解决最短路径问题。它们的区别和优缺点如下。

(1) Dijkstra 算法。

算法思想：从起点开始，逐步扩展最短路径集合，直到到达终点或无法继续扩展。

优点：适用于单源最短路径问题，对于稀疏图效果较好，时间复杂度较低。

缺点：不能处理存在负权边的图，需要额外的数据结构来存储和更新最短路径。

(2) Floyd 算法。

算法思想：通过动态规划的方式，逐步计算任意两点之间的最短路径。

优点：适用于多源最短路径问题，可以处理存在负权边的图。

```
>> adjMatrix = [0 2 4 inf inf inf inf inf;
                2 0 inf 7 3 inf inf inf;
                4 inf 0 1 inf 5 inf inf;
                inf 7 1 0 2 6 1 inf;
                inf 3 inf 2 0 inf inf 1;
                inf inf 5 6 inf 0 4 inf;
                inf inf inf 1 inf 4 0 inf;
                inf inf inf inf 1 inf 3 0];

distMatrix = floydAlgorithm(adjMatrix);

disp(distMatrix);
     0     2     4     5     5     9     6     6
     2     0     6     5     3    10     6     4
     4     6     0     1     3     5     2     4
     5     5     1     0     2     5     1     3
     5     3     3     2     0     7     3     1
     9    10     5     5     7     0     4     8
     6     6     2     1     3     4     0     4
     6     4     4     3     1     7     3     0
```

图 6.5　最短距离矩阵

缺点：时间复杂度较高，需要计算任意两点之间的最短路径，对于稀疏图效果不如 Dijkstra 算法。

6.2.2　最小生成树问题：Kruskal 与 Prim 算法

最小生成树是图论中的一个重要概念，它在现实生活中有许多具体应用。下面列举一些常见的最小生成树的应用：

(1) 电力传输网络规划。在建设电力传输网络时，需要确定最优的电力输送路径，确保能够以最低的成本将电能传输到各个地区。最小生成树可以用来确定电力传输网络的最优布线方案。

(2) 通信网络规划。在建设通信网络时，需要确定最优的通信线路布局，确保能够以最低的成本实现通信的覆盖和连接。最小生成树可以用来确定通信网络的最优布局方案。

(3) 公路网络规划。在规划公路网络时，需要确定最优的道路连接方案，确保能够以最低的成本实现不同地区之间的交通联通。最小生成树可以用来确定公路网络的最优布局方案。

(4) 网络优化。在网络优化问题中，常常需要确定网络中的最小子集，使得这个子集中的节点和边能够构成一个连通图。最小生成树可以用来解决这类问题，找到网络中的最小连通子集。

(5) 管道布局规划。在规划管道布局时,需要确定最优的管道连接方案,确保能够以最低的成本实现物质的输送和供应。最小生成树可以用来确定管道网络的最优布局方案。

总的来说,最小生成树的应用非常广泛,凡是需要确定最优的连通性或路径布局的问题,都可以考虑使用最小生成树算法来解决。

1. Kruskal 算法

Kruskal 算法是一种用于解决最小生成树问题的经典算法。最小生成树是指在一个加权连通图中选取一棵包含所有节点且边的权重之和最小的树。

Kruskal 算法的思想是首先将图中的所有边按照权重从小到大进行排序,然后从最小权重的边开始逐个加到最小生成树中,但要保证加入的边不会形成环路。

具体的算法步骤如下:

(1) 初始化一棵空的最小生成树。

(2) 将图中的所有边按照权重从小到大进行排序。

(3) 依次遍历排序后的边,如果当前边的加入不会形成环路,则将其加入最小生成树中。

(4) 重复步骤(3),直到最小生成树中的边数等于节点数减一。

Kruskal 算法可以使用并查集来判断是否形成环路,通过记录每个节点所属的连通分量,判断两个节点是否属于同一个连通分量,以避免形成环路。下面我们依旧以之前的 8 阶距离矩阵为例子进行 MATLAB 程序仿真:

```
function [MST, cost] = kruskal(graph)
[~, edges] = sort(graph(:)); % 对图的边按权重进行排序
[row, col] = ind2sub(size(graph), edges); % 获取排序后的边的行列索引
MST = zeros(size(graph)); % 初始化最小生成树
cost = 0; % 初始化最小生成树的总权重
numEdges = 0; % 已添加的边的数量
parent = 1:numel(graph); % 初始化每个顶点的父节点为自身
for i = 1:length(edges)
    r = row(i); % 当前边的起点
    c = col(i); % 当前边的终点
    if numEdges == size(graph, 1) - 1 % 边的数量已达到最小生成树的最大数量
        break;
    end
    rootR = findRoot(parent, r); % 查找起点的根节点
    rootC = findRoot(parent, c); % 查找终点的根节点
    if rootR ~= rootC % 起点和终点不在同一个连通分量中
        MST(r, c) = graph(r, c); % 添加当前边到最小生成树中
        MST(c, r) = graph(r, c);
```

```
            cost = cost + graph(r, c); % 更新最小生成树的总权重
            numEdges = numEdges + 1; % 更新已添加的边的数量
            parent(rootR) = rootC; % 将起点的根节点的父节点设置为终点的根节点
        end
    end
    end
    function root = findRoot(parent, vertex)
    root = vertex;
    while root ~= parent(root)
        root = parent(root);
    end
    end
```

结果见图 6.6。

```
>> graph=[0 2 4 inf inf inf inf inf;
          2 0 inf 7 3 inf inf inf;
          4 inf 0 1 inf 5 inf inf;
          inf 7 1 0 2 6 1 inf;
          inf 3 inf 2 0 inf inf 1;
          inf inf 5 6 inf 0 4 inf;
          inf inf inf 1 inf 4 0 3;
          inf inf inf inf 1 inf 3 0];
[MST,cost]=kruskal(graph);
disp(MST);disp(cost);
     0     2     0     0     0     0     0     0
     2     0     0     0     3     0     0     0
     0     0     0     1     0     0     0     0
     0     0     1     0     2     0     1     0
     0     3     0     2     0     0     0     1
     0     0     0     0     0     0     4     0
     0     0     0     1     0     4     0     0
     0     0     0     0     1     0     0     0

    14
```

图 6.6　8 个节点连通图的最小生成树

此结果代表了这 8 个节点连通图的最小生成树,矩阵中的数值代表相应节点间的距离,所以总距离为 14,图形如图 6.7 所示。

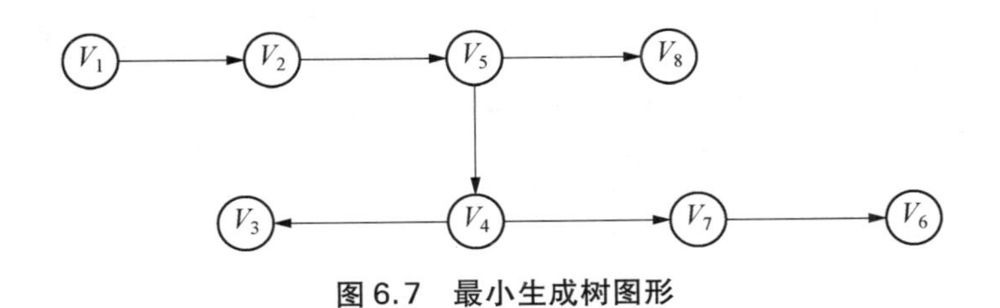

图 6.7　最小生成树图形

这是一个简单的 Kruskal 算法，用于寻找一个带权重的无向图的最小生成树。输入的 graph 是一个表示图的邻接矩阵，其中 graph(i, j)表示节点 i 和节点 j 之间的权重。输出的 MST 是一个表示最小生成树的邻接矩阵，其中 MST(i, j)表示最小生成树中节点 i 和节点 j 之间的权重。cost 是最小生成树的总权重。

2. Prim 算法

Prim 算法是一种用于解决最小生成树问题的经典算法。与 Kruskal 算法不同，Prim 算法是基于节点的贪心策略进行构建最小生成树的。

Prim 算法的思想是从一个初始节点开始，逐步扩展最小生成树，每次选择与当前最小生成树距离最近的节点进行连接，直到所有节点都被连接为止。

具体的算法步骤如下：

(1) 初始化一棵空的最小生成树和一个集合 S，将初始节点加到集合 S 中。

(2) 对于集合 S 中的每个节点，找到与其相邻节点中距离最小的边，将该边加到最小生成树中。

(3) 将该边的另一个节点加到集合 S 中。

(4) 重复步骤(2)和步骤(3)，直到集合 S 中包含所有节点。

在 Prim 算法中，需要使用一个优先队列或最小堆来维护每个节点与最小生成树之间的距离，以便快速找到距离最小的节点。下面我们还是以上题为例，进行编程仿真：

```
function MST = prim(graph)
n = size(graph,1); % 图的顶点个数
MST = zeros(n-1,3); % 最小生成树
visited = zeros(n,1); % 记录顶点是否已访问
visited(1) = 1; % 从顶点 1 开始构建最小生成树
count = 1; %记录已加入最小生成树的边的条数
while count < n
    minweight = inf; % 最小权重
    minIndex = 0; % 最小权重对应的顶点索引
    thisIndex = 0;
    for i = 1:n
        if visited(i) = = 1 % 已访问的顶点
            for j = 1:n
                if visited(j) = = 0 && graph(i,j) <minweight % 未访问的顶点
```

```
                        thisIndex = i;
                        minweight = graph(i, j);
                        minIndex = j;
                    end
                end
            end
        end
        MST(count,1) = minIndex;
        MST(count,2) = thisIndex;
        MST(count,3) = minweight;
        visited(minIndex) = 1;
        count = count + 1;
    end
end
```

结果见图 6.8。

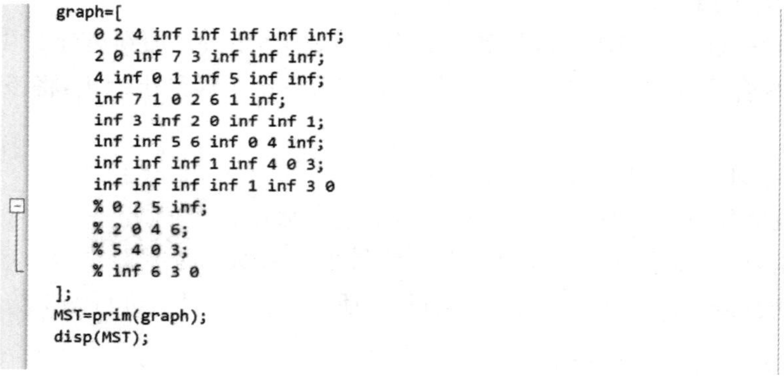

```
graph=[
    0 2 4 inf inf inf inf inf;
    2 0 inf 7 3 inf inf inf;
    4 inf 0 1 inf 5 inf inf;
    inf 7 1 0 2 6 1 inf;
    inf 3 inf 2 0 inf inf 1;
    inf inf 5 6 inf 0 4 inf;
    inf inf inf 1 inf 4 0 3;
    inf inf inf inf 1 inf 3 0
    % 0 2 5 inf;
    % 2 0 4 6;
    % 5 4 0 3;
    % inf 6 3 0
];
MST=prim(graph);
disp(MST);
```

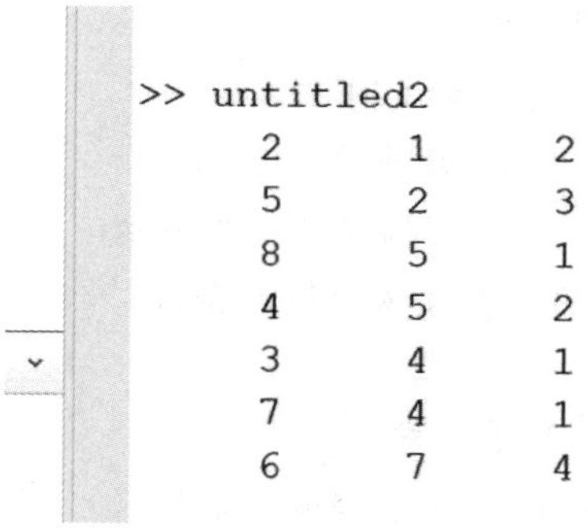

```
>> untitled2
     2     1     2
     5     2     3
     8     5     1
     4     5     2
     3     4     1
     7     4     1
     6     7     4
```

图 6.8 8 个节点连通图的最小生成树

在这里,我们可以调用 prim 函数来计算最小生成树:

结果表示最小生成树的边,每一行代表一条边,第一列是边的终点,第二列是边的起点,第三列是边的权重。在这个例子中,所得结果与上例一致。

Prim算法的实际应用情况与Kruskal算法类似，包括网络设计、电力传输、城市规划等领域。例如：在网络设计中，Prim算法可以用于确定网络中建立连接的最佳方式，以最小化整个网络的成本；在电力传输中，Prim算法可以用于确定输电线路的布局，以最小化电力传输的损耗；在城市规划中，Prim算法可以用于确定城市中道路的布置，以最小化交通拥堵和行车时间。

6.2.3 Euler回路与Hamilton回路

1. Euler回路

Euler回路(Eulerian circuit)是图论中的一个经典问题，如寻找一个图中是否存在一条路径，经过每条边恰好一次，并且回到起点。它对路径加以条件限制，是一种优化，有很强的实际应用性。

(1) 交通方面。Euler回路可以应用于交通规划中，特别是在城市道路网络的设计和优化中。通过找到一条路径，经过每条道路一次，并回到起点，可以帮助优化交通流量，减少拥堵情况。Euler回路在传统的邮递员问题、警察片区巡逻、最佳旅行线路等方面都有广泛的应用。

(2) DNA测序。在DNA测序中，Euler回路可以帮助解决基因组装问题。通过将DNA序列视为图的节点，将相邻的序列片段连接起来，形成边，然后利用Euler回路算法，可以将碎片化的DNA序列片段重新组装成完整的基因序列。

(3) 网络通信。Euler回路可以应用于网络通信中的数据传输问题。通过将数据包视为图的节点，将数据包传输路径视为边，利用Euler回路算法可以帮助优化数据传输路线，提高网络传输效率。

(4) 电力网络。在电力网络中，Euler回路可以应用于优化电力输送路径，减少能量损耗和传输延迟。通过将电力输送线路视为图的边，将发电站和用电站视为节点，利用Euler回路算法可以找到最佳的电力输送路径，提高电力网络的效率和可靠性。

我们可以仿照之前的内容给出一个搜寻Euler回路的算法，以供参考。

Fleury算法是一种用于寻找无向连通图的Euler回路或Euler路径(Eulerian path)的算法。

Euler回路指的是经过图中每条边一次且仅一次的回路，而Euler路径指的是经过图中每条边一次且仅一次的路径(可以不是回路)。

Fleury算法的基本思想是从图中的任意一个顶点开始，逐步遍历图中的边，并选择合适的边进行遍历，直到遍历完所有的边或无法继续遍历。

具体的算法步骤如下：

(1) 选择一个任意的起始顶点作为当前顶点。

(2) 从当前顶点开始，选择一条与之相邻的未访问过的边，并将该边添加到Euler路径或Euler回路中。

(3) 如果选择的边是桥(割边)，即删除该边后图中的连通分量个数增加了，则暂时不选择该边，继续寻找其他的边。

(4) 如果没有割边可选，那就选择一条非割边。

(5) 将选择的边标记为已访问，并将其相邻的顶点设置为当前顶点。

(6) 重复步骤(2)至(5)，直到无法选择更多的边。

(7) 如果所有的边都被访问过，且当前顶点与起始顶点相邻，则找到了 Euler 回路；如果当前顶点与起始顶点不相邻，则找到了 Euler 路径。

Fleury 算法的时间复杂度为 $O(e^2)$，其中 e 是图中的边数。该算法的核心是选择合适的边进行遍历，需要注意的是要避免选择桥边，以确保能够找到 Euler 回路或 Euler 路径。

Fleury 算法是图论中解决 Euler 回路和 Euler 路径问题的经典算法之一，但是对于存在重边或自环的图，该算法可能不适用。对于这些情况，可以使用其他算法，如 Hierholzer 算法等来实现，这里仅以 Fleury 算法来举例实现。我们以一个 9 顶点的无向连通图为例，根据其邻接矩阵进行仿真，具体图形请读者自行画出。

```
function euler_circuit = FleuryAlgorithm(adj_matrix)
num_vertices = size(adj_matrix, 1);
euler_circuit = [];
current_vertex = 1; % 选择起始顶点为 1
while sum(adj_matrix(:)) >0 % 直到所有边都被遍历过
    % 寻找未被遍历的边
    unvisited_edges = find(adj_matrix(current_vertex, :) > 0);
    if numel(unvisited_edges) = = 1 % 若只有一条未被遍历的边
        next_vertex = unvisited_edges;
    else
        % 若有多条边可选，则选择不是桥边的边
        bridge_edges = findBridgeEdges(adj_matrix, current_vertex);
        non_bridge_edges = setdiff(unvisited_edges, bridge_edges);
        if numel(non_bridge_edges) = = 0 % 若只剩下桥边，则选择桥边
          next_vertex = bridge_edges(1);
        else
          next_vertex = non_bridge_edges(1); % 否则选择不是桥边的边
        end
    end
    % 将所选择的边加入路径，并将其标记为已遍历
    euler_circuit = [euler_circuit, current_vertex];
    adj_matrix(current_vertex, next_vertex) = 0;
    adj_matrix(next_vertex, current_vertex) = 0;
    current_vertex = next_vertex; % 更新当前顶点
end
euler_circuit = [euler_circuit current_vertex]; % 添加最后一个顶点
    function bridge_edges = findBridgeEdges(adj_matrix, current_vertex)
        bridge_edges = [];
        G = zeros(num_vertices);
```

```
        for i = 1:num_vertices
            G = G + adj_matrix^i;
        end
        G = ~G;
        for i = 1:num_vertices
            if adj_matrix(current_vertex, i) > 0 % 对于每一条相同的边
               % 删除边后判断图是否连通
               adj_matrix(current_vertex, i) = 0;
               adj_matrix(i, current_vertex) = 0;
               % 如果图不连通,则该边为桥边
               G_Delete = zeros(num_vertices);
               for j = 1:num_vertices
                   G_Delete = G_Delete + adj_matrix^j;
               end
               G_Delete = ~G_Delete;
               if ~isequal(G_Delete,G)
                   bridge_edges = [bridge_edges, i];
               end
               % 恢复边的状态
               adj_matrix(current_vertex, i) = 1;
               adj_matrix(i, current_vertex) = 1;
            end
        end
    end
end
```

结果见图 6.9。

```
>> adj_matrix=[
    0 1 0 0 0 0 0 1 0;
    1 0 1 0 0 0 0 1 1;
    0 1 0 1 0 0 0 0 0;
    0 0 1 0 1 1 0 0 1;
    0 0 0 1 0 1 0 0 0;
    0 0 0 1 1 0 1 0 1;
    0 0 0 0 0 1 0 1 0;
    1 1 0 0 0 0 1 0 1;
    0 1 0 1 0 1 0 1 0
];
euler_circuit = fleuryAlgorithm(adj_matrix);
disp(euler_circuit);
     1     2     3     4     5     6     4     9     2     8     7     6     9     8     1
```

图 6.9 程序运行结果

可以看到，最后的运行结果便是顶点间的递进关系：1—2—3—4—5—6—4—9—2—8—7—6—9—8—1，这便是一条遍历原图所有边的 Euler 回路（边不同，点可以同）。

2. Hamilton 回路

Hamilton 回路是指一条经过图中每一个顶点一次且仅一次的回路。在 Hamilton 回路中，所有顶点都被遍历，但边可以遍历多次，主要强调的是图中的顶点。比如在环游世界时，找到一条 Hamilton 回路，能游遍世界每一个地方。但 Hamilton 回路的算法问题一直是个难题，现在也都是基于深度优先搜索进行遍历，所以对于复杂图形时间成本太高，在研究具体问题时应进行简化或者进行适当约束。下面再简单举个例子：

```
function hamiltonianCycles(graph, startVertex)
    n = size(graph, 1);
    path = zeros(1, n);
    pathCount = 0;
    path(1) = startVertex;
    visited = zeros(1, n);
    visited(startVertex) = 1;

    % 调用递归 DFS 搜索所有 Hamilton 回路
    pathCount = findHamiltonian(graph, path, visited, 2, startVertex, pathCount);

    if pathCount = = 0
       disp('No Hamiltonian cycle found.');
    end
end

function pathCount = findHamiltonian(graph, path, visited, pos, startVertex,
pathCount)
    n = size(graph, 1);

    % 如果已经访问了所有顶点，并且最后一个顶点与起点相连，则找到一条
Hamilton 回路
    if pos = = n + 1
       if graph(path(pos - 1), startVertex) = = 1
          pathCount = pathCount + 1;
          fprintf('Hamiltonian cycle %d: \n', pathCount);
          disp(path)
       end
       return;
```

```
        end

        % 尝试所有未访问的顶点
        for v = 1:n
            if graph(path(pos - 1), v) = = 1 && visited(v) = = 0
               path(pos) = v;            % 将顶点 v 加入路径
               visited(v) = 1;           % 标记顶点 v 已访问

               % 递归调用,继续搜索下一个顶点,并更新 pathCount
                 pathCount = findHamiltonian(graph, path, visited, pos + 1,
startVertex, pathCount);

               % 回溯
               visited(v) = 0;
               path(pos) = 0;
            end
        end
    end
```

图 6.10 是一个关于 8 个顶点的连通图的邻接矩阵及仿真结果。

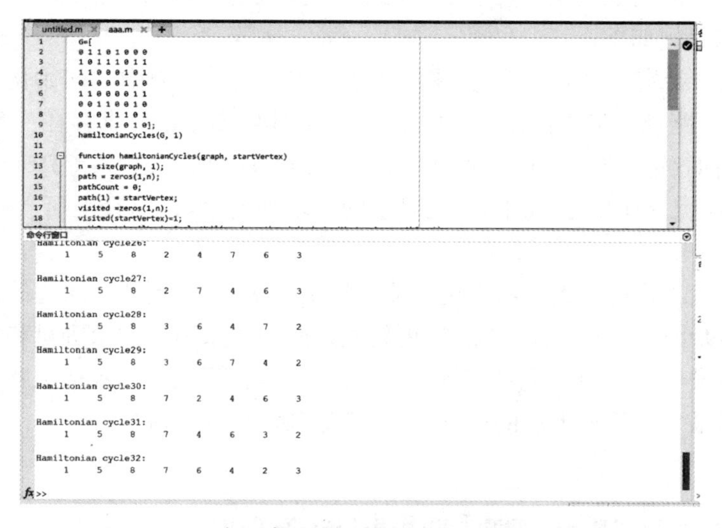

图 6.10 8 个顶点的连通图的邻接矩阵及仿真结果

结果得到了 7 组从第一个顶点进行遍历的 Hamilton 回路。

6.2.4 网络流问题

图论中的网络流问题是指在一个有向图中,通过边的流动来模拟从源点到汇点的流量传输,同时满足一定的容量约束和流量守恒条件。

网络流问题通常包含以下要素:

(1) 有一个有向图,其中每条边都有一个容量限制,表示该边可以承载的最大流量。

(2) 有一个源点(source)和一个汇点(sink),分别表示流量的起点和终点。

(3) 流量沿着有向边流动,只能沿着箭头指向的方向流动,并且不能超过边的容量限制。

(4) 除了源点和汇点外,每个节点的流入量等于流出量,即流量守恒。

常见的网络流问题包括最大流问题和最小割问题。

最大流问题是找到从源点到汇点的最大流量,即在满足容量限制和流量守恒的条件下,使得从源点到汇点的流量最大。

最小割问题是找到一个割(cut),将图分成两个部分,使得割的容量最小。割的容量定义为割边的容量之和,即割边的最小容量。

网络流问题在实际中有很多应用,如网络最大吞吐量的计算、任务分配问题、电力输送问题等。

下面介绍两种常见的网络最大流算法。

1. Ford-Fulkerson 算法

Ford-Fulkerson 算法是一种基于增广路径的算法。首先,初始化流网络,然后不断寻找增广路径,并通过增加流量或减少容量来更新网络,直到找不到增广路径为止。增广路径的查找可以使用广度优先搜索或深度优先搜索等方法。

Ford-Fulkerson 算法是用于求解网络流问题的一种经典算法。它通过不断在残余图中寻找增广路径来逐步增加流量,直到无法找到增广路径为止,得到最大流。

具体的算法思想如下:

(1) 初始化。给定一个有向图,其中每条边的容量为非负整数。初始化最大流为零。

(2) 寻找增广路径。在残余图中寻找一条从源点到汇点的路径,即存在一系列边,每条边的正向容量减去反向容量大于零。可以使用深度优先搜索或广度优先搜索等算法寻找增广路径。

(3) 计算增量。在增广路径中,找到最小的可增加流量,即路径上所有边的剩余容量的最小值。

(4) 更新流量。将路径上的所有边的流量增加增量,同时更新反向边的流量。

(5) 更新残余图。根据更新的流量,更新残余图中每条边的剩余容量和反向边的容量。

(6) 重复步骤(2)～(5)。重复执行步骤(2)～(5),直到无法找到增广路径为止。

(7) 输出结果。计算最大流的值,即从源点流到汇点的总流量。

程序如下:

```
function Data = FordFulkersonFun(G,s,t,varargin)
[m,n] = size(G);
Data.tbl = table;
if m~ = n
    fprintf('不是方阵');
    return;
```

```
end
clear m
k = 1;
% % 初始化
Data.G = G;
Data.s = s;
Data.t = t;
Data.n = n;
% 获取流量网络的大小
n = size(G, 1);
%若未给定流量,设置为零流
if nargin = = 3
    Data.F = zeros(n);
elseif nargin = = 4
    [a,b] = size(varargin{1});
    if (a~ = n)||(b~ = n)
        fprintf("流量网络与容量网络大小不一致");
        return
    else
        Data.F = varargin{1};
    end
else
    fprintf("输入参数过多");
    return
end
Data.end = 0;
while true
    Data = FordFulkersonLabel(Data);
    if Data.end = = 1
        break;
    end
    Data = FordFulkersonAPA(Data)
end
MaxFlow = sum(Data.F,2);
Data.MaxFlow = MaxFlow(Data.s);
end
function Data = FordFulkersonLabel(Data,varargin)
if nargin = = 1
```

```
    root = Data.s;
    %初始化标号
    n = Data.n;
    Data.label = - ones(n,2);
    Data.label(Data.s,1) = 0; %标定源点标号为 0
    Data.label(Data.s,2) = Inf; %标定源点流量为 0
    Data.List = [];
else
    root = varargin{1};
end
for i = 1:Data.n
    if i = = root
        continue;
    end
    if ((Data.G(root,i) - Data.F(root,i))~ = 0)&&(Data.label(i) = = - 1)
        Data.label(i,1) = root;

Data.label(i,2) = min(Data.label(root,2),(Data.G(root,i) - Data.F(root,i)));
        Data.List = [Data.List,i];
        if i = = Data.t
            return;
        end
    end
end
if isempty(Data.List)
    Data.end = 1;
    return
end
next_root = Data.List(1);
Data.List(1) = [];
Data = FordFulkersonLabel(Data,next_root);
end
function Data = FordFulkersonAPA(Data)
root = Data.t;
Flow = Data.label(root,2);
while root~ = Data.s

Data.F(Data.label(root,1),root) = Data.F(Data.label(root,1),root) + Flow;
```

```
    root = Data.label(root,1);
end
end
```

下面我们用一个 14 个顶点的连通图来进行仿真，矩阵为容量矩阵，即有数值的矩阵元素代表连通图中相应边的流量上限(容量)，通过仿真运算，来得到最大流。相关结果见图 6.11。

```
>> G = [0   10  30  15  0   0   0   0   0   0   0   0   0   0;
        10  0   0   5   0   30  0   0   0   0   0   0   0   0;
        30  0   0   0   0   20  0   0   0   0   0   0   0   0;
        15  5   0   0   10  0   5   20  0   0   0   0   0   0;
        0   0   0   10  0   0   0   0   20  0   0   0   0   0;
        0   30  20  0   0   0   0   25  0   20  0   0   0   0;
        0   0   0   5   0   0   0   0   0   0   20  0   0   0;
        0   0   0   20  0   25  0   0   0   0   0   15  0   10;
        0   0   0   0   20  0   0   0   0   0   0   20  0   15;
        0   0   0   0   0   20  0   0   0   0   0   0   15  0;
        0   0   0   0   0   0   20  0   0   0   0   0   0   20;
        0   0   0   0   0   0   0   15  20  0   0   0   0   20;
        0   0   0   0   0   0   0   0   0   15  0   0   0   25;
        0   0   0   0   0   0   0   10  15  0   20  20  25  0];
s=1;
t=14;
Data=FordFulkersonFun(G,s,t);Data.F
```

```
ans =

     0    10    20    15     0     0     0     0     0     0     0     0     0     0
     0     0     0     5     0     5     0     0     0     0     0     0     0     0
     0     0     0     0     0    20     0     0     0     0     0     0     0     0
     0     0     0     0    10     0     0    10     0     0     0     0     0     0
     0     0     0     0     0     0     0     0    10     0     0     0     0     0
     0     0     0     0     0     0     0    15     0    10     0     0     0     0
     0     0     0     0     0     0     0     0     0     0     0     0     0     0
     0     0     0     0     0     0     0     0     0     0     0    15     0    10
     0     0     0     0     0     0     0     0     0     0     0     0     0    10
     0     0     0     0     0     0     0     0     0     0     0     0    10     0
     0     0     0     0     0     0     0     0     0     0     0     0     0     0
     0     0     0     0     0     0     0     0     0     0     0     0     0    15
     0     0     0     0     0     0     0     0     0     0     0     0     0    10
     0     0     0     0     0     0     0     0     0     0     0     0     0     0
```

图 6.11　14 个顶点的连通图仿真运算

最大流量为 45(第一行数值之和，从源点流出的最大流)。

2. Dinic 算法

Dinic 算法也是解决最大流问题的一种经典算法。它是基于增广路径的思想，通过多次在残余网络中寻找增广路径来不断增加流量，直到无法再找到增广路径为止。

具体的算法思想如下：

(1) 初始化流网络。给定一个有向图，其中每条边都有一个初始容量。将所有边的流量设为零，并创建一个残余网络，初始时与原图相同。

(2) 构建层次图。使用广度优先搜索算法在残余网络中构建层次图，层次图是指将残余网络中的节点根据其距离源节点的最短路径长度分层的图。从源节点开始，按照层级逐层遍历，并记录每个节点所在的层级。

(3) 寻找增广路径。使用深度优先搜索算法在层次图中寻找增广路径。从源节点开始，递归地沿着层次图中的非满流且与当前节点层级关系为下一层的边进行搜索，直到找到一条可行的增广路径或者无法找到增广路径为止。

(4) 更新流量。如果找到了增广路径，根据路径上的边中最小的残余容量，更新路径上的边的流量和残余容量。对于正向边，增加流量，并减少残余容量；对于反向边，减少流量，并增加残余容量。

(5) 重复步骤(2)～(4)。继续构建层次图，寻找增广路径，更新流量，直到无法找到增广路径为止。

(6) 输出结果。最终的流量即为最大流，可以根据需要输出其他相关信息，比如最小割。

Dinic 算法的时间复杂度为 $O(v^2 \cdot e)$，其中 v 为节点数，e 为边数。它相对于 Ford-Fulkerson 算法具有更高的效率和更好的稳定性，因为它减少了在寻找增广路径时的重复计算。

程序如下：

```
function Data = DinicFun(G,s,t,varargin)
n = size(G, 1);
%% 判断输入有效性
[m,n] = size(G);
Data.tbl = table;
if m~ = n
    fprintf('不是方阵');
    return;
end
clear m
%% 初始化
Data.G = G;
Data.s = s;
Data.t = t;
Data.n = n;
%若未给定流量,设置为零流
if nargin = = 3
    Data.F = zeros(n);
elseif nargin = = 4
    [a,b] = size(varargin{1});
    if (a~ = n)||(b~ = n)
        fprintf("流量网络与容量网络大小不一致");
        return
    else
        Data.F = varargin{1};
```

```
    end
else
    fprintf("输入参数过多");
    return
end
%% 构造残留网络及层次网络
while true
    Data = DinicRNLV(Data);
    if Data.Lv(Data.t) == -1
        break
    end
    Data = DinicDFS(Data);
end
end
function Data = DinicRNLV(Data)
Data.RN = Data.F' + (Data.G - Data.F);
Data = DinicLV(Data);
end
function Data = DinicLV(Data)
Data.Lv = -ones(1,Data.n);
Data.Lv(Data.s) = 0;
nnn = 0;
for i = 1:Data.n
    Data.Lv_{i} = [];
    Lv = Data.RN^i;
    for j = 1:Data.n
        if (Data.Lv(j) == -1)&&(Lv(Data.s,j)~=0)
            Data.Lv(j) = i;
            Data.Lv_{i} = [Data.Lv_{i},j];
            if j == Data.t
                nnn = 1;
                break;
            end
        end
    end
    if nnn == 1
        break;
    end
```

```
end
if Data.Lv(Data.t) = = -1
    return;
end
Data.Lv_{Data.Lv(Data.t)} = [Data.t];
for i = 1:length(Data.Lv)
    if (Data.Lv(i) = = Data.Lv(Data.t))&&(i~ = Data.t)
        Data.Lv(i) = -1;
    end
end
end
function Data = DinicDFS(Data,varargin)
if nargin = = 1
    root = Data.s;
    Data.end = 0;
    Data.minFlow = Inf;
    Data.minLabel = Data.s;
else
    root = varargin{1};
end
if root = = Data.t
    Data.end = 1;
    return;
end
FwdSum = 0;
List = Data.Lv_{Data.Lv(root) + 1};
minF = Data.minFlow;
minL = Data.minLabel;
for i = 1:length(List)
    if Data.RN(root,List(i))~ = 0
        if Data.minFlow>Data.RN(root,List(i))
            Data.minFlow = Data.RN(root,List(i));
            Data.minLabel = root;
        end
        Data = DinicDFS(Data,List(i));
        if Data.end = = 0
            Data.minFlow = minF;
            Data.minLabel = minL;
```

```
                continue;
            end
            if root<List(i)
                Data.F(root,List(i)) = Data.F(root,List(i)) + Data.minFlow;
            else
                Data.F(List(i),root) = Data.F(List(i),root) - Data.minFlow;
            end
            Data.RN(root,List(i)) = Data.RN(root,List(i)) - Data.minFlow;
            Data.RN(List(i),root) = Data.RN(List(i),root) + Data.minFlow;
            if root~ = Data.minLabel
                return;
            else
                Data.end = 0;
                FwdSum = FwdSum + Data.minFlow;
                Data.minFlow = minF - FwdSum;
                Data.minLabel = root;
            end
        end
    end
    if FwdSum~ = 0
        Data.minFlow = FwdSum;
        Data.minLabel = minL;
        Data.end = 1;
        FwdSum = 0;
    end
    end
```

我们可以用之前 Ford-Fulkerson 算法的容量矩阵例子进行仿真，结果相同。

3. Ford-Fulkerson 算法和 Dinic 算法的区别

1）增广路径的选择方式

Ford-Fulkerson 算法在每一次迭代中使用标号法和广度优先搜索来查找所有的增广路径。

Dinic 算法对顶点分层并使用深度优先搜索来寻找最短的增广路径。

2）阻塞流量

在 Ford-Fulkerson 算法中，阻塞流量（即在某些路径上的流量增加到最大值）的情况可能会导致算法不终止。

Dinic 算法通过限制增广路径的选择来避免阻塞流量的问题，这通常导致更快的收敛。

3）时间复杂度

Ford-Fulkerson 算法的最坏情况时间复杂度依赖于路径的选择，为 $O(v \cdot e \cdot u)$，其中 v

为节点数，e 为边数，u 为网络中各条弧的最大容量。

Dinic 算法的最坏情况时间复杂度为 $O(v^2 \cdot e)$。在实践中，Dinic 算法通常比 Ford-Fulkerson 算法更快。

4）可扩展性

在某些情况下，Ford-Fulkerson 算法可能在性能方面受到限制，尤其是在容量值非常大或小数位非常高的情况下。

Dinic 算法通常对于大型图表和不同容量值的情况更具可扩展性。

关于网络流问题的实际应用情况，举几个例子如下：

(1) 最大流问题。在一个流网络中，找到从源点到汇点的最大流量。实际应用中，可以用于优化交通流量、电力传输等领域。

(2) 最小割问题。在一个流网络中，找到一个割集，使得割集的容量最小，即最小割。实际应用中，可以用于网络可靠性分析、电路设计等领域。

(3) 二部图最大匹配。将二部图中的顶点分为两个集合，通过边的流动找到一组最大匹配，使得尽可能多的顶点匹配。实际应用中，可以用于任务分配、资源分配等领域。

网络流问题在实际中有很广泛的应用，也很复杂多变，通过网络流算法可以解决很多领域的问题，提高资源的利用效率和系统的性能。

6.2.5 旅行商问题与优化问题

旅行商问题(The Traveling Salesman Problem, TSP)是图论中的一个经典优化问题，其目标是找到一条最短路径，使得一个旅行商从起点出发，经过所有给定的城市恰好一次后返回起点。

具体来说，TSP 通常涉及以下要素：

(1) 有一个完全图，表示所有城市之间的距离或成本。

(2) 有一个起点，表示旅行商的出发地。

(3) 有一组城市，旅行商需要依次访问每个城市一次。

(4) 最终目标是找到一条路径，使得旅行商从起点出发，经过所有城市恰好一次后返回起点，并且路径的总长度最短。

TSP 是一个 NP 难问题，意味着在一般情况下很难找到一个多项式时间的算法来解决。因此，目前主要采用的是近似算法和启发式算法来求解 TSP 问题，如以下几种常见的算法：

(1) 贪心算法。从起点开始，每次选择距离最近的未访问城市作为下一个访问城市，直到所有城市都被访问过，然后返回起点。这种方法简单快速，但不保证得到最优解。

(2) 动态规划算法。通过构建状态转移方程，利用子问题的最优解来求解整个问题。这种方法可以得到最优解，但时间复杂度较高。

(3) 遗传算法。借鉴生物进化的思想，随机生成初始种群，通过选择、交叉和变异等操作来逐代优化种群，直到找到近似最优解。

(4) 粒子群算法。模拟粒子在解空间中的搜索过程，通过不断更新粒子的位置和速度来寻找最优解。

(5) 模拟退火算法。模拟物质退火过程，通过接受一定概率的劣解来跳出局部最优解，以期望找到更优的解。

TSP 问题在实际中有很多应用，如路径规划、物流配送、芯片布线等。由于其复杂性，现实中常常采用近似算法来求解问题，并找到较优的解决方案。

下面举一个简单的例子以供参考，六个城市以坐标位置进行仿真：

```
% 城市坐标矩阵，每行表示一个城市的 x 和 y 坐标
coords = [0, 0;
          1, 5;
          2, 3;
          4, 1;
          6, 4;
          7, 2];

% 城市数量
n = size(coords, 1);

% 计算城市间距离矩阵
dists = pdist(coords);
dists = squareform(dists);

% 初始化路径，从第一个城市出发
path = [1];

% 循环添加城市，每次选择距离最短的城市
while length(path) < n
    last_city = path(end);
    dist_to_others = dists(last_city,:);
    dist_to_others(path) = inf; % 排除已选过的城市
    [~, nearest_city] = min(dist_to_others);
    path = [path, nearest_city];
end

% 增加回到起点的路径
path = [path, 1];

% 计算总路径长度
total_dist = 0;
for i = 1:n
    total_dist = total_dist + dists(path(i), path(i+1));
```

```
end

% 输出结果
fprintf('路径顺序：');
disp(path)
fprintf('总路径长度：%.2f\n', total_dist)
```

结果见图 6.12。

```
路径顺序:      1     3     2     4     6     5     1

总路径长度: 23.45
```

图 6.12 巡游路线及总长度

由图 6.12 可以看到巡游路线及总长度。

6.2.6 匹配与边染色问题

图论中的匹配问题是指在一个图中，找到一组边的集合，使得每个顶点最多与一条边相连。这组边的集合称为匹配。

具体来说，对于一个无向图 $G=(V, E)$，一个匹配 M 是 E 的一个子集，使得对于图中的每个顶点 $v \in V$，最多存在一条边属于 M 与 v 相连。

匹配问题大体可以分为最大匹配和完美匹配两种情况。

最大匹配：在所有可能的匹配中，边数最多的匹配，即找到一个匹配 M，使得不存在其他匹配 M'，使得 $|M'|>|M|$。

完美匹配：图中的每个顶点都与匹配中的一条边相连，即找到一个匹配 M，使得对于图中的每个顶点 $v \in V$，都存在一条边属于 M 与 v 相连。

匹配问题在实际中有许多应用，例如配对问题、时间表问题、任务分配等。求解匹配问题的算法有多种，其中最著名的是匈牙利算法(Hungarian algorithm)。这些算法基于图的遍历和增广路径的概念，通过寻找增广路径来不断扩展匹配集合，直到找到最大匹配或完美匹配。匹配问题的求解算法的时间复杂度通常为 $O(v^3)$。

常见的匹配算法有以下两种。

增广路径法(augmenting path algorithm)：这是一种基于路径查找的方法。首先，从一个未匹配的顶点开始，通过搜索路径的方式找到一条增广路径，然后通过交替匹配和非匹配边的方式更新匹配集合，直到找不到增广路径为止。该算法的关键是寻找增广路径的方法，常用的方法有深度优先搜索和广度优先搜索。

匈牙利算法：这是一种基于增广路径法的优化算法。匈牙利算法通过构建一个匹配图和一个交替路径图，利用增广路径的方式来不断更新匹配集合，直到找不到增广路径为止。匈牙利算法的优化在于使用了二分图的性质，通过预处理和路径压缩等技巧减少了搜索的时间复杂度。

关于匹配问题的实际应用情况，举几个例子如下：

（1）稳定婚姻问题。将男女两个集合看作顶点集合，根据双方的偏好构建边集合，最终找到一组稳定的婚姻关系，使得没有人可以通过离婚来改善自己的境况。

（2）网络流量分配。将网络中的节点和边看作顶点和边集合，边的容量表示流量限制，通过找到一组最大匹配来实现网络中的流量分配。

（3）任务分配。将任务和执行者看作顶点集合，根据任务和执行者之间的匹配关系找到一组最佳的任务分配方案，使得每个执行者都能得到合适的任务。

匹配问题在实际中有着广泛的应用，可以通过匹配算法来解决不同领域的问题。

边染色问题是指给定一个无向图，要求为其边分配尽可能少的颜色，使得任意相邻的边颜色不同。边染色问题也是图论中的一个经典问题，有很多不同的算法和优化方法。其中一种常用的算法是基于贪心策略的边染色算法，其思想是每次选择与当前边相邻的边中颜色数最小的一条进行染色，以尽可能减少所需的颜色数。

边染色算法的基本思想是从图的任意一条边开始，逐步遍历图中的其他边，并为每条边分配一种不同的颜色。具体的算法步骤如下：

（1）首先，选择一条任意的边作为起始边，并为其分配一种颜色。

（2）从起始边开始，逐一遍历图中的其他边。

（3）对于每条边，检查其与之前已经遍历到的边的相邻关系。

（4）如果该边与之前的边相邻，则分配一种与之前边不同的颜色；如果该边与之前的边不相邻，则可以使用之前已经分配的颜色。

（5）继续遍历图中的其他边，重复步骤（4），直到所有边都被遍历到并分配了颜色。

边染色算法的时间复杂度通常为 $O(v+e)$，其中 v 为图中的顶点数，e 为边数。边染色算法的核心是判断边与之前边的相邻关系，并为其分配不同的颜色。常用的相邻关系判断方法有邻接矩阵和邻接表两种。

下面举一个实际问题，此问题可以用多种图论思想来理解，其中就包含本节的匹配与边染色等内容，很有启发性，我们也将在对此问题的分析解答中讨论多种方法、算法的实现。

问题叙述：中超联赛现有 16 支队伍，请为这些队伍安排一个双循环赛程。

问题分析：实际上我们可以将这些队伍看作点，两队间有比赛就代表有边相连，这样可以先建立一个单循环赛制，经历两轮，以后只要解决主客场就可以了。那么这样一个单循环赛程实际上就转化成构建一个 16 个顶点的完全图问题——K_{16}。

我们先对比赛下定义。

定义图 $G(V, E)$，其中顶点集 $V=\{v_i, i=1, 2, 3, \cdots, 16\}$ 是 16 支球队的集合，边集 $E=\{(i, j) \mid i, j \in V\}$，即任意两球队的比赛是一条边，称此图为 16 支球队的比赛图。

由于顶点数为 16，因此每一轮联赛正好是由 16 个顶点、8 条边组成的一组完美匹配，我们将其定义为 M_i。单循环共有 15 轮，因此 $i=1, 2, 3, \cdots, 15$，而比赛图 $K_{16}=\bigcup_{i=1}^{15} M_i$。至此，解决问题的关键就是要如何确定这 15 条边不重的完美匹配。

下面给出四种解决办法以供参考。

方法一

将1放置于图形中心,其正上方放置2,之后顺时针放置3,4,5,…,15,16,直至与2相邻,各点按位置对称。先连接1、2两点,再连接3、16两点,然后依次是4、15,5、14,…,9、10,以后我们用点对来表示——(i, j)。这样便完成了第一轮完美匹配——M_1,然后将点位顺时针旋转(1点除外),再做上述连接,完成第二轮完美匹配——M_2(图6.13)。

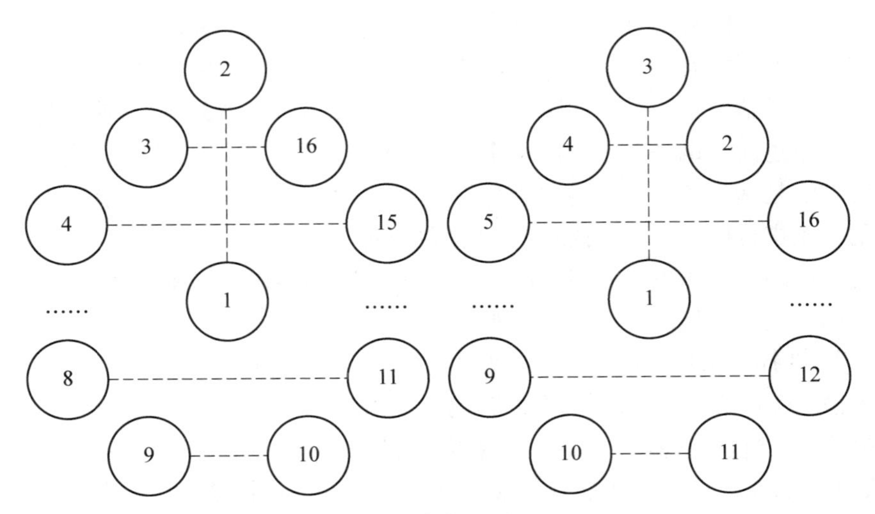

图 6.13 各轮完美匹配

依此类推,依次旋转,可以得到15组边不重的完美匹配M_1,M_2,…,M_{15},成功地构造出赛程完全图K_{16},其顶点匹配集为

$$M_1=\{(1, 2), (3, 16), (4, 15), (5, 14), (6, 13), (7, 12), (8, 11), (9, 10)\};$$
$$M_2=\{(1, 3), (4, 2), (5, 16), (6, 15), (7, 14), (8, 13), (9, 12), (10, 11)\};$$
$$M_3=\{(1, 4), (5, 3), (6, 2), (7, 16), (8, 15), (9, 14), (10, 13), (11, 12)\};$$
$$M_4=\{(1, 5), (6, 4), (7, 3), (8, 2), (9, 16), (10, 15), (11, 14), (12, 13)\};$$
$$\cdots\cdots$$
$$M_{14}=\{(1, 15), (16, 14), (2, 13), (3, 12), (4, 11), (5, 10), (6, 9), (7, 8)\};$$
$$M_{15}=\{(1, 16), (2, 15), (3, 14), (4, 13), (5, 12), (6, 11), (7, 10), (8, 9)\}。$$

这样一组单循环赛程就设置完毕,剩下的就是球队如何对号入座的问题了。

方法二

对于这类问题,我们还可以参考深度优先搜索的方法,建立一种搜索算法,下面对此方法进行描述。

首先我们依旧采用方法一的比赛定义,从顶点1开始搜索,建立顶点标号最近的连线,形成第一条边(1, 2),接着搜索下一个相邻未用过的顶点(以后均指标号相邻),往下生成边(3, 4),如此进行第一轮完美匹配,最后一条边为(15, 16),之后将队列信息存储。

接下来进行第二轮搜索,由于所有顶点都遍历了,因此回到起始点1,重新开始搜索,寻找标号最近的未连接的顶点建立连线，此次应为边(1，3)，然后回归未遍历的最小顶点，继续搜索邻近边，此次应为边(2，4)，如此往复进行，直至遍历所有顶点，形成第二组边不重的完美匹配，每建立一条边，便将形成的边集加到存储序列。

在搜索过程中，如果发现无法实现边不重的完美匹配，则返回上一条边，重新匹配下一个未连接的邻近顶点，重新组边，继续搜索；如果此边的所有组合均不能实现完美匹配，则继续返回此边的上一级，重新组边，继续搜索。依此类推，直至完成新一轮的完美匹配。

之后进行下一轮次，直至完成完全图的构建。

这里通过 6 个顶点的完全图构建加以演示(图 6.14)。

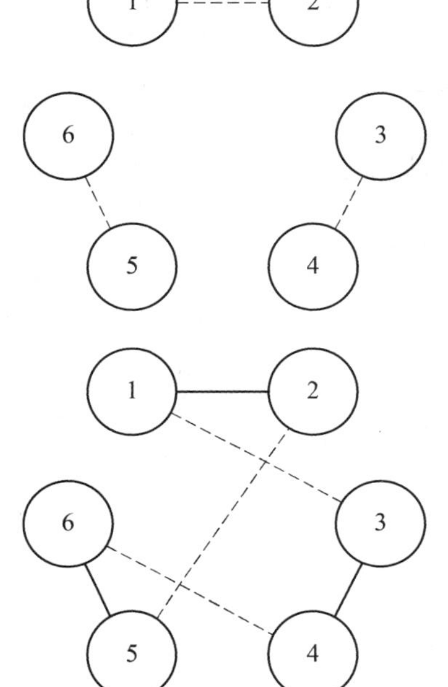

第一轮搜索(1，2)，(3，4)，(5，6)。

第二轮搜索(1，3)，(2，4)，而(5，6)已经在序列里，所以返回上一层(2，4)，重新匹配(2，5)，之后是(4，6)。

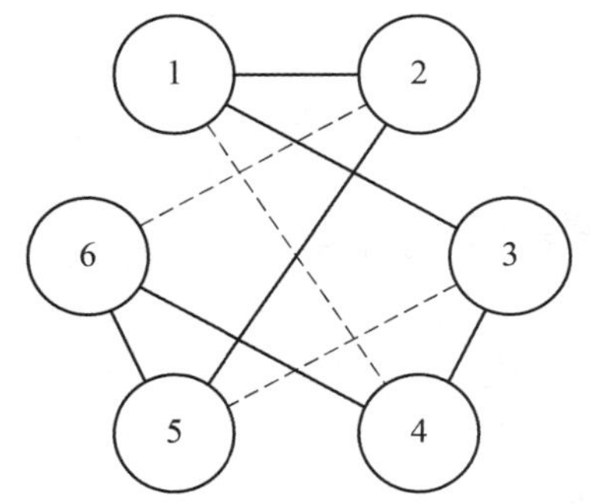

第三轮搜索(1，4)，(2，3)，而(5，6)已经在序列里，返回上一层(2，3)，重新搜寻 3 之后未连接的最近点得到边(2，6)，之后是(3，5)。

图 6.14　第一至第三轮搜索

如此进行下去，就得到另外两组完美匹配 $M_4=\{(1,5),(2,4),(3,6)\}$ 与 $M_5=\{(1,6),(2,3),(4,5)\}$。

对于这种搜索方式，也可以稍微简化一点，先直接把相邻点位连接，形成{(1，2)，(3，4)，(5，6)}与{(2，3)，(4，5)，(6，1)}两组完美匹配，再进行搜索，当然这点改进对于算法而言是微不足道的。

方式如图 6.15 所示。

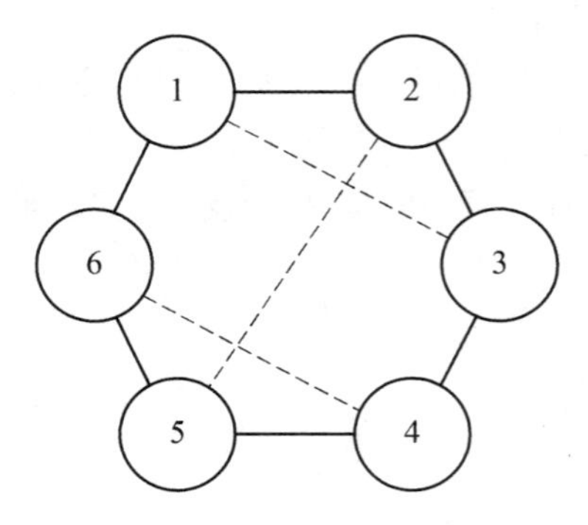

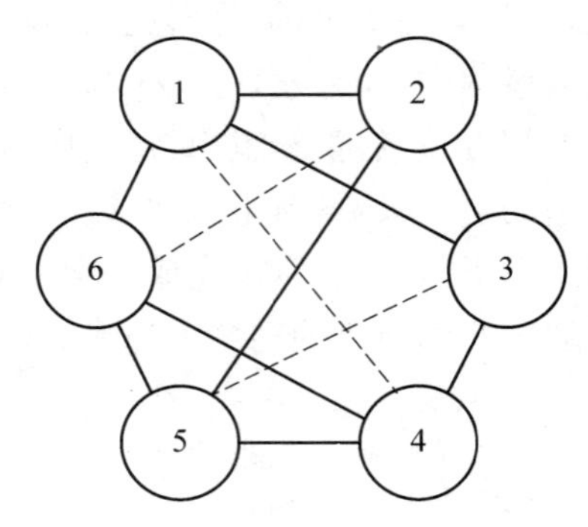

图 6.15 简化的搜索方式

下面我们针对 16 个顶点的搜索方案进行程序实现，如下：

```
function [G,varargout] = NMFunction(Nnum)
if mod(Nnum,2) = = 0
    varargout = {0};
else
    varargout = {1};
end
G = table;
visited = zeros(Nnum);
i = 1;
j = i + 1;
round = 1;
v_round = zeros(1,Nnum);
NS = 1;
O = eye(NNum);
while(~(all(~visited(:) = = O(:)))) % 若存在未实现的路径
    if varargout{1} = = 1
        v_round(round) = 1; % 设置当前轮次索引轮空
    end
    [node1,node2] = FindNotNode(v_round, [i. j]);
    if ~visited(node1. node2)
        % 若该路径前序轮次未实现
        G.NS(NS) = NS;
        G.round(Ns) = round;
        G.node1(Ns) = node1;
```

```
            G.node2(Ns) = node2;
            G.i(NS) = i;
            G.j(NS) = j;
            visited(model.node2) = 1;
            visited(node2.node1) = 1;
            v_round(node1) = 1;
            v_round(node2) = 1;
            NS = NS + 1;
            i = 1;
            j = j + 1;
        else
            j = j + 1;
            if j>FindNotNode(v_round)
                NS = NS - 1;
                visited(G.node1(NS),G.node2(NS)) = 0;
                visited(G.node2(NS),G.node1(NS)) = 0;
                v_round(G.node1(NS)) = 0;
                v_round(G.node2(NS)) = 0;
                i = G.i(NS);
                j = G.j(NS);
            end
        end
        if all(v_round)
            round = round + 1;
            v_round = zeros(1,Nnum);
        end
end
G = G(:,1:4);
end

function varargout = FindNotNode(v_round,varargin)
Z = find(v_round = = 0);
if nargin = = 0
    disp(Z);
elseif nargin = = 1
    varargout{1} = lenath(Z);
    varargout{2} = z;
elseif nargin = = 2
```

```
    varargout{1} = Z(varargin{1}(1));
    varargout{2} = Z(varargin{1}(2));
end
end
```

结果见图 6.16。

NS	round	node1	node2
1	1	1	2
2	1	3	4
3	1	5	6
4	1	7	8
5	1	9	10
6	1	11	12
7	1	13	14
8	1	15	16
9	2	1	3
10	2	2	4
11	2	5	7
12	2	6	8
13	2	9	11
14	2	10	12
15	2	13	15
16	2	14	16
17	3	1	4
18	3	2	3
19	3	5	8
20	3	6	7
21	3	9	12
22	3	10	11
23	3	13	16
24	3	14	15
25	4	1	5
26	4	2	6
27	4	3	7
28	4	4	8
29	4	9	13
30	4	10	14
31	4	11	15
32	4	12	16
33	5	1	6
34	5	2	5
35	5	3	8
36	5	4	7
37	5	9	14
38	5	10	13
39	5	11	16
40	5	12	15
41	6	1	7
42	6	2	8
43	6	3	5
44	6	4	6
45	6	9	15
46	6	10	16
47	6	11	13
48	6	12	14
49	7	1	8
50	7	2	7
51	7	3	6
52	7	4	5
53	7	9	16
54	7	10	15
55	7	11	14
56	7	12	13
57	8	1	9
58	8	2	10
59	8	3	11
60	8	4	12
61	8	5	13
62	8	6	14
63	8	7	15
64	8	8	16
65	9	1	10
66	9	2	9
67	9	3	12
68	9	4	11
69	9	5	14
70	9	6	13
71	9	7	16
72	9	8	15
73	10	1	11
74	10	2	12
75	10	3	9
76	10	4	10
77	10	5	15
78	10	6	16
79	10	7	13
80	10	8	14
81	11	1	12
82	11	2	11
83	11	3	10
84	11	4	9
85	11	5	16
86	11	6	15
87	11	7	14
88	11	8	13
89	12	1	13
90	12	2	14
91	12	3	15
92	12	4	16
93	12	5	9
94	12	6	10
95	12	7	11
96	12	8	12
97	13	1	14
98	13	2	13
99	13	3	16
100	13	4	15
101	13	5	10
102	13	6	9
103	13	7	12
104	13	8	11
105	14	1	15
106	14	2	16
107	14	3	13
108	14	4	14
109	14	5	11
110	14	6	12
111	14	7	9
112	14	8	10
113	15	1	16
114	15	2	15
115	15	3	14
116	15	4	13
117	15	5	12
118	15	6	11
119	15	7	10
120	15	8	9

fx >>

图 6.16　16 个顶点的搜索结果

按照此方法，我们将赛程重新规划：

$M_1=\{(1,2),(3,4),(5,6),(7,8),(9,10),(11,12),(13,14),(15,16)\}$；

$M_2=\{(1,3),(2,4),(5,7),(6,8),(9,11),(10,12),(13,15),(14,16)\}$；

$M_3=\{(1,4),(2,3),(5,8),(6,7),(9,12),(10,11),(13,16),(14,15)\}$；

$M_4=\{(1,5),(2,6),(3,7),(4,8),(9,13),(10,14),(11,15),(12,16)\}$；

$M_5=\{(1,6),(2,5),(3,8),(4,7),(9,14),(10,13),(11,16),(12,15)\}$；

$M_6=\{(1,7),(2,8),(3,5),(4,6),(9,15),(10,16),(11,13),(12,14)\}$；

$M_7=\{(1,8),(2,7),(3,6),(4,5),(9,16),(10,15),(11,14),(12,13)\}$；

$M_8=\{(1,9),(2,10),(3,11),(4,12),(5,13),(6,14),(7,15),(8,16)\}$；

$M_9=\{(1,10),(2,9),(3,12),(4,11),(5,14),(6,13),(7,16),(8,15)\}$；

$M_{10}=\{(1,11),(2,12),(3,9),(4,10),(5,15),(6,16),(7,13),(8,14)\}$；

$M_{11}=\{(1,12),(2,11),(3,10),(4,9),(5,16),(6,15),(7,14),(8,13)\}$；

$M_{12}=\{(1,13),(2,14),(3,15),(4,16),(5,9),(6,10),(7,11),(8,12)\}$；

$M_{13}=\{(1,14),(2,13),(3,16),(4,15),(5,10),(6,11),(7,12),(8,9)\}$；

$M_{14}=\{(1,15),(2,16),(3,13),(4,14),(5,11),(6,12),(7,9),(8,10)\}$；

$M_{15}=\{(1,16),(2,15),(3,14),(4,13),(5,12),(6,9),(7,10),(8,11)\}$。

这样由 15 个完美匹配构成的比赛完全图—— K_{16} 就建立起来了。

方法三

利用之前介绍的边染色算法生成循环赛程。

```
clear;clc;
% 定义球队数量
numTeams = 16;
% 创建图的邻接矩阵
adiMatrix = zeros(numTeams,numTeams);
%使用边染色算法生成循环赛程
for team = 1:numTeams - 1
    for round = 1:numTeams - 1
        if ~isempty(find(adjMatrix(:,team) = = round, 1))
            continue;
        end
        opponent = find((sum(adjMatrix(team + 1:end,1:team) = = round,2) = = 0)
& adjMatrix(team + 1:end,team) = = 0,1) + team;
        adjMatrix(team,opponent) = round;
        adjMatrix(opponent,team) = round;
    end
end
tril_adjMatrix = tril(adjMatrix);
```

```
% 打印赛程表
disp("赛程表:");
for round = 1:numTeams - 1
    fprintf("第 %d 轮:\n",round);
    [row,col] = find(tril_adjMatrix(:,:) = = round);
    for i = 1:length(row)
        fprintf('球队 %d vs 球队 %d\n',col(i),row(i));
    end
end
% 构建完全图的邻接矩阵
completeGraph = ones(numTeams,numTeams);
completeGraph = completeGraph - eye(numTeams);
% 打印完全图的邻接矩阵
disp('完全图的邻接矩阵:');
disp(completeGraph);
```

此方法更为直接，可以直接得到各轮次对阵安排，见图 6.17。

```
命令行窗口
赛程表:
第1轮:
球队1 vs 球队2
球队3 vs 球队4
球队5 vs 球队6
球队7 vs 球队8
球队9 vs 球队10
球队11 vs 球队12
球队13 vs 球队14
球队15 vs 球队16

第2轮:
球队1 vs 球队3
球队2 vs 球队4
球队5 vs 球队7
球队6 vs 球队8
球队9 vs 球队11
球队10 vs 球队12
球队13 vs 球队15
球队14 vs 球队16
```

图 6.17　各轮次对阵安排

此结果就不一一展示了，最后运行程序，还可以生成赛程完全图邻接矩阵，来验证结论的正确性，见图 6.18。

方法四

此方法不同于前面几种。如果赛制安排较为密集，比如一周双赛(实际情况是五天一赛)，那么可以先对问题进行初步简化。将 16 支球队分成 8 组，如分成(A, B)，(C, D)，(E, F)，(G, H)，(I, J)，(K, L)，(M, N)，(O, P)，第一、二轮 A 先到 C 打比赛，再到 D 打，而 B 先到 D 打比赛，再到 C 打，也就是说 A，B 连续两个客场，另外 3 对也如此进行，(E, F)先到(G, H)打客场，(I, J)先到(K, L)打客场，(M, N)先到(O, P)打客场，这样就完成

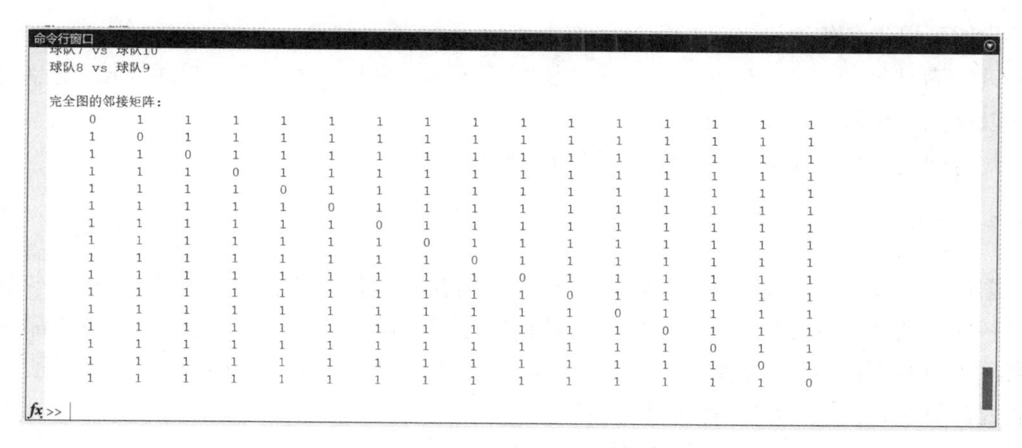

图 6.18 赛程完全图邻接矩阵

了前两轮的完美匹配。

之后对这 8 组按前面的方法进行组对搜索，完成 7 个轮转，14 轮比赛，如此进行下去。当第 14 轮结束时，就只剩下组内的队伍没有比赛了，这时进行第 15 轮，组内两队比赛，至此就实现了 15 轮完美匹配。下一循环只需将主客顺序互换即可。

这种方法将算法复杂度降低了一半，但它还有一个缺点和一个优点。

缺点是在完成 7 次轮转后，要对各组球队的主客场进行合理分配。因为此方法是以连续两主或两客为基础的，若不合理分配就会出现连续主客场过多的问题。

下面先由方法一给出 8 个组的单循环赛程，并给出主客结构以供参考，这里 8 个组分别用数字 1～8 代替，用 A，B 表示主客场。

$$M_1=\{(1,\ 2)AB,\ (3,\ 8)AB,\ (4,\ 7)AB,\ (5,\ 6)AB\};$$
$$M_2=\{(1,\ 3)BA,\ (4,\ 2)BA,\ (5,\ 8)BA,\ (6,\ 7)AB\};$$
$$M_3=\{(1,\ 4)AB,\ (5,\ 3)AB,\ (6,\ 2)BA,\ (7,\ 8)AB\};$$
$$M_4=\{(1,\ 5)BA,\ (6,\ 4)BA,\ (7,\ 3)BA,\ (8,\ 2)AB\};$$
$$M_5=\{(1,\ 6)BA,\ (7,\ 5)AB,\ (8,\ 4)AB,\ (2,\ 3)AB\};$$
$$M_6=\{(1,\ 7)AB,\ (8,\ 6)BA,\ (2,\ 5)BA,\ (3,\ 4)BA\};$$
$$M_7=\{(1,\ 8)BA,\ (2,\ 7)BA,\ (3,\ 6)AB,\ (4,\ 5)BA\}。$$

7 个组对的主客统计如下：

1 组 ABABBAB； 2 组 BAABABB； 3 组 AABABBA； 4 组 ABBABAB；

5 组 ABAABAA； 6 组 BABBAAB； 7 组 BBABABA； 8 组 BABAABA。

由此可见，8 个组对主客情况比较均衡，最多是 4 连客或 4 连主，最后一轮各个组对里的两队再打一场，下一循环各组对的主客对调，就完成了全部赛季双循环的比赛。但此种方案有 4 组 8 个球队要经历两次 4 连客，这是一大缺陷。如果球队过多，这种情况也将会进一步放大，就不合适了。

但它也有优点，比如主客情况影响因子不大，而距离因子较重要的话，这种匹配就很好实现最节约里程的目的。

我们可以设各组内两球队的距离为 d_i，$i=1, 2, 3, \cdots, 8$。

只需满足 $d_1+d_2+d_3+\cdots+d_8$ 取到最小值即可，按此原则形成的组对再按赛程组合，就可以得到一个较为合理的方案。

此时问题又由完美匹配过渡到理想匹配问题了。

6.2.7 总结

图论是近现代数学应用学科的重要分支，尤其在数学模型中其作用更加凸显。本章只是对一些经典方法加以阐述举例，具体问题读者还要灵活分析，积极学习，每一部分都值得大家深入研究，才能逐步窥探真髓。近年来也有很多新的方法在不断涌现，比如关于搜寻路径的蚁群算法、黏菌算法等，都非常有启发。

以下是一些最新的图论应用算法：

(1) 图神经网络(Graph Neural Networks，GNN)。GNN 是一种用于处理图数据的机器学习算法，它能够学习图的节点和边的特征，并在节点分类、图分类、链接预测等任务中取得良好的表现。GNN 已经在社交网络分析、推荐系统、化学反应预测等领域得到了广泛应用。

(2) 基于图的推荐算法。传统的推荐算法主要基于用户和物品之间的关系来进行推荐，而基于图的推荐算法则将用户、物品和其他相关信息构建成一个图结构，通过挖掘图中的节点和边的关系，提高推荐的准确性和个性。

(3) 社交网络分析算法。社交网络分析算法旨在研究社交网络中的社群结构、节点重要性、信息传播等问题。最新的算法包括社群发现算法、节点重要性计算算法、信息传播模型等，可以用于社交网络的分析与挖掘。

(4) 大规模网络聚类算法。随着互联网的快速发展，大规模网络数据的聚类成为一个重要的问题。最新的算法通过并行计算、分布式算法等手段来处理大规模网络数据，提高聚类的效果和效率。

(5) 图匹配算法。图匹配算法是指在两个图之间寻找相似的节点或子图的过程。最新的算法包括图同构匹配算法、子图同构匹配算法、图编辑距离算法等，可以应用于图像识别、模式识别等领域。

这些算法都是近年来在图论领域取得的一些重要进展，它们在各自的领域中发挥着重要的作用，并且不断推动着图论的发展和应用。

第七章　概率统计模型

统计模型是数学模型的重要组成部分，尤其对具有大量数据的对象，统计建模具有极其重要的作用。大量的数据挖掘工作，就其本质而言，就是对于海量数据的统计处理。一般概率统计模型包括蒙特卡罗模型、Markov 模型、回归模型、聚类分析模型等(图 7.1)。

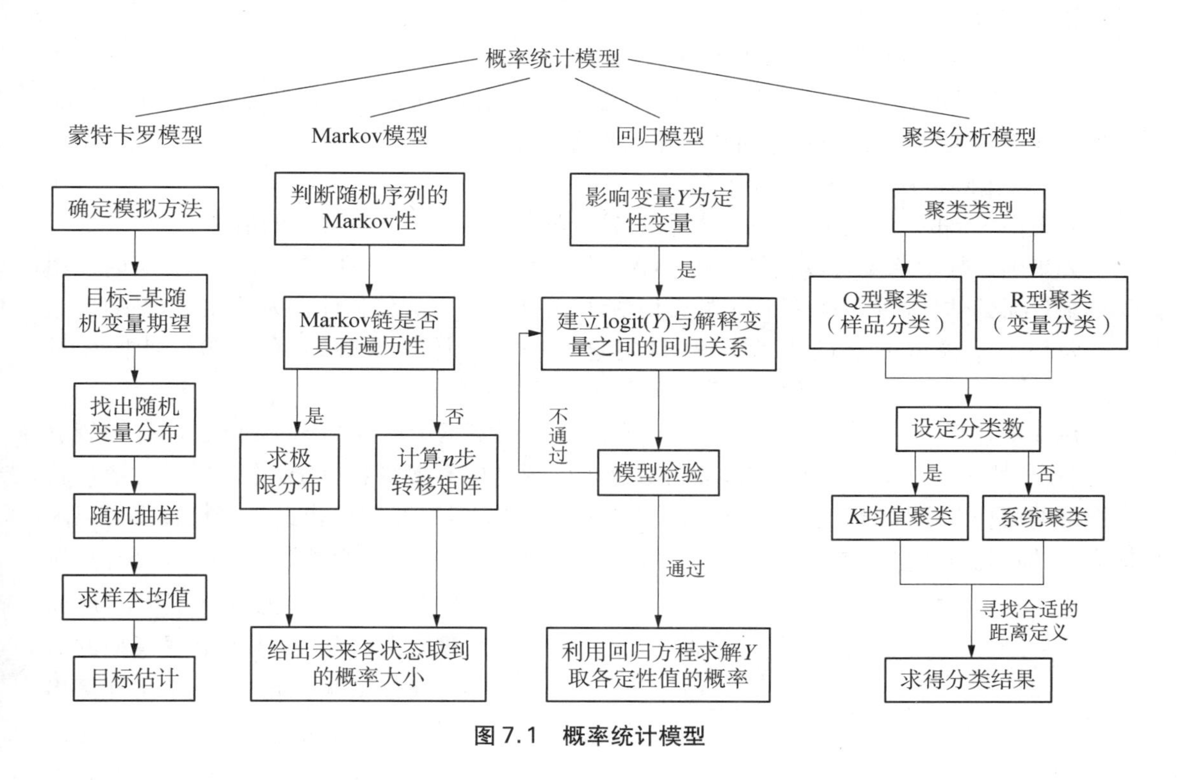

图 7.1　概率统计模型

7.1　蒙特卡罗模型

蒙特卡罗模型也称为统计模拟方法，发明于 20 世纪 40 年代。蒙特卡罗模型是由于科学技术的发展和电子计算机的发明而被提出的一种以概率统计理论为指导的非常重要的数值计算方法，通常可以分成两类：一类是所求解的问题本身具有内在的随机性，借助计算机的运算能力可以直接模拟这种随机的过程；另一类是所求解的问题可以转化为某种随机分布的特征数，比如随机事件出现的概率，或者随机变量的期望值。通过随机抽样的方法，以随机事件出现的频率估计其概率，或者以抽样的数字特征估算随机变量的数字特征，并将其作为问题的解。这种方法多用于求解复杂的多维积分问题。

蒙特卡罗模型的基本思想是：首先构造一个概率空间，然后在该概率空间中确定一个依赖于随机变量 X（任意维）的统计量 $g(X)$，其数学期望 $E[g(X)]=\int g(x)\mathrm{d}F(X)$ 正好等于所要求的值 G，其中 $F(X)$ 为 X 的分布函数。然后产生随机变量的简单子样 X_1, X_2, …, X_N，用其相应的统计量 $g(X_1)$, $g(X_2)$, …, $g(X_N)$ 的算术平均值 $\bar{G}_N=\frac{1}{N}\sum_{i=1}^{N}g(X_i)$ 作为 G 的近似估计。

由以上过程可以看出，用蒙特卡罗模型解题的基本步骤如下：

(1) 确定所要模拟的目标以及实现这些目标的随机变量，一般情况下，目标就是这些随机变量的期望。

(2) 找到原问题中随机变量的分布规律。

(3) 大量抽取随机样本（在如今的计算机时代，一般是利用计算机抽取相应分布的伪随机数来作为随机样本）以模拟原问题的随机变量。

(4) 求出随机样本的样本均值。

其中最关键的一步是确定一个统计量，其数学期望正好等于所要求的值。

如果确定数学期望为 G 的统计量 $g(X)$ 有困难，或为其他目的，蒙特卡罗模型有时也用 G 的渐近无偏估计代替一般过程中的无偏估计，并用此渐近无偏估计作为 G 的近似估计。

蒙特卡罗模型的最低要求是：能确定这样一个与计算步数 N 有关的统计估计量 G_N ——当 $N\to\infty$ 时，G_N 便依概率收敛于所要求的值 G。

例如要计算一个不规则图形的面积，蒙特卡罗模型基于这样的思想：设想你有一袋豆子，把豆子均匀地朝这个图形上撒，然后数这个图形之中有多少颗豆子，这个豆子的数目就是图形的面积。当你的豆子越小，撒得越多的时候，结果就越精确。借助计算机程序可以生成大量的均匀分布坐标点，然后统计出图形内的点数，通过它们占总点数的比例和坐标点生成范围的面积就可以求出图形面积。可以看出，蒙特卡罗模型的解是通过试验得到的，而不是计算出来的。也正是这个原因，对于那些由于计算过于复杂而难以得到解析解，或者根本没有解析解的问题，蒙特卡罗模型是一种有效的求出数值解的方法。下面我们利用蒙特卡罗模型实现对圆周率的估计。考虑边长为 1 的正方形以及半径为 1 的四分之一圆弧，如图 7.2 所示。

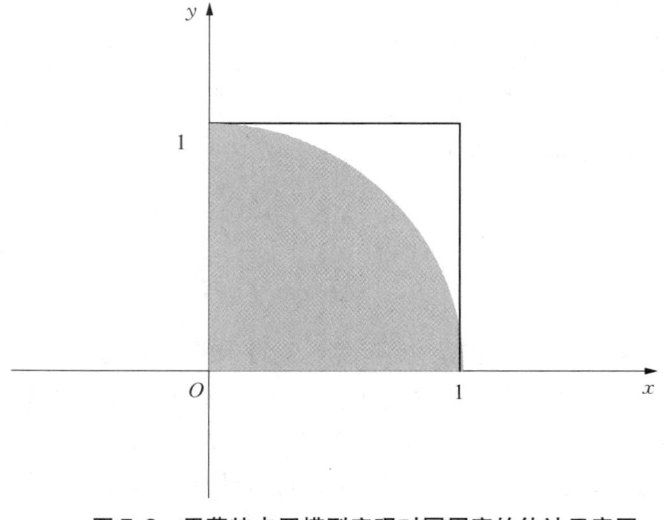

图 7.2 用蒙特卡罗模型实现对圆周率的估计示意图

在边长为 1 的正方形内，等概

率产生 n 个随机点 (x_i, y_i)，$i=1, 2, \cdots, n$，这样的 x_i 和 y_i 就是(0, 1)均匀分布的随机数。若 n 个点中有 k 个点落在四分之一圆内，即有 k 个点满足关系式 $x_i^2+y_i^2 \leqslant 1$，则当 $n \to \infty$ 时，$k/n \to \pi/4$。此时圆周率的估计值为 $4k/n$。

7.2 Markov 模型

7.2.1 Markov 模型的一般原理

给定随机序列 $\{X_n, n \geqslant 0\}$，如果对任意一列在状态空间 E 中的状态 $i_1, i_2, \cdots, i_{k-1}, i, j$，以及对任意 $0 \leqslant t_1 < t_2 < \cdots < t_{k-1} < t_k < t_{k+1}$，$\{X_n, n \geqslant 0\}$ 满足 Markov 性质

$$P(X_{t_{k+1}}=j \mid X_{t_1}=i_1, \cdots, X_{t_{k-1}}=i_{k-1}, X_{t_k}=i)=P(X_{t_{k+1}}=j \mid X_{t_k}=i),$$

则称 $\{X_n, n \geqslant 0\}$ 为离散时间 Markov 过程，通常也称为 Markov 链(或马氏链)。如果状态空间 E 是有限集，则称 X_n 是有限 Markov 链。

Markov 链 $\{X_n, n \geqslant 0\}$ 在时刻 m 处于状态 i 的条件下，在时刻 $m+n$ 处转移到状态 j 的条件概率称为 n 步转移概率，记为 $P(X_{m+n}=j \mid X_m=i)$。

由于 Markov 链在时刻 m 从任意一个状态 i 出发，经过 n 步到时刻 $m+n$，必然转移到状态空间 E 中的某个状态，因此很自然地得到对任意 $i \in E$，任意整数 $m \geqslant 0$，$n \geqslant 1$，有 $\sum\limits_{j \in E} P(X_{m+n}=j \mid X_m=i)=1$。

如果 n 步转移概率 $P(X_{m+n}=j \mid X_m=i)$ 与 m 无关，则称 $\{X_n, n \geqslant 0\}$ 为齐次 Markov 链。对于齐次 Markov 链 $\{X_n, n \geqslant 0\}$，它与起始时刻无关，只与起始时刻与终止时刻的时间间隔 n 有关，记 $P_{ij}(n)=P(X_{m+n}=j \mid X_m=i)=P(X_n=j \mid X_0=i)$，当 $n=1$ 时，称 $P_{ij}(1)$ 为(一步)转移概率，通常记 $P_{ij}(1)=P_{ij}$。

显然，n 步转移概率 $P_{ij}(n)$ 满足以下条件：

(1) $0 \leqslant P_{ij}(n) \leqslant 1$，$i, j=0, 1, 2, \cdots$；

(2) 对一切 $i, j=0, 1, 2, \cdots$，将 n 步转移概率 $P_{ij}(n)$ 写成矩阵形式，有

$$\boldsymbol{P}(n)=\begin{bmatrix} P_{00}(n) & P_{01}(n) & P_{02}(n) & \cdots \\ P_{10}(n) & P_{11}(n) & P_{12}(n) & \cdots \\ P_{20}(n) & P_{21}(n) & P_{22}(n) & \cdots \\ \vdots & \vdots & \vdots & \ddots \end{bmatrix}。$$

$\boldsymbol{P}(n)$ 称为齐次 Markov 链 $\{X_n, n \geqslant 0\}$ 的 n 步转移概率矩阵。对于有限齐次 Markov 链，$\boldsymbol{P}(n)$ 是一个有限阶方阵，否则 $\boldsymbol{P}(n)$ 是一个无限阶方阵。当 $n=1$ 时，称 $\boldsymbol{P}(1)$ 为(一步)转移概率矩阵，通常记 $\boldsymbol{P}=\boldsymbol{P}(1)$，即一步转移概率矩阵

$$\boldsymbol{P}=\begin{bmatrix} P_{00} & P_{01} & P_{02} & \cdots \\ P_{10} & P_{11} & P_{12} & \cdots \\ P_{20} & P_{21} & P_{22} & \cdots \\ \vdots & \vdots & \vdots & \ddots \end{bmatrix}。$$

由 Chapman-Kolmogorov 方程，设 $\{X_n,\ n\geqslant 0\}$ 是齐次 Markov 链，则对任意的非负整数 k，l，任意的 i，$j\in E$，总有 $P_{ij}(k+l)=\sum_{r\in E}P_{ir}(k)P_{rj}(l)$。

Chapman-Kolmogorov 方程的矩阵形式为 $\boldsymbol{P}(k+1)=\boldsymbol{P}(k)\boldsymbol{P}(1)$，由此可推出 $\boldsymbol{P}(n)=\boldsymbol{P}^n$。

7.2.2 Markov 链的收敛性

当 $n\to\infty$ 时，Markov 链的 n 步转移概率 $P_{ij}(n)$ 会趋于常数吗？

这个问题是有实际意义的。例如，可以分析某个生物群体最终灭绝的概率。设 X_n 表示在时刻 n 该生物群体的数量，$n\geqslant 0$。如果最初生物群体的数量 $X_0=i(i>0)$，那么灭绝的概率是 $\lim_{n\to\infty}P(X_n=j\mid X_0=i)=\lim_{n\to\infty}P_{i0}(n)$。

对于一步转移概率矩阵 $\boldsymbol{P}=\begin{bmatrix}1-a & a\\ b & 1-b\end{bmatrix}$，当 $a+b>0$ 时，得到

$$\boldsymbol{P}(n)=\frac{1}{a+b}\begin{bmatrix}b & a\\ b & a\end{bmatrix}+\frac{(1-a-b)^n}{a+b}\begin{bmatrix}a & -a\\ -b & b\end{bmatrix}。$$

当 $0<a+b<1$ 时，$\lim_{n\to\infty}(1-a-b)^n=0$，则 $\lim_{n\to\infty}\boldsymbol{P}(n)=\frac{1}{a+b}\begin{bmatrix}b & a\\ b & a\end{bmatrix}$。如果该 Markov 链的状态空间 $E=\{1,\ 2\}$，则 $\lim_{n\to\infty}P_{i1}(n)=\frac{b}{a+b}$，$\lim_{n\to\infty}P_{i2}(n)=\frac{a}{a+b}$，$i=1,\ 2$。

易见，这些极限与起始状态 i 无关。

7.2.3 Markov 链的极限分布与平稳分布

给定 Markov 链 $\{X_n,\ n\geqslant 0\}$。如果对任意的 $j\in E$（其中 E 是状态空间），n 步转移概率的极限 $\lim_{n\to\infty}P_{ij}(n)=\pi_i$，对一切 $i\in E$ 存在且与 i 无关，则称 $\{X_n,\ n\geqslant 0\}$ 具有遍历性，或称 $\{X_n,\ n\geqslant 0\}$ 为遍历的齐次 Markov 链。称 $\{\pi_j,\ j\in E\}$ 为 $\{X_n,\ n\geqslant 0\}$ 的极限分布。由于 $0\leqslant P_{ij}(n)\leqslant 1$，因此定义中的 π_j 总是满足 $0\leqslant \pi_j\leqslant 1$，$j\in E$。

给定 Markov 链 $\{X_n,\ n\geqslant 0\}$，状态空间为 E。如果存在一个概率分布 $\{q_j,\ j\in E\}$，使得一步转移概率 P_{ij} 满足 $q_j=\sum_i q_i p_{ij}$，$j\in E$，则称 $\{q_j,\ j\in E\}$ 为 Markov 链 $\{X_n,\ n\geqslant 0\}$ 的平稳分布。

平稳分布定义等式的矩阵形式可以写为 $\boldsymbol{q}=\boldsymbol{qP}$，其中 $\boldsymbol{P}$ 是一步转移概率矩阵，$\boldsymbol{q}$ 为列向量 $[q_1,\ q_2,\ \cdots]^{\mathrm{T}}$。

7.2.4 Markov 链平稳分布与遍历性之间的关系

当 Markov 链具有遍历性时，极限分布 π_j 必定存在且唯一。当 Markov 链不具有遍历性时，极限分布必定不存在，而平稳分布可能存在且不唯一。

当有限 Markov 链具有遍历性时，极限分布必定是平稳分布；当无限 Markov 链具有遍历性时，如果极限分布存在，则极限分布必定是平稳分布。

因此，如果 Markov 链具有遍历性，可以从平稳分布来探讨它的极限分布。Markov 链遍历性的直观意义在于无论从哪个初始状态出发，当转移步数充分大时，到达任意一个状态的概率是一个常数。也就是说，无论初始分布是什么样的，在转移步数充分大后，最终的概率分布都是一样的。

下面举一个具体的例子。

家庭是社会的细胞，同时也是个体成长的重要环境之一，影响孩子发展的家庭因素有家庭物质条件、家庭结构、家庭成员的教育背景等。显然，这些因素和父母都有着直接或间接的关系，孩子受教育的水平依赖于他们父母受教育的水平，父母的文化水平高，子女的文化水平相应地也高。

社会上有人对人们受教育程度进行了调查。调查过程中将人们划分为五类：A 类，这类人具有初中或初中以下的文化程度；B 类，这类人具有高中文化程度；C 类，这类人具有本科学历；D 类，这类人具有硕士研究生学历；E 类，这类人具有硕士研究生以上学历。对调查结果进行分析，得到了当父或母（指文化程度较高者）是这五类人中某一类型时，其子女将属于这五种类型中的任一种的概率，即父或母是 A 类人时，子女是 A 类、B 类、C 类、D 类、E 类的概率分别为 0.7，0.2，0.08，0.01，0.01；父或母是 B 类人时，子女是 A 类、B 类、C 类、D 类、E 类的概率分别为 0.4，0.4，0.1，0.08，0.02；父或母是 C 类人时，子女是 A 类、B 类、C 类、D 类、E 类的概率分别为 0，0.15，0.65，0.15，0.05；父或母是 D 类人时，子女是 A 类、B 类、C 类、D 类、E 类的概率分别为 0，0，0.4，0.5，0.1；父或母是 E 类人时，子女是 A 类、B 类、C 类、D 类、E 类的概率分别为 0，0，0.2，0.6，0.2。

如果我们要研究各类人的后代受教育的程度，就可以用 Markov 链模型来描述，从而得到相应的转移矩阵为

$$\boldsymbol{P}=\text{父或母}\begin{matrix}\mathrm{A}\\\mathrm{B}\\\mathrm{C}\\\mathrm{D}\\\mathrm{E}\end{matrix}\begin{bmatrix}0.7 & 0.2 & 0.08 & 0.01 & 0.01\\0.4 & 0.4 & 0.1 & 0.08 & 0.02\\0 & 0.15 & 0.65 & 0.15 & 0.05\\0 & 0 & 0.4 & 0.5 & 0.1\\0 & 0 & 0.2 & 0.6 & 0.2\end{bmatrix}。$$

此时为了研究需要，我们对问题进行简化，即假设父母属于同一类人。根据 $\boldsymbol{P}$，我们可以算出各类人的后代成为这五类人中的某一类的概率。比如由

$$\boldsymbol{P}(2)=\boldsymbol{P}^2=\begin{bmatrix}0.57 & 0.232 & 0.134 & 0.046 & 0.018\\0.44 & 0.255 & 0.173 & 0.103 & 0.029\\0.06 & 0.1575 & 0.5078 & 0.2145 & 0.0605\\0 & 0.06 & 0.48 & 0.37 & 0.09\\0 & 0.03 & 0.41 & 0.45 & 0.11\end{bmatrix}$$

可知，A 类人的第二代具有初中或初中以下的文化程度的概率为 0.57，具有高中文化程度的概率为 0.232；具有本科学历的概率为 0.134；具有硕士研究生学历的概率为 0.046；具有硕士研究生以上学历的概率为 0.018。同理可知其余各类人的第二代成为这五类人中的某一

类的概率。由

$$P(3)=P^3=\begin{bmatrix} 0.4918 & 0.2269 & 0.1779 & 0.0782 & 0.0252 \\ 0.41 & 0.216 & 0.2202 & 0.1197 & 0.0343 \\ 0.105 & 0.1511 & 0.4483 & 0.2329 & 0.0627 \\ 0.0240 & 0.096 & 0.484 & 0.3158 & 0.0802 \\ 0.012 & 0.0735 & 0.4715 & 0.3549 & 0.0881 \end{bmatrix}$$

可知A类人的第三代具有初中或初中以下的文化程度的概率为0.4918;具有高中文化程度的概率为0.2269;具有本科学历的概率为0.1779;具有硕士研究生学历的概率为0.0782;具有硕士研究生以上学历的概率为0.0252。同理可知其余各类人的第三代成为这五类人中的某一类的概率。

继续进行下去就可算出 $P(4)$, $P(5)$, …, 也就得到了各类人的每一代成为这五类人中的某一类的概率。

但又有不同的调查结果表明,当父或母具有本科或本科以上学历时,子女最低也具有本科学历。有时由于研究的需要,没必要把状态空间分得那么细,比如我们只研究受高等教育(具有本科或本科以上学历)情况时,就可把状态空间分为三类:A类,这类人具有初中或初中以下的文化程度;B类,这类人具有高中文化程度;F类,这类人具有本科或本科以上学历。

此时转移矩阵的标准形式为

$$P=\begin{array}{c} \\ F \\ A \\ B \end{array}\begin{array}{c} \begin{array}{ccc} F & A & B \end{array} \\ \begin{bmatrix} 1 & 0 & 0 \\ 0.1 & 0.7 & 0.2 \\ 0.2 & 0.4 & 0.4 \end{bmatrix} \end{array}。$$

由吸收状态的定义可知,状态F为吸收状态,故此Markov链为一个吸收链。所以经过一段长的时间,所有的状态都将转移到状态F,反映到实际生活中也就是说,经过一段长的时间,所有的人都将受高等教育。但这段时间到底是多久呢?根据前面的基本原理我们就可以算出。详细计算过程如下:

$$S=\begin{bmatrix} 0.7 & 0.2 \\ 0.4 & 0.4 \end{bmatrix}。$$

令 $I=\begin{bmatrix} 1 & 0 \\ 0 & 1 \end{bmatrix}$,则基矩阵 $F=(I-S)^{-1}=\begin{bmatrix} 6 & 2 \\ 4 & 3 \end{bmatrix}$。

再令 $e=[1, 1]^{\mathrm{T}}$,则 $y=Fe=[10, 5]$。

其中,y 的第 i 个分量就表示从第 i 个非吸收状态出发,被吸收状态吸收的平均转移次数。

所以,A类人的后代平均要经过10代,最终都可以接受高等教育;B类人的后代平均要经过5代,最终都可以接受高等教育。

经过上述计算,我们得到了满意的结果。虽然这只是Markov链模型的一部分原理在实际问题中的应用,却表现出了Markov链模型的巨大作用。

7.3 回归模型

7.3.1 多元线性回归模型

1. 模型介绍

在回归分析中,如果有两个或两个以上的自变量,就称为多元回归或多重回归。在实际的应用中,多元线性回归比一元线性回归用途更广且实用意义更大。

在建立多元线性回归模型时,随机变量 y 与一般变量 x_1, x_2, …, x_m 的多元线性回归模型为 $y=\beta_0+\beta_1x_1+\beta_2x_2+\cdots+\beta_mx_m+\varepsilon$,其中,$\beta_0$, β_1, …, β_m 是 $m+1$ 个未知参数,β_0 称为回归常数项,β_1, …, β_m 称为回归系数;y 称为被解释变量(因变量);x_1, x_2, …, x_m 是 m 个可以精确测量并可控制的一般变量,称为解释变量(自变量),$m\geqslant 2$;ε 为随机扰动项,代表主观或客观原因造成的不可观测的随机误差,它是一个随机变量,通常假定 ε 满足 $\varepsilon\sim N(0, \delta^2)$。

设 $(x_{i1}, x_{i2}, \cdots, x_{im}, y_i)$, $i=1, 2, \cdots, n$ 是随机变量 y 与一般变量 x_1, x_2, …, x_m 的 n 次独立观测值,则此时多元线性模型可表示为

$$y_i=\beta_0+\beta_1x_{i1}+\beta_2x_{i2}+\cdots+\beta_mx_{im}+\varepsilon_i,\ i=1, 2, \cdots, n。\tag{7.1}$$

式中,$\varepsilon_i\sim N(0, \delta^2)$ 独立同分布. 多元线性回归样本方程为

$$\hat{y}=\hat{\beta}_0+\hat{\beta}_1x_1+\hat{\beta}_2x_2+\cdots+\hat{\beta}_mx_m。$$

式中,$\hat{\beta}_0$, $\hat{\beta}_1$, $\hat{\beta}_2$, …, $\hat{\beta}_m$ 为 β_0, β_1, β_2, …, β_m 的估计值。

为方便起见,令

$$\boldsymbol{y}=\begin{bmatrix}y_1\\y_2\\\vdots\\y_n\end{bmatrix},\ \hat{\boldsymbol{y}}=\begin{bmatrix}\hat{y}_1\\\hat{y}_2\\\vdots\\\hat{y}_n\end{bmatrix},\ \boldsymbol{\beta}=\begin{bmatrix}\beta_1\\\beta_2\\\vdots\\\beta_n\end{bmatrix},\ \hat{\boldsymbol{\beta}}=\begin{bmatrix}\hat{\beta}_1\\\hat{\beta}_2\\\vdots\\\hat{\beta}_n\end{bmatrix},$$

$$\boldsymbol{x}=\begin{bmatrix}1 & x_{11} & x_{12} & \cdots & x_{1m}\\1 & x_{21} & x_{22} & \cdots & x_{2m}\\\vdots & \vdots & \vdots & & \vdots\\1 & x_{n1} & x_{n2} & \cdots & x_{nm}\end{bmatrix},\ \boldsymbol{\varepsilon}=\begin{bmatrix}\varepsilon_1\\\varepsilon_2\\\vdots\\\varepsilon_n\end{bmatrix},$$

则式(7.1)可改写为

$$\boldsymbol{y}=\boldsymbol{x}\boldsymbol{\beta}+\boldsymbol{\varepsilon},\tag{7.2}$$

且满足 $E(\boldsymbol{\varepsilon})=\boldsymbol{0}$, $\mathrm{Var}(\boldsymbol{\varepsilon})=\delta^2\boldsymbol{I}$,回归方程可改写为 $\hat{\boldsymbol{y}}=\boldsymbol{x}\hat{\boldsymbol{\beta}}$。多元线性回归方程中回归系数的估计采用最小二乘法。记残差平方和为 $\mathrm{SSE}=(\boldsymbol{y}-\boldsymbol{x}\boldsymbol{\beta})^{\mathrm{T}}(\boldsymbol{y}-\boldsymbol{x}\boldsymbol{\beta})$,根据微积分中的求极小值原理,可知残差平方和 SSE 存在最小值,即

$$\begin{cases}\dfrac{\partial SSE}{\partial \beta_0}=-2\sum\limits_{j=1}^{n}(y_i-\hat{y}_i)=0,\\ \dfrac{\partial SSE}{\partial \beta_i}=-2\sum\limits_{j=1}^{n}(y_i-\hat{y}_i)x_i=0\quad (i=1,2,\cdots,m)。\end{cases}\tag{7.3}$$

通过求解这一方程组便可求出 $\boldsymbol{\beta}$ 的估计值 $\hat{\boldsymbol{\beta}}$，得 $\hat{\boldsymbol{\beta}}=(\boldsymbol{x}^{\mathrm{T}}\boldsymbol{x})^{-1}\boldsymbol{x}^{\mathrm{T}}\boldsymbol{y}$，则 $\hat{\boldsymbol{\varepsilon}}=\boldsymbol{y}-\boldsymbol{x}\hat{\boldsymbol{\beta}}$ 为残差向量，取

$$\hat{\sigma}^2=\frac{\hat{\boldsymbol{\varepsilon}}^{\mathrm{T}}\hat{\boldsymbol{\varepsilon}}}{n-p-1}\tag{7.4}$$

为 σ^2 的估计，也称为 σ^2 的最小二乘估计。可以证明 $E(\hat{\sigma}^2)=\sigma^2$。进一步可以证明 $\boldsymbol{\beta}$ 的方差估计为 $\mathrm{Var}(\boldsymbol{\beta})=\sigma^2(\boldsymbol{x}^{\mathrm{T}}\boldsymbol{x})^{-1}$。相应的 $\hat{\boldsymbol{\beta}}$ 的标准差为 $\mathrm{sd}(\hat{\beta}_i)=\hat{\sigma}\sqrt{c_{ii}}$，$i=0, 1, 2, \cdots, m$，其中，$c_{ii}$ 是 $\boldsymbol{C}=(\boldsymbol{x}^{\mathrm{T}}\boldsymbol{x})^{-1}$ 对角线上第 i 个元素。

2. 显著性检验

在多元线性回归分析中，很难用图形来判断 $E(y)$ 是否随 $x_1, x_2, \cdots, x_m$ 做线性变化，因而显著性检验尤为重要。要对多元线性回归方程的拟合程度进行测定，检验回归方程和回归系数的显著性。

1）拟合优度检验

测定多元线性回归的拟合程度，使用多重判定系数，其定义为

$$R^2=1-\frac{SSE}{SST}=1-\frac{(\boldsymbol{y}-\boldsymbol{x}\hat{\boldsymbol{\beta}})^{\mathrm{T}}(\boldsymbol{y}-\boldsymbol{x}\hat{\boldsymbol{\beta}})}{\sum\limits_{i=1}^{n}(y_i-\bar{y})^2}。$$

式中，SSE 为残差平方和，SST 为总离差平方和。

R^2 的范围为 $0\leqslant R^2\leqslant 1$。$R^2$ 越接近 1，回归平面拟合程度越高；反之，R^2 越接近 0，回归平面拟合程度越低。

2）回归方程的显著性检验（F 检验）

所谓回归方程的显著性检验就是检验假设：所有回归系数都等于零，即检验 $H_0:\beta_0=\beta_1=\cdots=\beta_m=0$，$H_1$：$\beta_0, \beta_1, \cdots, \beta_m$ 不全为零。

多元线性回归方程的显著性检验一般采用 F 检验。F 统计量定义为回归平方和的平均与残差平方和的平均（均方误差）之比。对于多元线性回归方程，在 H_0 成立的条件下：

$$F=\frac{\dfrac{SSR}{m}}{\dfrac{SSE}{n-m-1}}=\frac{\dfrac{\sum\limits_{i=1}^{n}(\hat{y}_i-\bar{y})^2}{m}}{\dfrac{(\boldsymbol{y}-\hat{\boldsymbol{y}})^{\mathrm{T}}(\boldsymbol{y}-\hat{\boldsymbol{y}})}{n-m-1}}\sim F(m, n-m-1)。$$

式中，SSR 为回归平方和，SSE 为残差平方和，n 为样本数，m 为自变量个数。F 统计量服从的是第一自由度为 m、第二自由度为 $n-m-1$ 的 F 分布。

从 F 统计量的定义式可看出，如果 F 值较大，则说明自变量造成的因变量的变动远远

大于随机因素对因变量造成的影响. 另外,从另一个角度来看,F 统计量也可以反映回归方程的拟合优度. 将 F 统计量的公式与 R^2 公式结合可得

$$F=\frac{\frac{R^2}{m}}{\frac{1-R^2}{n-m-1}}。$$

可见,回归方程的拟合优度越高,F 统计量就越显著;F 统计量越显著,回归方程拟合优度就越高。

利用 F 统计量进行回归方程显著性检验的步骤总结如下:

(1) 提出假设:$H_0:\beta_0=\beta_1=\cdots=\beta_m=0$,$H_1:\beta_j$ 不全为零($j=1, 2, \cdots, m$)。

(2) 在 H_0 成立的条件下,计算 F 统计量 $F=\dfrac{\frac{\mathrm{SSR}}{m}}{\frac{\mathrm{SSE}}{n-m-1}}$,由样本观测值计算 F 值。

(3) 根据给定的显著性水平 α 确定临界值 $F_\alpha(m, n-m-1)$,或者计算 F 值所对应的相伴概率值 p。

如果 $F>F_\alpha(m, n-m-1)$(或者 $p<\alpha$),就拒绝原假设 H_0,接受备择假设 H_1,认为所有回归系数同时与零有显著差异,自变量与因变量之间存在显著的线性关系,自变量的变化确实能够反映因变量的线性变化,回归方程显著。如果 $F<F_\alpha(m, n-m-1)$(或者 $p>\alpha$),则接受原假设 H_0,自变量与因变量之间不存在显著的线性关系,回归方程不显著。

3) 回归系数显著性检验(t 检验)

回归方程的显著性检验是对线性回归方程的一个整体性检验,如果检验的结果是拒绝原假设,则因变量 y 线性地依赖于自变量 $x_1, x_2, \cdots, x_m$ 这个回归自变量的整体。但是,这并不排除 y 并不依赖于其中某些自变量。因此,我们还要对每个自变量逐一做显著性检验,即回归系数的显著性检验。回归系数的显著性检验是检验各自变量 $x_1, x_2, \cdots, x_m$ 对因变量 y 的影响是否显著,从而找出哪些自变量对 y 的影响是重要的,哪些是不重要的。

对于多元回归方程,回归系数的显著性检验即检验假设 $H_{i0}:\beta_i=0(i=0, 1, 2, \cdots, m)$。在假设成立的条件下,$T$ 统计量 $T=\dfrac{\hat{\beta}_i}{\sigma\sqrt{c_{ii}}}\sim t(n-m-1)$,式中,$c_{jj}$ 为$\boldsymbol{C}=(\boldsymbol{x}^{\mathrm{T}}\boldsymbol{x})^{-1}$ 的对角线上第 j 个元素。

t 检验步骤如下:

(1) 提出假设 $H_{i0}:\beta_i=0(i=0, 1, 2, \cdots, m)$,$H_{i1}:\beta_i\neq 0(i=0, 1, 2, \cdots, m)$,式中,$H_{i0}$ 表示零假设,H_{i1} 表示备择假设。如果零假设成立,则说明 x_i 对 y 没有显著的影响;反之,则说明 x_i 对 y 有显著的影响。

(2) 在 H_{i0} 成立的前提下,计算回归系数的 T 统计量 $\dfrac{\hat{\beta}_i}{\sigma\sqrt{c_{jj}}}$。

(3) 给定显著性水平 α,确定临界值 $t_{\frac{\alpha}{2}}(n-m-1)$,或者计算 t 值所对应的相伴概率值 p 的大小。应注意的是,t 检验的临界值是由显著性水平 α 和自由度决定的,对于双侧检验,

临界值为 $t_{\frac{\alpha}{2}}(n-m-1)$。如果 $|t|>t_{\frac{\alpha}{2}}(n-m-1)$（或者 $p<\alpha$），就拒绝原假设 H_{i0}，认为回归系数 β_i 与零有显著性差异，该自变量和因变量之间存在显著的线性关系，它的变动较好地解释说明因变量的变动，应保留在回归方程中；反之，应剔除出去。

7.3.2 非线性回归模型

非线性回归模型按变量个数也可以分为一元非线性回归模型和多元非线性回归模型。曲线的形式也因实际情况不同而有多种形式，如指数曲线、双曲线、S 形曲线等。下面列出几类典型的非线性回归模型的函数形式。

（1）双曲线模型：

$$y_i=\beta_1+\beta_2\times(1/x_i)+u_i。\tag{7.5}$$

（2）多项式模型：

$$y_i=\beta_1+\beta_2x_i+\beta_3x_i^2+\cdots+\beta_{n+1}x_i^n+u_i。\tag{7.6}$$

（3）对数模型：

$$y_i=\beta_1+\beta_2\ln x_i+u_i。\tag{7.7}$$

（4）三角函数模型：

$$y_i=\beta_1+\beta_2\sin x_i+u_i。\tag{7.8}$$

（5）指数模型

$$y_i=ab^{x_i}+u_i,\tag{7.9}$$

$$y_i=\exp(\beta_0+\beta_1x_{1i}+\beta_2x_{2i}+u_i)。\tag{7.10}$$

（6）幂函数模型：

$$y_i=ax_i^b+u_i。\tag{7.11}$$

我们将上述非线性回归模型分为两类来处理。第一类：直接换元型。这类非线性回归模型通过简单的变量代换可直接转化为线性回归模型，如式(7.5)～式(7.8)。第二类：间接代换型。这类非线性回归模型通过对数变形代换可间接地转化为线性回归模型，如式(7.9)～式(7.11)。对于式(7.5)、式(7.6)等非线性回归模型，虽然包含有非线性变量，但因变量与待估计系数之间的关系是线性的。对于此类模型，可以直接通过变量代换将其化为线性模型，具体代换方法如表 7.1 所示。

表 7.1 变量代换表

原模型	模型代换	代换后模型	参数估计
$y_i=\beta_1+\beta_2\times(1/x_i)+u_i$	$x_i'=1/x_i$	$y_i=\beta_1+\beta_2x_i'+u_i$	一元线性回归 OLS 法
$y_i=\beta_1+\beta_2x_i+\cdots+\beta_{n+1}x_i^n+u_i$	$x_{ik}=x_i^k$	$y_i=\beta_1+\beta_2x_{i1}+\beta_3x_{i2}+\cdots+\beta_{n+1}x_{in}+u_i$	多元线性回归 OLS 法

（续表）

原模型	模型代换	代换后模型	参数估计
$y_i=\beta_1+\beta_2\ln x_i+u_i$	$x_i'=\ln x_i$	$y_i=\beta_1+\beta_2 x_i'+u_i$	一元线性回归 OLS 法
$y_i=\beta_1+\beta_2\sin x_i+u_i$	$x_i'=\sin x_i$	$y_i=\beta_1+\beta_2 x_i'+u_i$	一元线性回归 OLS 法

对于式(7.9)～式(7.11)所示的非线性回归模型,因变量与待估计参数之间的关系也是非线性的,因此不能通过直接换元化为线性模型。对此类模型,可通过对回归方程两边取对数转换为可以直接换元的形式。这种先取对数再进行变量代换的方法称为间接换元法。为使取对数后回归方程的形式更为简捷,我们不妨将式(7.9)和式(7.11)中随机扰动项的形式进行变换,将式(7.9)和式(7.11)改写为 $y_i=ab^{x_i}\mathrm{e}^{u_i}$ 和 $y_i=ax_i^b\mathrm{e}^{u_i}$。对式(7.9)～式(7.11)两边取对数,得

$$\ln y_i=\ln a+\ln b x_i+u_i, \tag{7.12}$$

$$\ln y_i=\beta_0+\beta_1 x_{1i}+\beta_2 x_{2i}+u_i, \tag{7.13}$$

$$\ln y_i=\ln a+b\ln x_i+u_i。 \tag{7.14}$$

式(7.12)～式(7.14)皆可经过适当的换元直接转化为线性回归方程,通过线性回归的方法来进行参数估计。

下面,我们来研究不能通过上述两种方法来处理的非线性回归模型。设非线性回归模型具有如下形式:

$$Y=f(X_1, X_2, \cdots, X_p, \theta_1, \theta_2, \cdots, \theta_k)+\varepsilon。 \tag{7.15}$$

式中,$\varepsilon\sim N(0,\sigma^2)$。设 $(x_{i1}, x_{i2}, \cdots, x_{ip}, y_i)$ $(i=1, 2, \cdots, n)$ 是 $(X_1, X_2, \cdots, X_p, Y)$ 的 n 次独立观测值,则多元非线性模型(7.15)可表示为

$$y_i=f(x_{i1}, x_{i2}, \cdots, x_{ip}, \theta_1, \theta_2, \cdots, \theta_k)+\varepsilon_i, i=1, 2, \cdots, n。 \tag{7.16}$$

式中,$\varepsilon_i\sim N(0,\sigma^2)$ 且独立同分布。为方便起见,将式(7.16)简写为 $y_i=f(\boldsymbol{X}^{(i)}, \boldsymbol{\theta})+\varepsilon_i$,其中 $\boldsymbol{X}^{(i)}=[x_{i1}, x_{i2}, \cdots, x_{ip}]^{\mathrm{T}}$, $\boldsymbol{\theta}=[\theta_1, \theta_2, \cdots, \theta_k]^{\mathrm{T}}$。为求参数 $\boldsymbol{\theta}$ 的估计值,转化为求解最小二乘问题

$$\min Q(\boldsymbol{\theta})=\sum_{i=1}^{n}[y_i-f(\boldsymbol{X}^{(i)}, \boldsymbol{\theta})]^2。 \tag{7.17}$$

式(7.17)的解 $\hat{\boldsymbol{\theta}}$ 作为参数 $\boldsymbol{\theta}$ 的估计值。可以证明,$\boldsymbol{\theta}$ 的最小二乘估计也是其最大似然估计。在 R 软件中,一般通过函数 nls()求解非线性最小二乘问题。

7.4 主成分分析和因子分析

在对实际问题的建模过程中,为了全面地分析问题,往往涉及众多有关的变量。但是变量太多不但会增加计算的复杂性,而且也给合理地分析和解释问题带来困难。一般来说,虽

然每个变量都提供了一定的信息，但其重要性有所不同。实际上，在很多情况下，众多变量之间有一定的相关关系，人们希望利用这种相关性对这些变量加以"改造"，用维数较少的新变量来反映原变量所提供的大部分信息，通过对新变量的分析达到解决问题的目的，主成分分析(PCA)和因子分析便是在这种降维的思想下产生的处理高维数据的统计方法。

7.4.1 主成分分析

主成分分析是一种通过旋转平移变换把多个指标约化为少数几个综合指标的统计分析方法。其核心思想为：构造一个新的坐标系统，使得 p 维随机向量 $\boldsymbol{x}$ 在新的坐标系中某一坐标轴上的投影具有最大的方差值，称这一坐标轴为第一主轴，$\boldsymbol{x}$ 在第一主轴上的投影仍为一个随机变量，记作 Y_1，称 Y_1 为第一主成分。寻找与第一主轴垂直的某个坐标轴，使得 $\boldsymbol{x}$ 在该轴上的投影的方差在所有与第一主轴垂直的坐标轴上的投影的方差中最大，则称该坐标轴为第二主轴，$\boldsymbol{x}$ 在该轴上投影而得到随机变量 Y_2，称 Y_2 为第二主成分。以此类推可以定义第三主轴、第三主成分等。下面以一个二维随机向量为例来说明主成分分析的思想。图 7.3 中给出了二维随机向量 $\boldsymbol{x}$ 在原坐标系 x_1Ox_2 以及旋转后的坐标系 y_1Oy_2 中的分布图。从图中可以看出，$\boldsymbol{x}$ 在 y_1 轴方向上投影得到的随机变量 Y_1 在 $\boldsymbol{x}$ 的所有可能的投影方向中的变异性即方差最大，称 y_1 轴为第一主轴，Y_1 为第一主成分。由图 7.3 可见，二维随机向量 $\boldsymbol{x}$ 的分量 x_1 与 x_2 在 y_1 轴存在着近似线性的关系，考虑到 $\boldsymbol{x}$ 在 y_1 轴上的投影的变异性最大，也即 y_1 轴上携带的 $\boldsymbol{x}$ 的信息最大，因此，从信息压缩的角度考虑，可以用 $\boldsymbol{x}$ 在 y_1 轴上的投影来近似代替 $\boldsymbol{x}$，而忽略 $\boldsymbol{x}$ 在 y_2 轴上的投影信息，进而达到降维的目的。

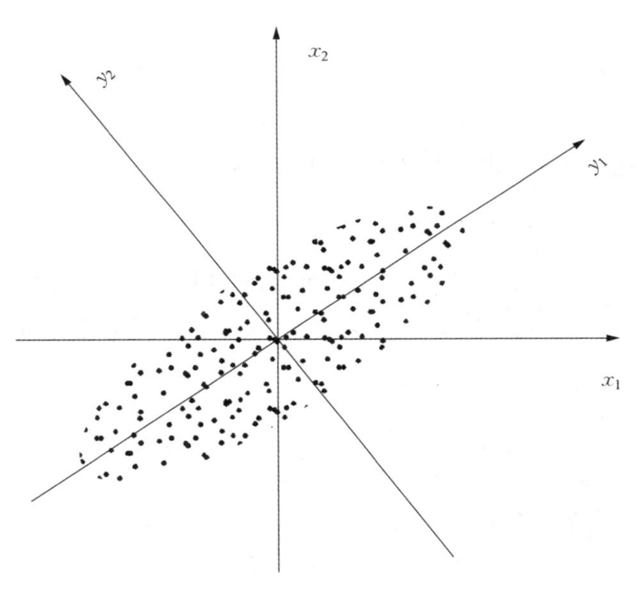

图 7.3 主成分分析示意图

下面来推导主成分分析中主成分的求取。给定一 q 维随机向量 $\boldsymbol{x}=[x_1, x_2, \cdots, x_p]^{\mathrm{T}}$，在主成分分析中，求取第一主成分 Y_1，即为寻找一单位列向量 $\boldsymbol{a}_1$，使得随机变量 $Y_1=\boldsymbol{a}_1^{\mathrm{T}}\boldsymbol{x}$ 的方差最大。而 Y_1 的方差为 $V(Y_1)=V(\boldsymbol{a}_1^{\mathrm{T}}\boldsymbol{x})=\boldsymbol{a}_1^{\mathrm{T}}\boldsymbol{V}\boldsymbol{a}_1$，这里 $\boldsymbol{V}$ 代表随机向量 $\boldsymbol{x}$ 的

协方差矩阵，因此求取第一主成分等价于下列优化问题：

$$\begin{cases}\max(\boldsymbol{a}_1^{\mathrm{T}}\boldsymbol{V}\boldsymbol{a}_1),\\ \text{s. t. } \|\boldsymbol{a}_1\|=1。\end{cases} \tag{7.18}$$

这里采用 Lagrange 算法求解，记 λ_1 是 Lagrange 系数。令 $L=\boldsymbol{a}_1^{\mathrm{T}}\boldsymbol{V}\boldsymbol{a}_1-\lambda_1(\boldsymbol{a}_1^{\mathrm{T}}\boldsymbol{a}_1-1)$，分别对 $\boldsymbol{a}_1$ 和 λ_1 求偏导，并令其为零，得

$$\frac{\partial L}{\partial \boldsymbol{a}_1}=2\boldsymbol{V}\boldsymbol{a}_1-2\lambda_1\boldsymbol{a}_1=\boldsymbol{0}, \tag{7.19}$$

$$\frac{\partial L}{\partial \lambda_1}=-(\boldsymbol{a}_1^{\mathrm{T}}\boldsymbol{a}_1-1)=0。 \tag{7.20}$$

由式(7.19)得

$$\boldsymbol{V}\boldsymbol{a}_1=\lambda_1\boldsymbol{a}_1, \tag{7.21}$$

$$V(Y_1)=\boldsymbol{a}_1^{\mathrm{T}}\cdot\lambda\boldsymbol{a}_1=\lambda_1\cdot\boldsymbol{a}_1^{\mathrm{T}}\boldsymbol{a}_1=\lambda_1。 \tag{7.22}$$

由式(7.21)知，$\boldsymbol{a}_1$ 为协方差矩阵 $\boldsymbol{V}$ 的一个标准化特征向量，λ_1 为与其相对应的特征值。欲使 $V(Y_1)$ 取得最大值，则 $\boldsymbol{a}_1$ 应取为协方差矩阵 $\boldsymbol{V}$ 的最大特征值 $\lambda_{\max1}$ 所对应的特征向量 $\boldsymbol{a}_{\max1}$，$\boldsymbol{a}_{\max1}$ 被称为第一主轴。在得到第一主成分后，可以继续求取第二主成分 Y_2，即寻找一个与第一主轴正交的单位向量 $\boldsymbol{a}_2$，使得 $V(Y_2)=V(\boldsymbol{a}_2^{\mathrm{T}}\boldsymbol{x})=\max\limits_{i=2,3,\cdots,p}[V(\boldsymbol{a}_i^{\mathrm{T}}\boldsymbol{x})]$，$\boldsymbol{a}_i$ 与 $\boldsymbol{a}_1$ 正交，$i=2, 3, \cdots, p$，即

$$\begin{cases}\max(\boldsymbol{a}_2^{\mathrm{T}}\boldsymbol{V}\boldsymbol{a}_2),\\ \text{s. t. } \|\boldsymbol{a}_2\|=1,\ \boldsymbol{a}_2^{\mathrm{T}}\boldsymbol{a}_1=0。\end{cases} \tag{7.23}$$

与第一主成分的求取过程类似，定义 Lagrange 函数为

$$L=\boldsymbol{a}_2^{\mathrm{T}}\boldsymbol{V}\boldsymbol{a}_2-\lambda_2(\boldsymbol{a}_2^{\mathrm{T}}\boldsymbol{a}_2-1),$$

对 $\boldsymbol{a}_2$ 和 λ_2 求偏导，并令其为零，得

$$\frac{\partial L}{\partial \boldsymbol{a}_2}=2\boldsymbol{V}\boldsymbol{a}_2-2\lambda_2\boldsymbol{a}_2=\boldsymbol{0}, \tag{7.24}$$

$$\frac{\partial L}{\partial \lambda_2}=-(\boldsymbol{a}_2^{\mathrm{T}}\boldsymbol{a}_2-1)=0。 \tag{7.25}$$

由式(7.24)得

$$\boldsymbol{V}\boldsymbol{a}_2=\lambda_2\boldsymbol{a}_2。$$

$\boldsymbol{a}_2$ 也为协方差矩阵 $\boldsymbol{V}$ 的一个标准化特征向量，λ_2 为与其相对应的特征值，则

$$V(Y_2)=V(\boldsymbol{a}_2^{\mathrm{T}}\boldsymbol{x})=\boldsymbol{a}_2^{\mathrm{T}}\boldsymbol{V}\boldsymbol{a}_2=\boldsymbol{a}_2^{\mathrm{T}}\cdot\lambda_2\boldsymbol{a}_2=\lambda_2\boldsymbol{a}_2^{\mathrm{T}}\boldsymbol{a}_2=\lambda_2。$$

欲使得 $V(Y_2)=V(\boldsymbol{a}_2^{\mathrm{T}}\boldsymbol{x})=\max\limits_{i=2,3,\cdots,p}[V(\boldsymbol{a}_i^{\mathrm{T}}\boldsymbol{x})]$，且满足 $\|\boldsymbol{a}_2\|=1$，$\boldsymbol{a}_i$ 与 $\boldsymbol{a}_1$ 正交，$i=2, 3, \cdots, p$，则需使 λ_2 为协方差矩阵 $\boldsymbol{V}$ 的所有特征值中除 λ_1 外的最大的特征值，记作 $\lambda_{\max2}$，

与 $\lambda_{\max 2}$ 对应的特征向量记作 $\boldsymbol{a}_{\max 2}$，并被称为第二主轴。

依此类推，可以求得第 h 主成分，以及第 h 主轴。

综上所述，主成分分析的计算步骤如下：

(1) 对数据进行归一化处理。

(2) 计算随机向量 $\boldsymbol{x}$ 的协方差矩阵 $\mathbf{V}$。

(3) 计算 $\mathbf{V}$ 的前 m 个特征值 $\lambda_1, \lambda_2, \cdots, \lambda_m$ 及其标准正交特征向量 $\boldsymbol{a}_1, \boldsymbol{a}_2, \cdots, \boldsymbol{a}_m$。

(4) 求第 h 主成分，有 $Y_h = \boldsymbol{a}_h^{\mathrm{T}}\boldsymbol{x}$。

7.4.2 因子分析

因子分析是主成分分析的推广和发展，也是多元统计中降维的一种方法，它的主要特点在于将多个变量综合为少数几个因子，以再现原始变量与因子之间的相关关系，能探索不易观测或不能观测的潜在因素。

因子分析根据研究对象的不同，可以分为 R 型和 Q 型因子分析。R 型因子分析研究变量之间的相关关系，通过对变量的相关矩阵或协方差矩阵内部结构的研究，找出控制所有变量的几个公共因子(或称主因子、潜在因子)，用以对变量或样本进行分类。Q 型因子分析研究样本之间的相关关系，通过对样本的相似矩阵内部结构的研究找出控制样本的几个主要因素(或称为主因子)。两种因子分析的处理方法是一样的，只是出发点不同。本章主要介绍 R 型因子分析。

设 $\boldsymbol{X}=[X_1, X_2, \cdots, X_p]^{\mathrm{T}}$ 是可观测的向量，且 $E(\boldsymbol{X})=\boldsymbol{\mu}$，$\mathrm{Cov}(\boldsymbol{X})=\boldsymbol{\Sigma}=(\sigma_{ij})_{p\times p}$，则 $\boldsymbol{F}=[F_1, F_2, \cdots, F_m]^{\mathrm{T}}$ 随机向量的因子模型为 $X_i-\mu_i=a_{i1}F_1+a_{i2}F_2+\cdots+a_{im}F_m+\varepsilon_i$，$i=1, 2, \cdots, p$，其中，$\boldsymbol{F}=[F_1, F_2, \cdots, F_m]^{\mathrm{T}}$ 为 $\boldsymbol{X}$ 的公共因子，且满足 $E(\boldsymbol{F})=\mathbf{0}$，$\mathrm{Var}(\boldsymbol{F})=\boldsymbol{I}_m$，可理解为原始变量共同具有的公共因素；$\boldsymbol{\varepsilon}=[\varepsilon_1, \varepsilon_2, \cdots, \varepsilon_p]^{\mathrm{T}}$ 为 $\boldsymbol{X}$ 的特殊因子，满足 $E(\boldsymbol{\varepsilon})=\mathbf{0}$，$\mathrm{Var}(\boldsymbol{\varepsilon})=\mathrm{diag}(\sigma_1^2, \sigma_2^2, \cdots, \sigma_p^2)=\boldsymbol{D}$，$\mathrm{Cov}(\boldsymbol{F}, \boldsymbol{\varepsilon})=\mathbf{0}$。每个公共因子一般至少对两个原始变量有作用，否则它将归入特殊因子。公共因子和特殊因子都是不可观测的随机变量。记矩阵 $\mathbf{A}=(a_{ij})_{p\times m}$ 是待估系数矩阵，称为因子载荷矩阵，则因子模型可用矩阵表示为

$$\boldsymbol{X}=\boldsymbol{\mu}+\boldsymbol{AF}+\boldsymbol{\varepsilon},\ E(\boldsymbol{F})=\mathbf{0},\ \mathrm{Var}(\boldsymbol{F})=\boldsymbol{I}_m,\ E(\boldsymbol{\varepsilon})=\mathbf{0},\ \mathrm{Var}(\boldsymbol{\varepsilon})=\boldsymbol{D},\ \mathrm{Cov}(\boldsymbol{F}, \boldsymbol{\varepsilon})=\mathbf{0}。$$

该模型又称为正交因子模型。在正交因子模型中，用 $m+p$ 个不可观测的随机变量来表示 p 个原始变量，这正是正交因子模型与回归模型的区别所在，试图用回归方法来确定因子载荷矩阵 $\mathbf{A}$ 是不可行的。在正交因子模型中，因子载荷 a_{ij} 的绝对值越大，表明 X_i 与 F_j 的相依程度越大，或称公共因子 F_j 对于 X_i 的载荷量越大。下面，对正交因子模型的性质进行讨论。

(1) 在正交因子模型中，

$$\boldsymbol{\Sigma}=\mathrm{Cov}(\boldsymbol{X})=\mathrm{Cov}(\boldsymbol{\mu}+\boldsymbol{AF}+\boldsymbol{\varepsilon})=\boldsymbol{A}\mathrm{Cov}(\boldsymbol{F})\boldsymbol{A}^{\mathrm{T}}+\mathrm{Cov}(\boldsymbol{\varepsilon})=\boldsymbol{AA}^{\mathrm{T}}+\boldsymbol{D},$$

也就是说，$\sigma_{ii}=\sum_{k=1}^{m}a_{ik}^2+\sigma_i^2$ 且 $\sigma_{ij}=\sum_{k=1}^{m}a_{ik}a_{jk}$，即 X_i 的方差由两部分组成：一部分是 m 个公

共因子对变量 X_i 的总方差所做的贡献 $h_i^2=\sum_{k=1}^{m}a_{ik}^2$，称为共性方差；另一部分是特殊因子 ε_i 对方差所做的贡献 σ_i^2，称为特殊方差或剩余方差，特殊方差仅与变量 X_i 有关。这里 h_i^2 表明 X_i 对 m 个公共因子的共同依赖程度，故共性方差也称为变量 X_i 的共同度，h_i^2 越大，说明公共因子对 X_i 解释的程度越高，因子分析的效果也就越好。

另外，记 $g_j^2=a_{1j}^2+a_{2j}^2+\cdots+a_{pj}^2(j=1, 2, \cdots, m)$，则 g_j^2 表示的是公共因子 $\boldsymbol{F}$ 对 $\boldsymbol{X}$ 每一个分量所提供的方差的总和，称为公共因子 F_j 对原始变量 $\boldsymbol{X}$ 的方差贡献，是衡量公共因子 F_j 相对重要性的指标。如果将因子载荷矩阵所有的 g_j^2 都计算出来，按其大小排序，就可以依次提炼出最有影响的公共因子。

(2) 因子载荷不是唯一的。设 $\boldsymbol{T}$ 是一 m 阶正交矩阵，令 $\boldsymbol{A}^*=\boldsymbol{AT}$，$\boldsymbol{F}^*=\boldsymbol{T}^{\mathrm{T}}\boldsymbol{F}$，则模型可以表示为 $\boldsymbol{X}=\boldsymbol{\mu}+\boldsymbol{A}^*\boldsymbol{F}^*+\boldsymbol{\varepsilon}$。

(3) $\mathrm{Cov}(\boldsymbol{X}, \boldsymbol{F})=\mathrm{Cov}(\boldsymbol{\mu}+\boldsymbol{AF}+\boldsymbol{\varepsilon}, \boldsymbol{F})=\boldsymbol{A}$，或 $\mathrm{Cov}(X_i, F_j)=a_{ij}$，即因子载荷 a_{ij} 是第 i 个变量与第 j 个公共因子的相关系数。

7.5　聚类分析模型

7.5.1　基本术语

在进行聚类分析前，我们先给出一些定义。首先要对距离进行定义，根据定义的距离才能将样品按距离远近进行聚类。如何定义距离才能使聚类结果符合决策者的要求呢？在实际应用中，根据不同的聚类对象，聚类分析一般分为 Q 型聚类和 R 型聚类两种。

(1) Q 型聚类：对样品进行分类处理，距离由样品相似性来度量。

(2) R 型聚类：对变量进行分类处理，距离由变量相似性来度量。

样品相似性的度量用来测度样本之间距离的远近，距离相差不大的分为一组，比如将成绩相近的学生分为一组；变量相似性的度量用来测度变量之间相关性的大小，将具有相同趋势的变量分为一组，比如将学生的数学成绩和物理成绩分为一组。

1. 样品相似性度量

样品相似性的度量包括 Minkowski 距离、马氏距离和兰氏距离等。

1) Minkowski 距离

记 $\boldsymbol{x}_i$ 为第 i 个样品，$\boldsymbol{x}_j$ 为第 j 个样品，x_{ik} 代表第 i 个样品的第 k 个变量取值，d 代表变量总数，q 为可以设定的参数，则第 i 个样品和第 j 个样品的 Minkowski 距离 $d(\boldsymbol{x}_i, \boldsymbol{x}_j)$ 定义为

$$d(\boldsymbol{x}_i, \boldsymbol{x}_j)=\left(\sum_{k=1}^{d}|x_{ik}-x_{jk}|^q\right)^{\frac{1}{q}}。$$

按 q 值的不同又可分为绝对距离 $(q=1)$ 和欧氏距离 $(q=2)$，定义如下：

绝对距离

$$d(\boldsymbol{x}_i, \boldsymbol{x}_j)=\sum_{k=1}^{d}|x_{ik}-x_{jk}|;$$

欧氏距离

$$d(\boldsymbol{x}_i, \boldsymbol{x}_j)=\sqrt{\sum_{k=1}^{d}(x_{ik}-x_{jk})^2}。$$

欧氏距离较为常用,但在解决多元数据的分析问题时,不足就体现出来了。一是它没有考虑到总体变异对"距离"远近的影响,显然一个变异程度大的总体可能与更多样品靠近,即使它们的欧氏距离不一定最近;另外,欧氏距离受到变量量纲的影响,这对多元数据的处理是不利的。

为了克服欧氏距离的不足,"马氏距离"的概念便诞生了。

2) 马氏距离

设 $\boldsymbol{x}_i$ 与 $\boldsymbol{x}_j$ 是来自均值向量为 $\boldsymbol{\mu}$、协方差矩阵为 $\boldsymbol{\Sigma}(|\boldsymbol{\Sigma}|>0)$ 的总体 G 中的 p 维样品,则两个样品间的马氏距离 $d_{ij}^2(M)$ 定义为

$$d_{ij}^2(M)=(\boldsymbol{x}_i-\boldsymbol{x}_j)^{\mathrm{T}}\boldsymbol{\Sigma}^{-1}(\boldsymbol{x}_i-\boldsymbol{x}_j)。$$

马氏距离又称为广义欧氏距离。显然,马氏距离与上述各种距离的主要不同是它考虑了观测变量之间的关联性。如果各变量之间相互独立,即观测变量的协方差矩阵是对角矩阵,则马氏距离就退化为用各个观测指标的标准差的倒数作为加权数的加权欧氏距离。马氏距离还考虑了观测变量之间的变异性,不再受各指标量纲的影响。将原始数据线性变换后,马氏距离保持不变。

3) 兰氏距离

与 Minkowski 距离符号说明一样,兰氏距离 $d_{ij}(L)$ 定义为

$$d_{ij}(L)=\frac{1}{d}\sum_{k=1}^{d}\frac{|x_{ik}-x_{jk}|}{x_{ik}+x_{jk}}。$$

它仅适用于一切 $x_{ij}>0$ 的情况,这个距离也可以克服各个指标之间量纲的影响。这是一个自身标准化的量纲,由于它对奇异值不敏感,特别适合用于高度偏倚的数据。不过,它同样没有考虑指标之间的关联性。

2. 变量相似性的度量

变量相似性的度量主要包括夹角余弦和相关系数等。

1) 夹角余弦

设 x_{ik} 代表第 i 个变量的第 k 个样品取值,p 代表样品总数,则这第 i 个变量和第 j 个变量间的夹角余弦 $\cos\theta_{ij}$ 定义为

$$\cos\theta_{ij}=\frac{\sum_{k=1}^{p}x_{ik}x_{jk}}{\sqrt{\sum_{k=1}^{p}x_{ik}^2}\sqrt{\sum_{k=1}^{p}x_{jk}^2}}。$$

2）相关系数

经常用来度量变量间的相似性。设 $\overline{x_i}$ 代表第 i 个变量 x_i 的平均值，则第 i 个变量和第 j 个变量的相关系数 r_{ij} 定义为

$$r_{ij}=\frac{\mathrm{Cov}(x_i, x_j)}{\sqrt{\mathrm{Var}(x_i)\mathrm{Var}(y_j)}}=\frac{\sum_{k=1}^{p}(x_{ki}-\overline{x_i})(x_{kj}-\overline{x_j})}{\sqrt{\sum_{k=1}^{p}(x_{ki}-\overline{x_i})^2(x_{kj}-\overline{x_j})^2}}。$$

无论是夹角余弦还是相关系数，其绝对值都小于等于 1。

采用不同的距离公式，会得到不同的聚类结果。在进行聚类分析时，可以根据需要选择符合实际的距离公式。在样品相似性度量中，欧氏距离具有非常明确的空间距离概念，马氏距离有消除量纲影响的作用；如果对变量做了标准化处理，通常可以采用欧氏距离。

7.5.2 聚类分析的一般步骤

在具体运用中，不妨试探性地选择几个距离公式分别进行聚类，然后对聚类分析的结果进行比对分析，以确定最合适的距离测度方法。

1. 目标

在定义了样品或变量之间的距离后，还需要设计聚类原则，将样品或变量聚成多类。要考虑如何定义类与类之间的距离，如何确定样品或变量的类别来让类与类之间的距离达到最小。

2. 聚类方法分类

根据聚类分析的不同方法，可将其归为系统聚类和 K 均值聚类等。系统聚类按照距离的远近，把距离接近的数据一步一步归为一类，直到数据完全归为一个类别为止。K 均值聚类首先人为确定分类数，起步于一个初始的分类，然后通过不断迭代把数据在不同类别之间移动，直到最后达到预定的分类数为止。

1）系统聚类

这种方法的基本思想是：距离相近的样品先聚成类，距离较远的则后聚成类，这样的过程一直进行下去，每个样品总能找到合适的类。

假设总共有 n 个样品，系统聚类方法的步骤如下：

(1) 将每个样品独自聚成一类，共有 n 类。

(2) 根据所确定的样品距离公式，把距离较近的样品聚成一类，其他的样品仍各自为一类。

(3) 将距离最近的类进一步聚成一类。

……

以上步骤一直进行下去，直至最后将所有的样品聚成一类。为了直观地反映以上系统聚类过程，可以把整个分类系统画成一张谱系图。所以有时系统聚类也称为谱系分析。

对于系统聚类，我们还需要定义类与类之间的距离，类间距离定义的不同会产生不同的系统聚类法。常用的类间距离定义有最短距离法、最长距离法、中间距离法、重心法、类平均

法、可变法及离差平方和法。以下简单介绍一些常用的方法。

(1) 最短距离法：定义两个类别中距离最短的样品距离为类间距离，距离公式为

$$D_{pq}=\min\{d_{jl}\mid j\in G_p,\ l\in G_q\}=\min_{j\in G_p,\ l\in G_q}\{d_{il}\}。$$

(2) 最长距离法：定义两个类别中距离最长的样品距离为类间距离，距离公式为

$$D_{pq}=\max\{d_{jl}\mid j\in G_p,\ l\in G_q\}=\max_{j\in G_p,\ l\in G_q}\{d_{il}\}。$$

(3) 重心法：用两类的重心(样品的均值)间的距离作为两类的距离。设 G_p 和 G_q 的重心分别为 $\overline{\boldsymbol{X}_p}$ 和 $\boldsymbol{X}_q$，则距离公式为

$$D_{pq}^2=(\overline{\boldsymbol{X}_p}-\overline{\boldsymbol{X}_q})^{\mathrm{T}}(\overline{\boldsymbol{X}_p}-\overline{\boldsymbol{X}_q})。$$

(4) 类平均法：包括组间平均距离连接法和组内平均距离连接法。设 G_p 和 G_q 分别有 n_p 和 n_q 个，则距离公式为

$$D_G(p,\ q)=\frac{1}{n_p n_q}\sum_{i\in G_p}\sum_{j\in G_q}d_{ij}。$$

组间平均距离连接法将合并两类的结果，使所有两两项对之间的平均距离最小(项对的两成员分属不同类)；组内平均距离连接法是将两类合并为一类后，使得合并后的类中所有项之间的平均距离最小。

2) K 均值聚类

至少包括以下 4 个步骤：

(1) 将所有的样品分成 K 个初始类。

(2) 逐一计算每一样品到各个类别中心点的距离，把各个样品按照距离最近的原则归入各个类别，并计算新形成类别的中心点。

(3) 按照新的中心位置，重新计算每一样品距离新的类别中心点的距离，并重新进行归类，更新类别中心点。

(4) 重复第(3)步，直到达到一定的收敛标准，或者达到分析者事先指定的迭代次数为止。

K 均值聚类法和系统聚类法一样，都是以距离的远近为标准进行聚类，但是二者的不同之处也是明显的。系统聚类对于不同的类数产生一系列的聚类结果，而 K 均值聚类只能产生指定分类数的聚类结果。不过因为事先指定了类别数，而且类别数远远小于记录个数，K 均值聚类的速度往往要明显快于系统聚类法。

当数据量不大的时候，一般会利用系统聚类法，从而得到最佳聚类结果。如果要聚类的数据量很大，那么利用系统聚类法会消耗大量计算时间，一般选择 K 均值聚类法，可以大大减少计算时间。

下面看一个具体例子。

为研究辽宁、浙江、河南、甘肃、青海 5 省份某年城镇居民生活消费的分布规律，需要用调查资料对这 5 个省分类。数据见表 7.2。

表 7.2　生活消费的分布规律

省份	指标							
	x_1	x_2	x_3	x_4	x_5	x_6	x_7	x_8
辽宁	7.90	39.77	8.49	12.94	19.27	11.05	2.04	13.29
浙江	7.68	50.37	11.35	13.30	19.25	14.59	2.75	14.87
河南	9.42	27.93	8.20	8.14	16.17	9.42	1.55	9.76
甘肃	9.16	27.98	9.01	9.32	15.99	9.10	1.82	11.35
青海	10.06	28.64	10.52	10.05	16.18	8.39	1.96	10.81

其中，x_1：人均粮食支出；　　x_2：人均副食品支出；

x_3：人均烟、酒、茶支出；　　x_4：人均其他副食品支出；

x_5：人均衣着商品支出；　　x_6：人均日用品支出；

x_7：人均燃料支出；　　x_8：人均非商品支出。

在科学研究、生产实践、社会生活中，经常会遇到分类的问题。例如，在考古学中，要将某些古生物化石进行科学的分类；在生物学中，要根据各生物体的综合特征进行分类；在经济学中，要考虑哪些经济指标反映的是同一种经济特征；在产品质量管理中，要根据各产品的某些重要指标而将其分为一等品、二等品；等等。

这些问题可以用聚类分析方法来解决。

设共有 n 个样品，每个样品 $\boldsymbol{x}_i$ 有 p 个变量，它们的观测值可以表示为

$$\boldsymbol{x}_i=[x_{1i},\ x_{2i},\ \cdots,\ x_{pi}]^{\mathrm{T}},\ i=1,\ 2,\ \cdots,\ n。$$

有了样品间的距离(或变量间的相似系数)以及类与类之间的距离后，便可进行系统聚类，基本步骤如下：

(1) n 个样品(或 p 个变量)一开始看作 n 类 (p 类)，计算两两之间的距离(或相似系数)，构成一个对称矩阵 $\boldsymbol{D}_0=(d_{ij})_{n\times n}$，此时显然有 $D(G_p,\ G_q)=d_{pq}$。

(2) 选择 $\boldsymbol{D}_0$ 中对角线元素以外的下三角部分中的最小元素(相似系数矩阵则选择对角线元素以外的最大者)，设其为 $D(G_p,\ G_q)$，则将 G_p 和 G_q 合并为一个新类 G_r。在 $\boldsymbol{D}_0$ 中划去 G_p 和 G_q 所对应的两行与两列，并加入由新类 G_r 与剩下的未聚合的各类之间的距离所组成的一行和一列，得到一个新的矩阵 $\boldsymbol{D}_1$，它是降低了一阶的对称矩阵。

(3) 由 $\boldsymbol{D}_1$ 出发，重复步骤(2)得到对称矩阵 $\boldsymbol{D}_2$，依此类推，直到 n 个样品(或 p 个变量)聚为一个大类为止。

(4) 在合并过程中记下两类合并时样品(或变量)的编号以及距离(或相似系数)的大小，并绘成聚类图，然后可根据实际问题的背景和要求选定相应的临界水平以确定类的个数。

上面是一个 Q 型聚类问题，现在用系统聚类法来解决。将每个省看成一个样品，并以 1，2，3，4，5 分别表示辽宁、浙江、河南、甘肃、青海五省，计算样品间的欧氏距离，得到如下的距离矩阵 $\boldsymbol{D}_0$：

$$\boldsymbol{D}_0=\begin{array}{c} \begin{array}{ccccc}\{1\} & \{2\} & \{3\} & \{4\} & \{5\}\end{array} \\ \begin{bmatrix} 0 & & & & \\ 11.67 & 0 & & & \\ 13.80 & 24.63 & 0 & & \\ 13.12 & 24.06 & 2.20 & 0 & \\ 12.80 & 23.54 & 3.51 & 2.21 & 0 \end{bmatrix}\end{array}。$$

下面给出采用最短距离法的聚类过程。首先将 5 个省各看成一类，即令 $G_i=\{i\}(i=1, 2, 3, 4, 5)$。从 $\boldsymbol{D}_0$ 可以看出，其中最小的元素是 $D(\{4\},\{3\})=d_{43}=2.20$，故将 G_3 和 G_4 合并成一类 G_6，然后利用递推公式计算 G_6 与 G_1，G_2，G_5 之间的最短距离。

$$D(\{3, 4\}, \{1\})=\min\{d_{31}, d_{41}\}=\min\{13.80, 13.12\}=13.12,$$
$$D(\{3, 4\}, \{2\})=\min\{d_{32}, d_{42}\}=\min\{24.63, 24.06\}=24.06,$$
$$D(\{3, 4\}, \{5\})=\min\{d_{35}, d_{45}\}=\min\{3.51, 2.21\}=2.21。$$

在 D_0 中划去$\{3\}$,$\{4\}$所对应的行和列，并加上新类$\{3, 4\}$到其他类距离作为新的一行一列，得到

$$\boldsymbol{D}_1=\begin{array}{c} \begin{array}{cccc}\{3, 4\} & \{1\} & \{2\} & \{5\}\end{array} \\ \begin{bmatrix} 0 & & & \\ 13.12 & 0 & & \\ 24.06 & 11.67 & 0 & \\ 2.21 & 12.80 & 23.54 & 0 \end{bmatrix}\end{array}。$$

重复上面的步骤，依次可得到相应的距离矩阵如下：

$$\boldsymbol{D}_2=\begin{array}{c} \begin{array}{ccc}\{3, 4, 5\} & \{1\} & \{2\}\end{array} \\ \begin{bmatrix} 0 & & \\ 12.80 & 0 & \\ 23.54 & 11.67 & 0 \end{bmatrix}\end{array},$$

$$\boldsymbol{D}_3=\begin{array}{c} \begin{array}{cc}\{3, 4, 5\} & \{1, 2\}\end{array} \\ \begin{bmatrix} 0 & \\ 12.80 & 0 \end{bmatrix}\end{array}。$$

最后将 5 个省合并为一大类，画出聚类图，如图 7.5 所示。

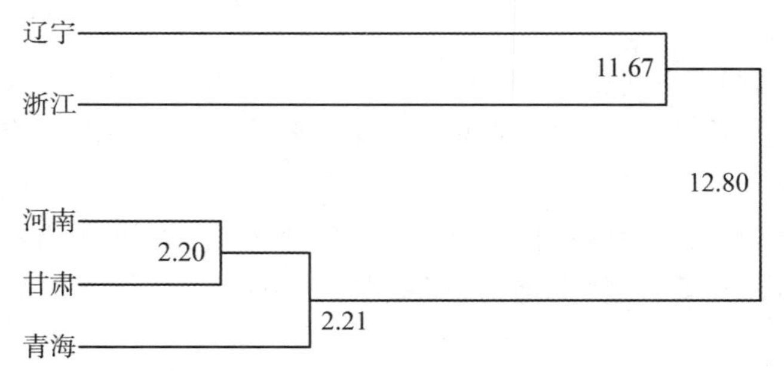

图 7.5 5 个省的聚类图

由此可见，分成三类比较合适，即辽宁和浙江各为一类，河南、甘肃、青海为一类。

若类与类之间的距离用最长距离或类平均距离，也会得到相同的结论。

7.6 典型案例解析

7.6.1 2012年"高教社杯"全国大学生数学建模竞赛题目

A题　葡萄酒的评价

确定葡萄酒质量一般是通过聘请一批有资质的评酒员进行品评。每位评酒员在对葡萄酒进行品尝后对其分类指标打分，然后求和得到其总分，从而确定葡萄酒的质量。酿酒葡萄的好坏与所酿葡萄酒的质量有直接的关系，葡萄酒和酿酒葡萄检测的理化指标会在一定程度上反映葡萄酒和葡萄的质量。附件1给出了某一年份一些葡萄酒的评价结果，附件2和附件3分别给出了该年份这些葡萄酒和酿酒葡萄的成分数据。请尝试建立数学模型讨论下列问题：

（1）分析附件1中两组评酒员的评价结果有无显著性差异，哪一组结果更可信？

（2）根据酿酒葡萄的理化指标和葡萄酒的质量对这些酿酒葡萄进行分级。

（3）分析酿酒葡萄与葡萄酒的理化指标之间的联系。

（4）分析酿酒葡萄和葡萄酒的理化指标对葡萄酒质量的影响，并论证能否用葡萄和葡萄酒的理化指标来评价葡萄酒的质量。

附件1：葡萄酒品尝评分表（含4个表格）

附件2：葡萄和葡萄酒的理化指标（含2个表格）

附件3：葡萄和葡萄酒的芳香物质（含4个表格）

注：答案解析选自重庆大学邵伟华、杨余鸿、肖春明，指导老师肖剑。

相关附件、附录

7.6.2 模型的假设与符号的约定

1. 模型的假设与说明

（1）评酒员的打分是按照加分制（不采用扣分制）；

（2）20位评酒员的评价尺度在同一区间（数据合理，不需要标准化）；

（3）每位评酒员的系统误差较小，在本问题中可以忽略不计；

（4）附件中给出的葡萄和葡萄酒理化指标都准确可靠。

2. 符号的约定与说明

H_0：原假设；P：显著性概率；$\bar{x}_{1n}$：第1组评酒员对第n号品种葡萄酒评分的平均值，$n=1, 2, \cdots, 27$；$\bar{x}_{2n}$：第2组评酒员对第n号品种葡萄酒评分的平均值，$n=1, 2, \cdots, 27$；s_{ij}^2：第1组第i号评酒员对指标j评分的偏差的方差，$i=1, 2, \cdots, 10$；y_{ij}^n：第2组第i号评酒员对n号酒样品第j项指标的评分，$i=1, 2, \cdots, 10$；$\bar{x}_{ij}^n$：第1组10位评酒员对n号酒样品第j项指标评分的平均分；δ：第1组第i号评酒员对n号酒样品第j项指标评分与平均值的偏差；$\bar{\delta}$：第1组第i号评酒员对第j项指标评分与平均值的偏差的平均值；$s_i'^2$：第2

组第 i 号评酒员的总体指标偏差的方差；ω_j：重新确立的第 j 项指标的权重；s'^2：第 2 组 10 位评酒员的总体指标偏差的方差；y_j^n：评酒员指标 j 的平均评分，$j=1, 2, \cdots, 10$；x_i：葡萄的第 i 项指标，$i=1, 2, \cdots, 27$；F_i：葡萄的第 i 项因子，$i=1, 2, \cdots, 10$；M_j：葡萄酒的第 j 项因子，$j=1, 2, \cdots, 10$。

7.6.3 问题(1)的分析与求解

1. 问题（1）的分析

题目要求我们根据两组评酒员对 27 种红葡萄酒和 28 种白葡萄酒的 10 个指标相应的打分情况进行分析，并确定两组评酒员对葡萄酒的评价结果是否有显著性差异，然后判断哪组评酒员的评价结果更可信。

初步分析可知：由于评酒员对颜色、气味等感官指标的衡量尺度不同，因此两组评酒员评价结果是否具有显著性差异应该与评价指标的类型有关，不同评价指标的显著性差异可能会不同。同时，由于红葡萄酒和白葡萄酒的外观、口味等指标差异性较大，处理时需要将红葡萄酒和白葡萄酒的评价结果的显著性差异分开讨论。

基于以上分析，我们可以分别对两组品尝同一种类酒样品的评酒员的评价结果进行两两配对，分析配对的数据是否满足配对样品 t 检验的前提条件，而且根据统计学知识可知评酒员对同一种酒的同一指标的评价在实际中是符合 t 检验的条件的。

接着我们就可以对数据进行多组配对样品的 t 检验，从而对两组评酒员评价结果的显著性差异进行检验。

由于对同一种类酒样品的评价数据只有两组，我们只能通过评价结果的稳定性来判定结果的可靠性，而每组结果的可靠性又最终决定于每个评酒员的稳定性，因此将问题转化为对评酒员稳定性的评价。

2. 配对样品的 t 检验简介

统计知识指出：配对样本是指对同一样本进行两次测试所获得的两组数据，或对两个完全相同的样本在不同条件下进行测试所得的两组数据。在本问中我们可以把配对样品理解为有 27 组两个完全相同的酒样品，由两组不同评酒员的检测得到的两组数据，两组中各个指标的数据为每组评酒员对该指标打分的平均值。

配对样品的 t 检验可检测配对双方的结果是否具有显著性差异，因此就可以检验出配对的双方(第 1 组与第 2 组)对葡萄酒的评价结果是否有差异性。

配对样品 t 检验具有的前提条件为：

(1) 两样品必须配对；

(2) 两样品来源的总体应该满足正态分布。

配对样品 t 检验的基本原理是：求出每对的差值。如果两种处理实际上没有差异，则差值的总体均数应当为零，从该总体中抽出的样本其均数也应当在零附近波动；反之，如果两种处理有差异，差值的总体均数就应当远离零，其样本均数也应当远离零。这样，通过检验该差值总体均数是否为零，就可以得知两种处理有无差异。该检验相应的假设为：

$H_0: \mu_d = 0$，两种处理没有差异；$H_1: \mu_d \neq 0$，两种处理存在差异。

3. 葡萄酒配对样品的 t 检验

问题(1)中配对样品为27组两个完全相同的酒样品在两组不同评酒员的检测下得到的两组数据，其中两组中各个指标的数据为各组10位评酒员对该指标打分的平均值。该问题中的10个指标分别为：外观澄清度、外观色调、香气纯正度、香气浓度、香气质量、口感纯正度、口感浓度、口感持久性、口感质量、平衡/整体评价。

根据 t 检验的原理，在对葡萄酒配对样品进行 t 检验之前，我们要对样品进行正态性检验。首先根据附件1并处理表格中的数据，得到配对样品的两组数据，绘制红葡萄酒配对样品数据表，如表7.3所示。

表7.3　红葡萄酒配对样品数据表

酒品	澄清度（第1组均值）	澄清度（第2组均值）	…	平衡/整体评价（第1组均值）	平衡/整体评价（第2组均值）
红1	2.3	3.1	…	7.7	8.4
红2	2.9	3.1	…	9.6	9.1
⋮	⋮	⋮	⋮	⋮	⋮
红26	3.6	3.7	…	8.9	8.8
红27	3.7	3.7	…	9.0	8.8

白葡萄酒配对样品数据表如表7.4所示。

表7.4　白葡萄酒配对样品数据表

酒品	澄清度（第1组均值）	澄清度（第2组均值）	…	平衡/整体评价（第1组均值）	平衡/整体评价（第2组均值）
白1	3.8	3.5	…	9.7	9.4
白2	3.3	3.5	…	9.1	9.2
⋮	⋮	⋮	⋮	⋮	⋮
白26	4.1	3.5	…	9.4	9.2
白27	2.3	3.5	…	8.3	9.3

从表中我们能看出，将白葡萄酒和红葡萄酒中的每个指标分别进行样品的配对后，每一个指标的配对结果有27对，每一对的双方分别是第1组和第2组的评酒员对该指标的评分的平均值。

1) 样本总体的K-S正态性检验

配对样品的 t 检验要求两对应样品的总体满足正态分布，则总体中的样品应该满足正态性或者近似正态性。样本的正态性检验如下：

以红葡萄酒的澄清度的27组数据为例分析，利用SPSS软件绘制两样品的直方图和趋势图如图7.6所示。

我们假设两组总体数据都服从正态分布，利用SPSS软件进行K-S正态性检验的具体结果见附录2.3。两组数据的近似相伴概率值 P 分别为0.239和0.329，大于一般的显著性水平0.05，则接受原假设，即两组红葡萄酒的澄清度数据符合近似正态分布。

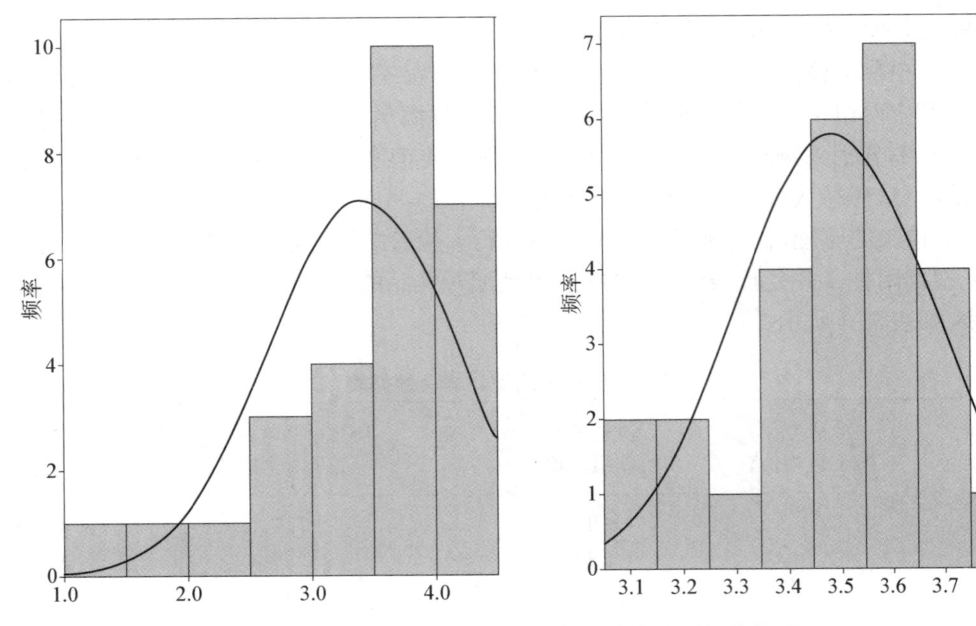

图 7.6 红葡萄酒澄清度两组数据的直方图和趋势图

同理可用 SPSS 软件对其他指标的正态性进行检验，得到的结果符合实际猜想，都服从近似正态分布。

2) 葡萄酒配对样品 t 检验步骤

两种葡萄酒的处理过程类似，这里我们以对红葡萄酒评价结果的差异的显著性分析为例。

(1) 第 1 组对葡萄酒的评价结果总体 X_1 服从正态分布 $N(\mu_1, \sigma^2)$，第 2 组对葡萄酒的评价结果总体 X_2 服从正态分布 $N(\mu_2, \sigma^2)$。我们已分别从两总体中获得了抽样样本 $(\bar{x}_{11}, \bar{x}_{12}, \cdots, \bar{x}_{127})$ 和 $(\bar{x}_{21}, \bar{x}_{22}, \cdots, \bar{x}_{227})$，并分别进行两样品相互配对(具体数据见附录 2.1)。

(2) 引进一个新的随机变量 $Y = X_1 - X_2$，对应的样本为 $y_1, y_2, \cdots, y_{27}$，将配对样本的 t 检验转化为单样本 t 检验。

(3) 建立零假设 $H_0: \mu = 0$，构造 t 统计量。

(4) 利用 SPSS 进行配对样品 t 检验分析，并对结果做出推断。

4. 显著性差异结果分析

1) 红葡萄酒各指标差异显著性分析

由 SPSS 软件对红葡萄酒各指标的配对样品 t 检验后，得到各指标的显著性概率 P，如表 7.5 所示。

表 7.5 红葡萄酒各指标显著性概率 P 分布表

指标	外观澄清度	外观色调	香气纯正度	香气浓度	香气质量
P	0.614	0.002	0.151	0.100	0.010
指标	口感纯正度	口感浓度	口感持久性	口感质量	平衡/整体
P	0.437	0.158	0.251	0.055	0.674

由统计学知识可知：若显著性概率 P 小于显著水平 α，$\alpha = 0.05$，则拒绝零假设，即认为两总体样本的均值存在显著性差异。若 P 大于显著水平 α，则不能拒绝零假设，即认为两总体样本的均值不存在显著性差异。

根据表 7.5 可知：两组评酒员对红葡萄酒各项指标的评价中除外观色调、香气质量存在显著性差异以外，其他 8 项指标都无显著性差异。

2) 白葡萄酒各指标差异显著性分析

代入白葡萄酒的评价数据，重复以上步骤，得到白葡萄酒各指标的显著性概率 P，如表 7.6 所示。

表 7.6　白葡萄酒各指标显著性概率 P 分布表

指标	外观澄清度	外观色调	香气纯正度	香气浓度	香气质量
P	0.299	0.089	0.937	0.238	0.714
指标	口感纯正度	口感浓度	口感持久性	口感质量	平衡/整体
P	0.000	0.005	0.863	0.000	0.001

根据表 7.6 可知：两组评酒员对白葡萄酒各项指标的评价中只有口感纯正度、口感浓度、口感质量、平衡/整体评价存在显著性差异，其他 6 项指标都无显著性差异。

3) 葡萄酒总体差异显著性分析

(1) 红葡萄酒总体差异显著性分析

该问题的附件中已经给出了 10 项指标的权重，因此将 10 项指标利用加权合并成总体评价。对红葡萄酒两组评价结果构造两组配对 t 检验，得到显著性概率 $P = 0.03 < 0.05$，即红葡萄酒整体评价结果有显著性差异。

(2) 白葡萄酒总体差异显著性分析

同理，对白葡萄酒两组评价结果构造两组配对 t 检验，得到显著性概率 $P = 0.02 < 0.05$，即白葡萄酒整体评价结果有显著性差异。

(3) 葡萄酒总体差异显著性分析

对白葡萄酒和红葡萄酒总体评价结果配对 t 检验，得到显著性概率 $P = 0.002 < 0.05$，即两组对整体葡萄酒的评价有显著性差异。

5. 评分数据可信度评价

1) 数据可信度评价分析

前面我们已经对两组评酒员评价结果的差异显著性进行了分析，虽然部分指标存在显著性差异，但两组评酒员对葡萄酒总体评价并无显著性差异，也即我们不能通过显著性差异指标明显地看出哪一组评酒员的数据可信，因此比较两组评酒员所评数据的可信度要建立更贴切的数据可信度指标。

2) 数据可信度评价指标的建立

由于整体评价数据无显著性差异，我们可以认为 20 位评酒员的水平在一个区间内，因此评酒员的评价结果的稳定性将决定该评酒员评价的数据的可信度。若某一评酒员的评价数据不稳定，则其所评数据可信度较低，其所在组别的数据评价可信度也将相应降低。

因此，我们将数据的可信度比较转化为两组评酒员评价水平的稳定性比较。

查阅相关资料可知，评酒员的评价尺度是有一定的系统误差的。不同评酒员对色调的敏感度是不同的，例如某一评酒员评价的色调稍高于标准色调，他每次评价的色调都稍高，而且一直很稳定。虽然与均值间始终存在误差，但鉴于其稳定性，这样的评酒员的评价数据仍然是可信的。

所以，我们建立的数据可信度评价指标为评酒员评价的稳定性。评酒员的评价数据越稳定，数据越可信。

3）数据可信度评价模型的建立与求解

将数据可信度的评价转化为对评酒员评价稳定性评价后，通过对数据的初步观察处理，发现每位评酒员的系统偏差都较小，20 位评酒员的评价尺度近似处在同一区间，因此我们不对附件中的数据进行标准化处理，认为附件中的数据的系统偏差可以忽略。

（1）噪声点分析

首先作出观察评酒员稳定性的偏差图，其中偏差为评酒员对同一个指标的评分值与该组评酒员评分的平均值之差。下面利用 MATLAB 软件作出第 2 组中 1 号和 2 号评酒员对 27 种红葡萄酒的澄清度评分与组内平均值的偏差，如图 7.7 所示（程序见附录）。

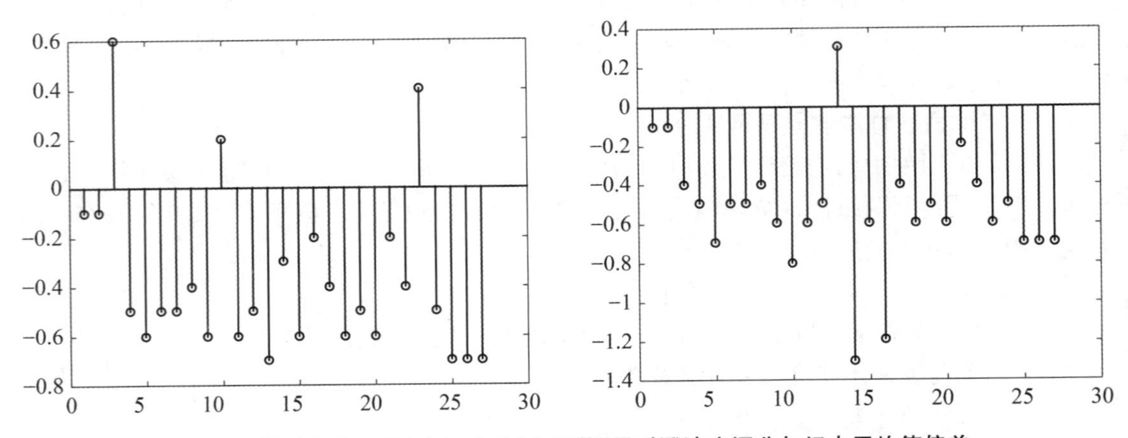

图 7.7 第 2 组中 1 号(左)、2 号(右)评酒员对澄清度评分与组内平均值偏差

从图中可以看出，1 号评酒员在对 27 种酒的澄清度评分时，出现了 3 个噪声点（即偏离自己的平均水平较大的点），2 号评酒员在评分的时候只出现了 1 个噪声点，因而可以初步判定 2 号评酒员的稳定性比 1 号评酒员的稳定性好。

（2）各指标偏差的方差计算

基于以上分析，要评价一位评酒员评价的稳定性，可以观察该评酒员在评价时具有的噪声点的个数。噪声点的个数也可用评酒员的评酒数据与该组所评数据平均值的偏差的方差 s^2 进行计算衡量。

在此问中我们仍然选择两组红葡萄酒的评分求解偏差的方差。评酒员评价数据中包含 10 个评价指标，分别为外观澄清度、外观色调平衡……整体评价。我们给它们分别标号 1～10。

在第 1 组中，10 位评酒员对 n 号酒样品的第 j 项指标评分的平均分为

$$\bar{x}_{ij}^{n}=\frac{\sum_{i=1}^{10}x_{ij}^{n}}{10}。\tag{7.26}$$

第 i 号评酒员对 n 号酒样品第 j 项指标评分与平均值的偏差为

$$\sigma=\frac{\sum_{i=1}^{10}x_{ij}^{n}}{10}-x_{ij}^{n}。\tag{7.27}$$

第 i 号评酒员对酒样品的第 j 项指标评分与平均值的偏差的平均值为

$$\bar{\sigma}=\frac{1}{27}\sum_{n=1}^{27}\left(\frac{\sum_{i=1}^{10}x_{ij}^{n}}{10}-x_{ij}^{n}\right)。\tag{7.28}$$

第 i 号评酒员对酒样品的第 j 项指标评分与平均值的偏差的方差为

$$s_{ij}^{2}=\frac{1}{27}\left(\frac{\sum_{n=1}^{27}\left(\frac{\sum_{i=1}^{10}x_{ij}^{n}}{10}-x_{ij}^{n}\right)}{27}-\left(\frac{\sum_{i=1}^{10}x_{ij}^{n}}{10}-x_{ij}^{n}\right)\right)^{27}。\tag{7.29}$$

同理，第 2 组中第 i 号评酒员对酒样品的第 j 项指标评分与平均值的偏差的方差为

$$s_{ij}^{2}=\frac{1}{27}\left(\frac{\sum_{n=1}^{27}\left(\frac{\sum_{i=1}^{10}y_{ij}^{n}}{10}-y_{ij}^{n}\right)}{27}-\left(\frac{\sum_{i=1}^{10}y_{ij}^{n}}{10}-y_{ij}^{n}\right)\right)^{27}。\tag{7.30}$$

(3) 总体的偏差的方差计算

问题 1 的附件中已经给出了 10 项单指标的权重 ω_j（每项指标的满分值），利用该权重可得到第 2 组总体指标偏差的方差为

$$s_{ij}^{\prime 2}=\omega_j\cdot\sum_{j=1}^{10}\left(\frac{1}{27}\left(\frac{\sum_{n=1}^{27}\left(\frac{\sum_{i=1}^{10}y_{ij}^{n}}{10}-y_{ij}^{n}\right)}{27}-\left(\frac{\sum_{i=1}^{10}y_{ij}^{n}}{10}-y_{ij}^{n}\right)\right)^{27}\right)。\tag{7.31}$$

第 2 组 10 位评酒员的 27 个酒样品的 10 项单指标的总体的偏差的方差为

$$s^{\prime 2}=\sum_{i=1}^{10}\sum_{j=1}^{10}\left(\frac{\omega_{2j}}{27}\left(\frac{\sum_{n=1}^{27}\left(\frac{\sum_{i=1}^{10}y_{ij}^{n}}{10}-y_{ij}^{n}\right)}{27}-\left(\frac{\sum_{i=1}^{10}y_{ij}^{n}}{10}-y_{ij}^{n}\right)\right)^{27}\right)。\tag{7.32}$$

第 1 组 10 位评酒员的 27 个酒样品的 10 项单指标的总体的偏差的方差为

$$s^2=\sum_{i=1}^{10}\sum_{j=1}^{10}\left(\frac{\omega_{1j}}{27}\left(\frac{\sum_{n=1}^{27}\left(\frac{\sum_{i=1}^{10}x_{ij}^{n}}{10}-x_{ij}^{n}\right)}{27}-\left(\frac{\sum_{i=1}^{10}x_{ij}^{n}}{10}-x_{ij}^{n}\right)\right)^{27}\right)。\tag{7.33}$$

4) 数据可信度评价结果分析

由附件中的数据求得:第1组10位评酒员的27个酒样品的10项单指标的总体的偏差的方差 $s^2=33.34329492$;第2组10位评酒员的27个酒样品的10项单指标的总体的偏差的方差 $s'^2=10.6398025$。

因此,我们认定第2组的评酒员的评价的稳定性较高,第2组的数据更可信。

5) 问题(1)的结果分析

在本问中,我们通过对两组评酒员的品酒打分情况统计数据按照指标进行配对 t 检验,发现有部分指标存在显著性差异。接着,我们又对样本总体做了一次 t 检验,发现两组评酒员之间的评分已经不存在显著性差异。随后,我们把对每组数据可靠性的评价转化为对每组各位评酒员稳定性的评价,最后得出了第2组数据更加可靠的结论。

7.6.4 问题(2)模型的建立与求解

1. 问题(2)的分析

题目要求我们根据酿酒葡萄的理化指标和葡萄酒的质量对酿酒葡萄进行分级。经验告诉我们,葡萄的理化指标越合理、葡萄酒的质量越好,该酿酒葡萄的质量也就越好。这就要求我们分析葡萄的具体理化指标对葡萄的综合得分的贡献,并结合所酿葡萄酒的得分去评价葡萄的等级。

在葡萄品质的评价过程中,如果将葡萄所具备的每个理化指标不分主次进行评判,不仅会增加工作量,也极有可能对评判结果产生比较大的影响。因此,必须对所考虑的众多变量用数学统计方法,经过正交化处理,变成一些相互独立、为数较少的综合指标(即主导因子)。利用主成分分析法确定出附件2给出的各个一级指标的主成分,在贡献率达到统计要求的情况下进行必要的因子剔除以后,保留产生主导因素的因子,把原来较多的评价指标用较少的几个综合指标来代替。综合指标既保留了原有指标的绝大多数信息,又把复杂的问题简单化。

此外,由于原有的葡萄酒评分体系的建立并不一定准确,我们考虑用熵值法重新确立在葡萄酒得分中各个指标的权重系数(即百分制的重新划分),然后和问题(1)中确定的评判标准比较,采用更准确的一组的打分情况重新得到各品种葡萄酒的评价总分。

最后,根据理化指标的综合得分和葡萄酒质量的综合得分确立一个等级划分表,以这个等级划分表为依据划分葡萄的等级。

2. 基于主成分分析的酿酒葡萄理化指标的综合评分

在问题(2)的分析中我们已经探讨出利用主成分分析将众多葡萄理化指标归纳到几个主成分中,并且利用主成分分析去求葡萄酒理化指标的综合得分。考虑到问题的复杂性和指标的实际意义,在此我们只选取葡萄的一级指标进行具体的数据分析。

1）基于主成分分析方法的主要步骤

（1）标准化数据

主成分计算是从协方差矩阵出发的，它的结果会受变量单位的影响。不同的变量往往有不同的单位，对同一变量单位的改变会产生不同的主成分，主成分倾向于方差大的变量的信息，对于方差小的变量就可能体现得不够，也存在“大数吃小数”的问题。因此，为了使主成分分析能够均等地对待每一个原始变量，消除由于单位的不同可能带来的影响，我们常常将各原始变量做标准化处理。用 MATLAB 软件的 zscore 函数即可得到一个矩阵的标准化矩阵(具体程序见附录 1.2)。

（2）计算标准化理化指标相关矩阵

考虑到本题数据的复杂性，人工进行相关矩阵的运算显然不合理，我们借助 MATLAB 软件的 corrcoef 函数求解标准化矩阵的相关矩阵(具体程序见附录 1.2)。

处理后的相关矩阵部分数据如表 7.7 所示。

表 7.7　处理后的相关矩阵部分数据

指标	氨基酸总量	蛋白质	…	出汁率	果皮质量
氨基酸总量	1.0000	0.0235	…	0.0075	−0.3151
蛋白质	0.0235	1.0000	…	0.4018	−0.0991
⋮	⋮	⋮	⋮	⋮	⋮
出汁率	0.0075	0.4018	…	1.0000	−0.0185
果皮质量	−0.3151	−0.0991	…	−0.0185	1.0000

（3）相关矩阵的特征向量和特征值统计

数学上我们可以证明：每个因子关于原来所有因子的线性函数系数的组合就是相关矩阵的特征向量矩阵，而综合得分中每个因子的权重就是与该因子系数相对应的特征值。这里我们需要借助 MATLAB 软件的 eig 函数来求解相关矩阵的特征值和特征向量(具体程序见附录 1.2)。

处理后的相关矩阵的特征向量和特征值及其贡献率统计的部分数据如表 7.8、表 7.9 所示。

表 7.8　酿酒葡萄理化指标特征向量矩阵

指标	因子 1	因子 2	因子 3	因子 4	…	因子 26	因子 27
氨基酸总量	−0.138	−0.263	−0.030	0.281	…	−0.065	−0.065
蛋白质	−0.248	0.231	−0.001	0.163	…	−0.199	−0.185
⋮	⋮	⋮	⋮	⋮	⋮	⋮	⋮
出汁率	−0.197	0.064	0.244	0.061	…	0.158	0.078
果皮质量	0.117	0.073	0.394	−0.126	…	0.054	0.034

表 7.9 酿酒葡萄理化指标特征值和累计率

因子	特征值	百分率	累计贡献率
1	6.6114	47.26%	47.26%
2	4.6437	23.31%	70.57%
3	2.9020	9.10%	79.67%
4	2.8345	8.69%	88.36%
5	1.9676	4.19%	92.55%
⋮	⋮	⋮	⋮
26	0	0%	100%
27	0.0006	0%	100%

(4) 计算各品种葡萄在主成分下的综合得分

从表 7.9 可以看出,前 4 个因子的累计贡献率已经达到 88.36%,基本信息已经包含在前 4 个因子中,符合统计学的标准。所以,我们把它们作为主成分来分析是完全可行的。

在基于主成分分析的评价体系下,由累计贡献率得到贡献率,作为因子的综合评分的权重,不同品种葡萄的总评价得分的表达式即为

$$W = 0.4726F_1 + 0.2331F_2 + 0.0910F_3 + 0.0869F_4。 \tag{7.34}$$

部分葡萄的得分和排名如表 7.10 所示(完整的数据见附录)。

表 7.10 不同品种酿酒葡萄品质预测评价

酒品	因子 1	因子 2	因子 3	因子 4	总评分	排名
红 1	−4.3926	−0.6892	−0.0514	−3.2468		2
红 2	−4.4591	0.5430	0.1695	1.0701	−2.4278	4
红 3	−4.1881	−3.6548	0.4231	3.0487		1
红 4	2.4579	−0.3661	−0.8512	−0.2518	0.9544	23
⋮	⋮	⋮	⋮	⋮	⋮	⋮
红 26	2.3909	3.6094	−0.2997	0.3308	2.1176	26
红 27	2.0190	0.2322	−0.6908	−0.7819	0.8662	22

3. 葡萄酒质量得分

附件 1 已经给出评酒员的具体打分情况,但是百分制打分各单项指标的分数分配不一定合理,也就是说各单项指标的权重分配不一定合理。因此,我们首先以第 2 组可信度较高的评分数据对各指标的权重进行重新分配。

1) 基于信息熵对权重的重新分配

(1) 检测权重的合理性

在问题(1)中通过数据可信度的评价,我们已经知道第 2 组的数据更可信。在此,我

们可以以第2组的可信数据，对已知权重的合理性进行检验，若权重不合理，将重新确定权重。这里为了避免客观给定权重，可以根据基于信息熵确定权重的方法重新计算信息熵并比较。

（2）基于信息熵确定权重的方法分析

信息熵法是偏于客观的确定权重的方法，它借用信息论中熵的概念，适用于多属性决策和评价。本问题中各属性是葡萄酒的10项单指标（外观澄清度、气味浓度等），决策方案即是对27种红葡萄酒和27种白葡萄酒进行分级，也就是说对各属性确定权重，然后计算每种葡萄酒的总得分，最后进行排序分类。

（3）用信息熵确定各属性权重的具体步骤

① 以两组评酒员对红葡萄酒各项指标的评分的平均值为信息构造决策矩阵 $\boldsymbol{X}$，决策变量 $\boldsymbol{X}_1$，…，$\boldsymbol{X}_{27}$ 为27种红葡萄酒，决策属性为 $\boldsymbol{\mu}_1$，…，$\boldsymbol{\mu}_{10}$，则决策矩阵 $\boldsymbol{X}$ 为27行10列的矩阵：

$$\boldsymbol{X}=\begin{array}{c} \\ \boldsymbol{X}_1 \\ \boldsymbol{X}_2 \\ \vdots \\ \boldsymbol{X}_{27} \end{array}\begin{array}{c} \begin{array}{cccc} \boldsymbol{\mu}_1 & \boldsymbol{\mu}_2 & \cdots & \boldsymbol{\mu}_{10} \end{array} \\ \begin{bmatrix} 3.1 & 7.6 & \cdots & 8.4 \\ 3.1 & 7.0 & \cdots & 9.1 \\ \vdots & \vdots & & \vdots \\ 3.7 & 6.2 & \cdots & 8.8 \end{bmatrix} \end{array}。$$

② 上述10个指标属性都是效应型指标，利用公式 $r_{ij}=\frac{x_{ij}}{\max\limits_i x_{ij}}$ 对决策矩阵进行规范化处理，其中 $\max\limits_i x_{ij}$ 分别为10个属性得分的最高值，得到规范化决策矩阵 $\boldsymbol{R}$：

$$\boldsymbol{R}=\begin{array}{c} \\ \boldsymbol{X}_1 \\ \boldsymbol{X}_2 \\ \vdots \\ \boldsymbol{X}_{27} \end{array}\begin{array}{c} \begin{array}{cccc} \boldsymbol{\mu}_1 & \boldsymbol{\mu}_2 & \cdots & \boldsymbol{\mu}_{10} \end{array} \\ \begin{bmatrix} 0.62 & 0.76 & \cdots & 0.38 \\ 0.62 & 0.70 & \cdots & 0.41 \\ \vdots & \vdots & & \vdots \\ 0.74 & 0.62 & \cdots & 0.40 \end{bmatrix} \end{array}。$$

③ 再由 $r_{ij}=\frac{x_{ij}}{\sum\limits_{j=1}^{27} x_{ij}}$ 对规范化矩阵进行归一化处理后，得到归一化决策矩阵为（具体数据见附录7）

$$\bar{\boldsymbol{R}}=\begin{array}{c} \\ \boldsymbol{X}_1 \\ \boldsymbol{X}_2 \\ \vdots \\ \boldsymbol{X}_{27} \end{array}\begin{array}{c} \begin{array}{cccc} \boldsymbol{\mu}_1 & \boldsymbol{\mu}_2 & \cdots & \boldsymbol{\mu}_{10} \end{array} \\ \begin{bmatrix} 0.033 & 0.045 & \cdots & 0.036 \\ 0.033 & 0.041 & \cdots & 0.038 \\ \vdots & \vdots & & \vdots \\ 0.039 & 0.036 & \cdots & 0.037 \end{bmatrix} \end{array}。$$

④ 通过公式 $E_j=-\frac{1}{\ln n}\sum\limits_{i=1}^{n} x_{ij}\ln x_{ij}$ 计算10个属性的信息熵，如表7.11所示。

表 7.11　10 个属性的信息熵

E_1	E_2	E_3	E_4	E_5	E_6	E_7	E_8	E_9	E_{10}
0.9975	0.9946	0.9974	0.9991	0.9934	0.9947	1.0004	0.9998	0.9925	0.9998

⑤ 通过公式 $\omega_j=\dfrac{1-E_j}{\sum\limits_{k=1}^{10}(1-E_k)}$ 计算确定的各单项新的权重，如表 7.12 所示。

表 7.12　各单项新的权重

ω_1	ω_2	ω_3	ω_4	ω_5	ω_6	ω_7	ω_8	ω_9	ω_{10}
0.0145	0.2050	0.0750	0.0619	0.2519	0.0181	0.0395	0.0085	0.3176	0.0079

2）葡萄酒质量综合得分

根据以上信息熵重新确定的各个评价指标的权重分配，得到每种葡萄酒指标的权重向量：

$$\begin{aligned}\boldsymbol{\omega}&=[\omega_1,\omega_2,\omega_3,\omega_4,\omega_5,\omega_6,\omega_7,\omega_8,\omega_9,\omega_{10}]\\&=[0.0145,0.2050,0.0750,0.0619,0.2519,0.0181,0.0395,\\&\quad 0.0085,0.3176,0.0079]。\end{aligned}$$

再根据权重和评酒员的评分就可以计算出每种葡萄酒质量的总得分为

$$\begin{aligned}G=\boldsymbol{\omega}\cdot\boldsymbol{y}^{n\mathrm{T}}=&\omega_1y_1^n+\omega_2y_2^n+\omega_3y_3^n+\omega_4y_4^n+\omega_5y_5^n+\omega_6y_6^n+\omega_7y_7^n\\&+\omega_8y_8^n+\omega_9y_9^n+\omega_{10}y_{10}^n。\end{aligned}$$

使用 MATLAB 软件进行计算(具体程序见附录 1.3)得到每种红葡萄酒质量得分和排名如表 7.13 所示。

表 7.13　红葡萄酒得分及排名表

酒品	红 1	红 2	红 3	红 4	红 5	红 6	红 7	红 8	红 9
得分	9.664	10.89	10.83	10.32	10.44	9.441	9.291	9.460	11.39
排名	19	4	5	12	10	21	24	20	1
酒品	红 10	红 11	红 12	红 13	红 14	红 15	红 16	红 17	红 18
得分	9.943	8.461	9.836	6.589	10.60	9.404	10.21	4.904	9.321
排名	16	25	17.	26	7	22	15	27	23
酒品	红 19	红 20	红 21	红 22	红 23	红 24	红 25	红 26	红 27
得分	10.64	10.95	10.50	10.39	11.13	10.31	9.763	10.29	10.47
排名	6	3	8	11	2	13	18	14	9

4. 基于模糊数学对酿酒葡萄等级的划分

通过以上模型，我们计算得到了酿酒葡萄理化指标的综合得分和葡萄酒质量的综合得分。若把两个综合得分处理成一个综合得分，需要用层次分析法等确定两者的权重。但层次分析过于主观，而且在本问题中，酿酒葡萄的理化指标和葡萄酒的质量对葡萄等级的影响是比较模糊和复杂的。

因此我们对得分进行排序，利用模糊数学知识进行葡萄等级的划分，如表 7.14 所示。

表 7.14　得分排名的模糊划分标准

葡萄模糊等级标准	葡萄理化指标排名	葡萄酒质量排名
1 级(最高等级)	1～9	1～9
2 级	1～9	10～18
3 级	10～18	10～18
4 级	10～18	19～27
5 级(最低等级)	19～27	19～27

5. 酿酒葡萄的等级评价结果

根据酿酒葡萄等级指标的划分，结合前面得到的葡萄理化指标排名和葡萄酒质量排名，得到酿酒葡萄的等级划分，如表 7.15 所示。

表 7.15　红葡萄等级划分表

等级	葡萄种类
1 级	2, 3, 9, 14, 21, 23
2 级	1, 19, 22
3 级	5, 8, 20, 27
4 级	4, 6, 7, 9, 10, 11, 12, 13, 14, 15, 16, 24, 25, 26
5 级	17, 18

白葡萄的等级划分方法与红葡萄的划分方法相同。根据以上模型，对白葡萄的等级划分结果如表 7.16 所示(程序见附录 1.3)。

表 7.16　白葡萄等级划分表

等级	葡萄种类
1 级	5, 9, 22, 25, 28
2 级	3, 10, 17, 20, 21, 23, 24, 26
3 级	2, 4, 12, 14, 15, 19,
4 级	1, 12, 18
5 级	6, 7, 8, 11, 13, 16, 27

6. 酿酒葡萄等级划分标准的评价

本问中为了最终得到酿酒葡萄的等级划分标准，分别从酿酒葡萄的理化指标和与酿酒葡萄对应的葡萄酒的质量出发。首先，基于主成分分析法逐步得到了酿酒葡萄的理化指标的综合得分，并对其进行排名，应用主成分分析法既避免了大量数据处理的复杂性，同时也尽可能地获得了最大的信息量。其次，考虑到原有的葡萄酒评分标准不一定能够完全反映各项指标在葡萄酒质量中所起的重要性，又利用熵值法重新确定了各项指标的权重系数，得到了各种葡萄酒在新的权重下的得分，并得到排名。最后，综合两个排名，提出了基于模糊数学对酿酒葡萄等级的划分，这种划分方法充分尊重了两组数据，但是当两组数据对结果的影响因素相差很大时，评价结果将产生较大的误差。

7.6.5 问题(3)模型的建立与求解

1. 问题（3）的分析

题目要求我们分析酿酒葡萄与葡萄酒理化指标之间的联系。初步分析得到两者之间的联系应该体现在酿酒葡萄的理化指标和葡萄酒理化指标之间的联系。我们在问题(2)的模型中已经对酿酒葡萄进行了分级，不同等级的酿酒葡萄和葡萄酒的理化指标的联系在理论上应该是不同的。由于葡萄的理化指标数量过多，处理较复杂，我们可以用问题(2)的模型中提出的葡萄理化指标的主成分替代众多的葡萄理化指标。

因此，本问题就简化成葡萄的主成分与葡萄酒的理化指标的联系。基于此，我们就可以对各指标进行统计分析，如相关性分析、偏相关分析，并尝试建立多元回归模型。

2. 模型的建立

1）葡萄理化指标主成分分析

在问题(2)的主成分分析中，我们已经得到红葡萄的 27 个指标可以由 4 个主因子 $F_1 \sim F_4$ 衡量。其中，$F_i = a_i x_i$ 的表达式中的 a_i 在主成分分析中已经给出(附录 1.2 的 MATLAB 程序的输出结果)，x_i 为主成分法标准化后的各葡萄理化指标的数据，编号遵循附件中一级指标的排序方式。

因子 1 和所有理化指标的关系表达式为

$$F_1 = -0.138x_1 - 0.2489x_2 + 0.0487x_3 + \cdots - 0.1973x_{26} + 0.1172x_{27}。\tag{7.35}$$

同理，$F_2 \sim F_4$ 的表达式也可以表示成一次多项式的形式，每一个因子是 27 个理化指标交互的结果。问题要求我们建立起酿酒葡萄和葡萄酒理化指标的联系。指标过多将导致联系的复杂性，所以选取贡献率最高的 4 个因子中显著性指标的交互作用代替主成分，使模型更易求解，又不至于影响分析的结果。

我们得到的红葡萄的 4 个因子可以用理化指标线性表示如下。

主要表现花色苷和总酚的因子 1：

$$F_1 = -0.3218x_4 - 0.3001x_{10} - 0.3282x_{11} - 0.2811x_{12} - 0.2741x_{13}。\tag{7.36}$$

主要表现干物质含量和总糖的因子 2：

$$F_2 = -0.3807x_{16} - 0.3014x_{17} - 0.3821x_{18} - 0.429x_{22}。\tag{7.37}$$

主要表现百粒重量白藜芦醇的因子 3：

$$\begin{aligned} F_3 = &-0.2484x_7 + 0.2478x_{12} + 0.2593x_{13} - 0.3512x_{14} - 0.3037x_{20} \\ &+ 0.3301x_{24} + 0.2439x_{26}。\end{aligned}\tag{7.38}$$

主要表现褐变度、蛋白质和多酚氧化酶活力 E 的因子 4：

$$F_4 = 0.2811x_1 - 0.382x_2 - 0.3625x_8 - 0.4145x_9。\tag{7.39}$$

同理，白葡萄 4 个主因子与理化指标的关系可表示为

$$\begin{aligned}
F'_1 &= -0.3284x_{16} - 0.3101x_{17} - 0.3656x_{18} - 0.3692x_{22} + 0.2691x_{23} + 0.2791x_{26},\\
F'_2 &= -0.3307x_2 - 0.2079x_4 + 0.3961x_{11} + 0.2459x_{12} + 0.393x_{13} - 0.2521x_{25},\\
F'_3 &= -0.2523x_3 + 0.2241x_4 + 0.2324x_{15} + 0.2401x_{19} - 0.4491x_{20} + 0.4303x_{21},\\
F'_4 &= -0.3705x_1 - 0.4334x_6 + 0.4036x_9 + 0.2765x_{14}。
\end{aligned}\tag{7.40}$$

根据文献，我们知道芳香物质在葡萄以及葡萄酒中的决定因素都是比较明显的，因此葡萄的第 5 个主要影响因素 F_5 用葡萄的芳香物质的总量来表示。

2）葡萄等级数据处理

在问题(2)中我们对红葡萄和白葡萄划分了等级，根据实际情况可分析出葡萄的等级同样会影响葡萄和葡萄酒理化指标之间的联系。不同等级的葡萄会使联系不同，所以将葡萄的等级作为葡萄理化指标的第 6 个主因子 F_6。

葡萄等级的量化就用问题(2)中已经划分的等级数，1 级(优质葡萄)就量化成数字 1，依此类推，量化全部品种葡萄。因此葡萄的理化指标就可用 6 个主因子 $F_1 \sim F_6$ 表示。

3）偏相关分析

我们将葡萄的理化指标决定因素用 5 个主成分表示，葡萄酒的理化指标直接用附件中的 10 个指标(单宁、总酚、芳香物质等)表示，用符号分别表示成 $M_1 \sim M_{10}$。首先，我们对葡萄和葡萄酒理化指标两组指标之间同时进行相关分析，但 SPSS 软件给出的结果表示相关性很小或者没有，然而实际上有些指标显然相关性很强，例如葡萄酒中的总酚和葡萄中的总酚。这说明数据之间存在相互干扰，所以采用偏相关分析，得到相关系数如表 7.17 所示(弱相关未列出数据)。

表 7.17 红葡萄酒和葡萄理化指标相关系数表

葡萄酒	葡萄					
	F_1	F_2	F_3	F_4	F_5	F_6
M_1 单宁	—	−0.217	−0.241	—	—	—
M_2 总酚	—	−0.261	0.246	0.256	—	—
M_3 酒总黄酮	—	0.563	—	−0.351	—	0.316
M_4 白藜芦醇	—	—	—	—	—	—

(续表)

葡萄酒	葡萄					
	F_1	F_2	F_3	F_4	F_5	F_6
M_5 DPPH	—	—	—	—	—	—
M_6 L＊(D65)	—	0.400	—	−0.228	—	0.243
M_7 a＊(D65)	—	—	—	—	—	0.414
M_8 b＊(D65)	—	0.327	−0.208	−0.231	0.216	—
M_9 花色苷	—	0.454	—	−0.292	—	—
M_{10} 芳香物质	—	−0.311	0.253	0.278	—	—

由表 7.17 可以得到葡萄和葡萄酒理化指标相关性的关系。例如：葡萄酒理化指标中的酒总黄酮与葡萄的等级正相关性较强，即等级数越高(葡萄越差)酿出的葡萄酒中的酒总黄酮含量就越高；葡萄酒中白藜芦醇和 DPPH 的含量与葡萄 6 个主成分都不相关，说明白藜芦醇和 DPPH 可能是由酿造发酵决定的。

4) *多元线性回归*

偏相关分析已经得到了葡萄和葡萄酒理化指标的相关关系，当正相关性或者负相关性较强时，对两指标可以进行线性回归。以上葡萄酒 10 个理化指标除白藜芦醇和 DPPH 与葡萄的 6 个主成分无相关性外，其余 8 个指标都与其中若干个主成分有较强的相关性，因此对葡萄酒的 8 个理化指标可以进行多元线性回归。

例如，葡萄酒中理化指标 M_3(酒总黄酮)与葡萄理化指标主成分 F_2，F_4，F_6 具有较强的相关性。根据附录数据(附录 1.2)处理得到的主因子数据表如表 7.18 所示。

表 7.18　M_3 与主因子 F_2，F_4，F_6 数据表

酒品	F_2	F_4	F_6	M_3
红 1	−0.6214	−1.3453	2	8.020
红 2	−0.5521	−1.4004	1	13.300
⋮	⋮	⋮	⋮	⋮
红 26	1.9884	−0.5063	4	2.154
红 27	0.6222	−0.2561	3	3.284

将数据录入 SPSS 软件中，进行多元线性回归得到酒总黄酮与 F_2，F_4，F_6 的关系如下：

$$M_3 = 9.793 - 0.990F_2 - 0.340F_4 - 1.555F_6。\tag{7.41}$$

依次将葡萄酒的各项指标以及与其相关的葡萄的理化指标主因子录入 SPSS 软件，得到红葡萄酒的各项指标与葡萄的理化指标的主因子之间的关系式如下。

(1) 红葡萄酒中单宁含量与葡萄各因子间的线性关系：

$$M_1 = 7.266 - 0.107F_2 - 0.485F_3。\tag{7.42}$$

(2) 红葡萄酒中总酚含量与葡萄各因子间的线性关系：

$$M_2 = 6.265 - 0.114F_2 - 0.070F_3。\tag{7.43}$$

(3) 红葡萄酒中酒总黄酮含量与葡萄各因子间的线性关系：

$$M_3 = 9.793 - 0.990F_2 - 0.340F_4 - 1.555F_6。\tag{7.44}$$

(4) 红葡萄酒中色泽度表示光泽度的指标与葡萄各因子间的线性关系：

$$M_6 = 48.050 + 2.38F_2 - 0.290F_4 - 2.212F_6。\tag{7.45}$$

(5) 红葡萄酒中色泽度表示红/绿色的指标与葡萄各因子间的线性关系：

$$M_7 = 43.579 + 2.158F_6。\tag{7.46}$$

(6) 红葡萄酒中色泽度表示黄/蓝色的指标与葡萄各因子间的线性关系：

$$M_8 = 21.211 + 0.088F_2 - 0.1455F_3 + 0.803F_4 + 7.196F_5。\tag{7.47}$$

(7) 红葡萄酒中花色苷含量与葡萄各因子间的线性关系：

$$M_9 = 263.899 - 1.648F_2 - 20.282F_4。\tag{7.48}$$

(8) 红葡萄酒中芳香物质含量与葡萄各因子间的线性关系：

$$M_{10} = 0.691 - 0.029F_2 - 0.057F_4 - 0.019F_6。\tag{7.49}$$

由红葡萄的联系模型，先进行偏相关分析，再进行多元线性回归，同理得到白葡萄酒各理化指标与白葡萄的 6 个主因子之间的关系式为

$$\begin{aligned}
&M'_1 = 1.929 - 0.328F'_5,\\
&M'_2 = 0.415F'_2 + 0.039F'_3 - 0.021F'_4 - 0.108F'_5,\\
&M'_3 = 0.734 + 0.925F'_2 + 0.292F'_3 - 0.419F'_4 + 0.289F'_6,\\
&M'_4 = 0.282 + 0.352F'_5,\\
&M'_5 = 0.055 - 0.001F'_4 - 0.004F'_5,\\
&M'_6 = 0.689 - 0.15F'_2 - 0.072F'_4 - 0.059F'_6,\\
&M'_7 = 101.422 - 0.066F'_2 - 0.044F'_4 - 1.28F'_6,\\
&M'_8 = -0.641 - 0.052F'_4,\\
&M'_9 = 3.456 - 0.09F'_2 - 0.17F'_4。
\end{aligned}\tag{7.50}$$

5) 模型的结果分析

由以上多元线性回归的结果我们得到了葡萄酒 10 个指标关于 6 个主因子的多元线性回归方程。这些方程即定量地反映了葡萄酒理化指标与葡萄理化指标的主因子之间的关

系。例如，

$$M_{10}=0.691-0.029F_2-0.057F_4-0.019F_6$$

就表明红葡萄酒中的芳香物质与 2 号主因子之间呈负相关关系。

$$F_2=-0.3807x_{16}-0.3014x_{17}-0.3821x_{18}-0.429x_{22}$$

中已经给出 2 号主因子的主成分为葡萄中的 16，17，18，22 号指标，分别是可溶性固形物、pH 值、可滴定酸、百粒质量指标，也就是说，葡萄酒中的芳香物质与酿酒葡萄的可溶性固形物、pH 值、可滴定酸、百粒质量 4 个指标都呈负相关关系。其他的结果分析同理。

7.6.6 问题(4)模型的建立与求解

1. 问题（4）的分析

问题要求我们分析酿酒葡萄和葡萄酒的理化指标对葡萄酒质量的影响，同时论证能否用葡萄和葡萄酒的理化指标来评价葡萄酒的质量。

初步分析可知高质量酿酒葡萄以及合理的葡萄酒理化指标会使酿出的葡萄酒的质量较好。此处葡萄酒的质量由两组评酒员的评分以及我们重新确定的权重计算得出，具体影响关系可以对葡萄酒的质量与葡萄和葡萄酒的理化指标进行相关性分析，相关性强的指标可以作为自变量，与葡萄的质量进行多线性回归。回归的结果就能定量地反映葡萄和葡萄酒的理化指标对葡萄酒质量的影响。

但回归的方程只能说明现在考虑的指标可以用该方程解释，当加入新指标后，该回归方程就不一定能解释了，因此我们要论证葡萄和葡萄酒的理化指标是否能唯一衡量葡萄的质量。

2. 模型的建立与求解

红葡萄酒和红葡萄的理化指标与白葡萄酒和白葡萄的理化指标对葡萄酒质量的影响是不同的，因此需分别分析。此处以红葡萄酒和红葡萄为例分析。

在问题(3)的模型中，我们通过基于主成分分析的方法将红葡萄的理化指标归纳到 6 个主因子之中，6 个主因子都作为自变量，红葡萄酒的理化指标共 10 个，也全部作为自变量。因变量为葡萄的质量，即量化为问题(2)模型中的葡萄质量的综合得分。两者之间的影响就转化成因变量与 16 个自变量之间的关系分析。

1）数据标准化

问题(3)中 6 个主因子的数据是规范化处理后的数据，因此彼此间不会出现“大数吃小数”的问题。当变量扩展到 16 个时，红葡萄的各理化指标 $M_1\sim M_{10}$ 的数据相差比较大，会出现“大数吃小数”的现象。因此首先对 $M_1\sim M_{10}$ 的数据进行标准化处理，处理方法同问题(2)中的数据标准化。

2）偏相关分析

在问题(3)中，为了避免相关性分析时各数据之间产生干扰，我们采用了偏相关分析。在问题(4)中，我们继续采用偏相关分析方法，用 SPSS 软件分析得到各个自变量与因变量的相关关系，如表 7.19 所示。

表 7.19 各自变量与因变量之间的相关系数表

自变量	F_1	F_2	F_3	F_4	F_5	F_6	M_1	M_2
r	0	0	0	0	−0.222	−0.781	0.258	−0.292
自变量	M_3	M_4	M_5	M_6	M_7	M_8	M_9	M_{10}
r	0	0.017	0.305	0.691	0.555	0.433	0.731	0.442

由表可知,因变量(红葡萄的质量)与红葡萄主因子 $F_1 \sim F_4$ 以及酒总黄酮几乎无相关,与白藜芦醇弱相关,与其他指标都是强相关。相关性强即说明线性关系比较明显。

3) 多元线性回归

因变量与 10 个自变量有较强的线性关系,分别将 27 个葡萄样品数据处理成 10 个自变量与 1 个因变量的关系,可进行多元线性回归。利用 SPSS 软件得到回归的表达式为(葡萄酒的质量用 y 表示)

$$\begin{aligned} y = &2.412 - 0.494M_2 - 0.188M_3 + 8.769M_5 + 0.11M_6 + 0.064M_7 + 0.045M_8 \\ &+ 0.009M_9 - 1.32M_{10} + 0.101F_1 - 0.805F_2。\end{aligned}$$

由线性回归方程,我们得到了红葡萄和葡萄酒的理化指标对红葡萄酒质量的影响关系式。分析关系式可知,葡萄酒的综合质量得分 (y) 与葡萄的等级 (F_2) 是负相关的,即红葡萄等级越高(质量越差),其所酿出的葡萄酒的质量综合评分越低,这是符合实际情况的;葡萄酒的质量综合得分 (y) 中决定系数最大的是 DPPH (M_5) 以及芳香物质 (M_{10})。

多元线性回归的结果可以用函数表示出来,能反映固定指标之间的联系和影响。该问题的解决也是在其他未考虑因素不变的情况下分析的。但回归的方程只能说明现在考虑的指标可以用该方程解释,当加入新指标后,该回归方程就不能解释了。因此,我们有必要论证葡萄和葡萄酒的指标是否已经能完全评价葡萄酒的质量。

4) 通径分析

(1) 通径分析简介

通径分析用来研究自变量对因变量的直接重要性和间接重要性,同时能定量给出未考虑因子的量,从而为统计决策提供可靠的依据,也可对我们的问题进行论证。

通径分析在多元回归的基础上将相关系数 r_{iy} 分解为直接通径系数(某一自变量对因变量的直接作用)和间接通径系数(该自变量通过其他自变量对因变量的间接作用)。通径分析的理论已证明:任一自变量 x_i 与因变量 y 之间的简单相关系数 $r_{iy}=x_i$ 与 y 之间的直接通径系数 P_{iy} +所有 x_i 与 y 的间接通径系数,任一自变量 x_i 对因变量的间接通径系数 =相关系数 r_{ij} ×通径系数 P_{jy}。

(2) 通径分析实现步骤

① 对因变量 y 实施正态性检验

通径分析要求要对因变量进行正态性检验。本问题中因变量综合得分 y 的样本容量为 27,样本容量较大,故采用 K-S 检验,由 SPSS 软件检验后得到显著性概率 $P=0.101>0.05$,则认定因变量服从正态分布。

② 逐步回归分析

逐步回归分析是指从所有可供选择的自变量中逐步地选择加入或剔除某个自变量，直到建立最优的回归方程为止。SPSS 逐步回归分析的部分结果如表 7.20 所示。

表 7.20　SPSS 模型汇总表

模型	R	R^2	调整 R^2	标准估计的误差
1	0.848	0.719	0.543	0.927029

随着自变量被逐步引入回归方程，回归方程的相关系数 R 和决定系数 R^2 在逐渐增大，说明引入的自变量对总产量的作用在增加。最后得到决定系数 $R^2=0.719$，则剩余因子 $e=\sqrt{1-R^2}=0.5301$，该值较大，说明对因变量有影响的自变量不仅有以上逐步回归的 10 个方面，还有一些影响较大的因素没有考虑到。

因此，葡萄和葡萄酒的理化指标是不能评价葡萄酒的质量的。

因变量与自变量的关系，由上面 SPSS 软件的逐步回归分析，得到剩余因子为 0.5301，即在确定应变量(质量综合得分)与葡萄和葡萄酒的理化指标等自变量的函数关系时，我们只用到了 47%的指标，也即只确定了葡萄酒质量信息的 47%，其余 53%的指标可能与酿造工艺等有关。

下面介绍通径系数的计算。

由通径分析中的逐步回归分析步骤，我们已经知道不能用葡萄和葡萄酒的理化指标来评价葡萄酒的质量。

在此，我们继续计算直接通径系数和间接通径系数。直接通径系数是反映多元线性的系数，也就是直接对葡萄酒质量综合得分的影响，在以上多元线性回归结果中可以直接分析影响的强弱；间接通径系数反映的是自变量通过影响其他自变量，再去影响因变量，因此分析间接通径系数是有意义的。

逐步回归的标准回归系数由 SPSS 给出，见附录 2.8。

通过标准回归系数计算得到的间接通径系数如表 7.21 所示。

表 7.21　间接通径系数表

	M_1	M_2	M_5	M_6	M_7	M_8	M_9	M_{10}	F_5	F_6
M_1	−0.91	0.36974	0.77669	−1.3706	−0.1894	0.004016	1.129	0	−0.000171	−0.1318
M_2	−0.82264	0.409	0.75469	−1.1997	−1.1997	−0.00502	0.98073	0.000882	−0.000224	−0.2274
M_5	−0.86723	0.37873	0.815	−1.2869	−0.1509	0.018323	0.99845	0.001661	−0.000236	−0.14933
M_6	0.72982	−0.28712	−0.61369	1.709	−0.026082	−0.03012	−1.2141	−0.001396	0.003	0.084138
M_7	0.27755	−0.11043	−0.19804	−0.071778	0.621	0.078061	−0.53911	0.003630	0.0003376	−0.15918
M_8	−0.01456	−0.00818	0.059495	−0.20508	0.19313	0.251	−0.44605	0.002851	0.0004288	0.12052
M_9	−0.69615	0.27158	0.55094	−1.4048	−0.22667	−0.075802	1.477	−0.000735	−0.000158	−0.065188
M_{10}	−0.00091	−0.02454	−0.092095	0.16236	−0.15339	−0.048694	0.07385	−0.0147	0.0009	0.1372
F_5	0.09737	−0.05726	−0.12062	−0.054688	0.13103	0.067268	−0.14622	−0.000911	0.0016	−0.008338
F_6	−0.15834	0.1227	0.16056	−0.1897	0.13041	−0.039909	0.12702	0.0026607	0.0000176	−0.758

由表 7.21 分析可知：

(1) M_1(单宁)相对于 M_2(总酚)的间接通径系数为−0.91，即 M_1(单宁)通过 M_2(总酚)的传递作用对因变量产生较强的负相关。

(2) M_1(单宁)相对于 M_8[b∗(D65)]的间接通径系数为−0.01，即 M_1(单宁)几乎不通过 M_8[b∗(D65)]的传递作用对因变量产生影响，同时也表明了单宁和 b∗(D65)之间的相互作用很小。

7.6.7　模型的优缺点及改进方向

1. 模型的优缺点

1) 优点

(1) 问题(1)模型中，配对样品的 t 检验方法是利用数据配对的方法将多组数据一起进行处理，SPSS 软件操作简单。

(2) 问题(1)的数据可信度评价中，将数据的可信度比较转化为两组评酒员的评价稳定性分析，模型得以简化。

(3) 问题(2)模型中，用模糊数学划分等级简洁合理，信息熵则充分利用了数据信息。

2) 缺点

(1) 各模型的数据使用前大多需要进行标准化处理。

(2) 在处理芳香物质时，由于其二级指标众多，我们只对一级指标进行了处理，导致部分数据丢失。

2. 模型的改进方向

(1) 在建模时，可以考虑将红葡萄和白葡萄用相关指标统一成一个变量(葡萄)，避免分类处理的烦琐。

(2) 在建模时，可以将芳香物质中的小指标先进行分析，使模型更具体化、实际化一点。

参考文献

[1] 司守奎,孙兆亮.数学建模算法与应用(第2版)[M].北京:国防工业出版社,2021.

[2] 沈继红,高振滨,张晓威.数学建模[M].北京:清华大学出版社,2011.

[3] 姜启源,谢金星,叶俊.数学模型(第三版)[M].北京:高等教育出版社,2003.

[4] 梁国业.数学建模[M].北京:冶金工业出版社,2004.

[5] 吴焱明,刘永强,张栋,等.基于遗传算法的RGV动态调度研究[J].起重运输机械,2012(6):20-23.

[6] 陈华,孙启元.基于TS算法的直线往复2-RGV系统调度研究[J].工业工程与管理,2015,20(5):80-88.

[7] Goldberg D E, Korb B, Deb K. Messy genetic algorithms: Motivation, analysis, and first results [J]. *Complex Systems*, 1989, 3(5): 493-530.

[8] 胡国强,吴树畅.成本管理会计[M].成都:西南财经大学出版社,2006.

[9] 刘保东,宿洁,陈建良.数学建模基础教程[M].北京:高等教育出版社,2015.

[10] 方芳.常微分方程理论在数学建模中的简单应用[D].合肥:安徽大学,2010.

[11] 王一,张康新,王阳,等.高压油管压力控制模型的仿真设计[J].现代机械,2021(6):48-52.

[12] 郑忠伟,王顺利,刘克为,等.柴油机共轨系统高压油泵凸轮机构径向变形及接触应力分析[J].中国设备工程,2024(8):122-125.

[13] 任蓝草,王仕炀,施星宇,等.基于机理分析的同心鼓最佳协作策略模型[J].实验科学与技术,2021,19(5):1-6.

[14] 王鑫,张乐民,王宁宇,等.同心鼓运动模型的相关研究[J].电子技术与软件工程,2020(5):139-142.

[15] 杨文杰,宋文利,郑前前.基于SI模型的病毒传播动力学分析[J].许昌学院学报,2024,43(2):12-16.

[16] 崔玉美,陈姗姗,傅新楚.几类传染病模型中基本再生数的计算[J].复杂系统与复杂性科学,2017,14(4):14-31.

[17] 范如国,王奕博,罗明,等.基于SEIR的新冠肺炎传播模型及拐点预测分析[J].电子科技大学学报,2020,49(3):369-374.

[18] 李毅,陈鸿,兰胜威,等.一种提升近地小行星防御中拦截效率的方法[J].航天器环境工程,2017,34(6):585-592.

[19] 石宝峰.基于违约金字塔原理的小企业信用评级模型研究[D].大连:大连理工大学,2014.

[20] 高佳姮. 基于 RAROC 的小企业贷款定价研究[D]. 杭州:浙江大学,2013.
[21] 刘莉亚,邓云胜,任若恩. RAROC 模型下单笔贷款业务经济资本的估计与仿真测算[J]. 国际金融研究,2005(2):68-73.
[22] 刘衍君,汤庆新,白振华,等. 基于地质累积与内梅罗指数的耕地重金属污染研究[J]. 中国农学通报,2009(20):174-178.
[23] 秦孝良,高健,王永敏,等. 传感器技术在环境空气监测与污染治理中的应用现状、问题与展望[J]. 中国环境监测,2019,35(4):162-172.
[24] 司守奎,孙玺菁. 数学建模算法与应用[M]. 北京:国防工业出版社,2011.
[25] 卓金武. MATLAB 在数学建模中的应用[M]. 北京:北京航空航天大学出版社,2014.
[26] 宋武生. 平均误差与仪器误差合成初探[J]. 开封教育学院学报,1992(3):58-59.
[27] 韩志国,李锁印,冯亚南,等. 接触式轮廓仪探针状态检查图形样块的研制[J]. 微纳电子技术,2019,56(9):761-765.
[28] 王云庆,李庆祥,周兆英. 接触式轮廓测量中触针测量力的分析[J]. 现代计量测试,1996(1):18-21+17.
[29] 沈世云. 数学建模理论与方法[M]. 北京:清华大学出版社,2016.
[30] 袁俭,王璐,蒲伟. 数学建模优秀论文精选[M]. 成都:西南交通大学出版社,2017.
[31] 龚劬. 图论与网络最优化算法[M]. 重庆:重庆大学出版社,2010.
[32] 王海英,黄强,李传涛,等. 图论算法及其 MATLAB 实现[M]. 北京:北京航空航天大学出版社,2010.
[33] Douglas B. West. 图论导引(第 2 版)[M]. 李建中,骆吉州,译. 北京:机械工业出版社,2006.
[34] 张文彤. SPSS 统计分析高级教程[M]. 北京:高等教育出版社,2004.
[35] 张波,商豪. 应用随机过程(第二版)[M]. 北京:中国人民大学出版社,2009.
[36] 马莉. MATLAB 数学实验与建模[M]. 北京:清华大学出版社,2010.
[37] 李运,李计明,姜忠军. 统计分析在葡萄酒质量评价中的应用[J]. 酿酒科技,2009(4):79-82.
[38] 张丽芝. 贺兰山东麓红葡萄酒等级划分客观标准的初步研究[J]. 中国食物与营养,2012,18(3):29-32.
[39] 王庆华,王庆斌. 应用数理统计方法评酒提高汾酒质量[J]. 酿酒,2010,37(1):47-48.
[40] 刘保东,关家锐,冯素萍,等. 葡萄酒原汁含量的多元回归分析[J]. 山东大学学报,1998,33(2):236-240.

图书在版编目(CIP)数据
数学建模与实验/宋玉坤主编. --上海：复旦大学出版社,2024. 12. -- ISBN 978-7-309-17718-3
Ⅰ. O141. 4
中国国家版本馆 CIP 数据核字第 2024V6L038 号

数学建模与实验
宋玉坤　主编
责任编辑/陆俊杰

复旦大学出版社有限公司出版发行
上海市国权路 579 号　邮编：200433
网址：fupnet@fudanpress. com　http://www. fudanpress. com
门市零售：86-21-65102580　团体订购：86-21-65104505
出版部电话：86-21-65642845
上海华业装璜印刷厂有限公司

开本 787 毫米×1092 毫米　1/16　印张 13. 25　字数 314 千字
2024 年 12 月第 1 版第 1 次印刷

ISBN 978-7-309-17718-3/O · 757
定价：45. 00 元
